电器维修“专题问诊”丛书

电磁炉维修专题问诊

张新德　张泽宁　等编著

机 械 工 业 出 版 社

本书共分11个部分，前5部分为电磁炉共用知识专题，后续部分为电磁炉分类故障专题。本书对每一个专题均采用“问诊”的形式进行讲述，每个问题均来自实际工作的需要，每一个解答均做到精练、全面而具体，以做到用“一对一”的解答达到“一对多”的应用目的。在每一个“问诊”中尽量采用直观易学的图文解说方式进行简述，每一个专题都围绕电磁炉维修实际工作中需要的从入门到提高的知识点进行展开，指出检修理论基础，识别检修元器件，熟悉检修专用工具，讲述检修方法、检修技能和检修注意事项，再进行检修思路的剖析，并分若干个专题进行分析。特别是在检修分类故障专题中，采用直白的语言分析故障产生的原因和部位、检修思路和检修方法，帮助读者提高检修技能，并对带规律性和检修中实际遇到而本例未能涉及的故障进行检修提示。书末附录还给出了电磁炉主芯片参考应用电路和按图索故障的参考图。

本书适合技师学院电磁炉维修实习学员、初学开店维修人员、上门（社区）维修人员，电磁炉专业维修技师和短期维修上岗培训师生阅读。

图书在版编目（CIP）数据

电磁炉维修专题问诊/张新德等编著. —北京：机械工业出版社，2015.3
（电器维修“专题问诊”丛书）
ISBN 978-7-111-49375-4

Ⅰ.①电…　Ⅱ.①张…　Ⅲ.①电磁炉灶-维修　Ⅳ.①TM925.510.7

中国版本图书馆CIP数据核字（2015）第030999号

机械工业出版社（北京市百万庄大街22号　邮政编码100037）
策划编辑：徐明煜　责任编辑：徐明煜　王　琪
版式设计：赵颖喆　责任校对：薛　娜
封面设计：陈　沛　责任印制：李　洋
三河市国英印务有限公司印刷
2015年4月第1版第1次印刷
184mm×260mm·13印张·307千字
0 001—3000册
标准书号：ISBN 978-7-111-49375-4
定价：39.90元

凡购本书，如有缺页、倒页、脱页，由本社发行部调换

电话服务	网络服务
服务咨询热线：(010)88361066	机工官网：www.cmpbook.com
读者购书热线：(010)68326294	机工官博：weibo.com/cmp1952
(010)88379203	教育服务网：www.cmpedu.com
封面无防伪标均为盗版	金书网：www.golden-book.com

前　言

电磁炉已成为人们工作和生活不可分割的一部分，各类安全、环保、智能型家用、商用电磁炉也日渐增多，单片机技术和数字技术在此类电器上得到了进一步应用，给人们的生活带来极大的方便。但元器件自然老化、操作者的熟练程度、工作环境和工作强度诸多因素常引发各类故障，且需要维修者快速修好。这就要求维修者，特别是上门维修人员对每种电磁炉的各大类故障胸有成竹、应对自如，为此，我们组织编写了《电磁炉维修专题问诊》，从实用专题的角度对实际需要的知识点进行有针对性的分析和汇总，将广大读者实际工作中遇到的难题问答化、条理化，如同医生给病人看病一样，将各种不同的病分科诊疗，有助于条理化、系统化解决问题。希望本书的出版能给广大的读者在实际工作中带来实质性帮助。

本书具有以下特点：

1. 基础技能，专题解答；

2. 常见故障，分类会诊；

3. 循因问诊，举一反三；

4. 知识链接，要点点拔；

5. 图文穿插，通俗直观；

6. 实物图解，按图索骥；

7. 循序渐进，阶梯提高。

值得指出的是，由于生产厂家众多，各厂家资料中所给出的电路图形符号、文字符号等不尽相同，为了便于读者结合实物维修，本书未按国家标准完全统一，敬请读者谅解！

本书在编写和出版过程中，得到了出版社领导和编辑的热情支持和帮助，刘淑华、张利平、陈金桂、刘晔、张云坤、王光玉、王娇、刘运和、陈秋玲、刘桂华、张美兰、周志英、刘玉华、刘文初、刘爱兰、张健梅、袁文初、罗小娇、王灿等同志也参加了部分内容的编写工作。值此出版之际，向这些领导、编辑、本书所列电磁炉生产厂家及其技术资料编写人员和维修同仁一并表示衷心感谢！

由于编著者水平有限，书中可能存在不妥之处，敬请请广大读者给予指评指正。

编著者

目　　录

问诊 1　电磁炉基础知识专题

※Q1　如何定义电磁炉型号？

1. 电磁炉型号命名规则

与所有电子产品一样，电磁炉型号命名都有特定的规则。各品牌电磁炉型号定义不尽相同，有用 4 位或 6 位数字组成的，也有用 8 位数字组成的，通常一个品牌电磁炉型号包含以下几个方面：

1）前面两位为字母“XC”，表示公司代号（X）和产品类别（电磁炉）。

2）中间两位数字表示机器功率。

3）后面连续用单一的一个字母分别表示“显示方式”“陶瓷板形状特征”等。

2. 电磁炉型号定义说明

现以奔腾电磁炉为例进行说明。其型号定义如图 1-1 所示。

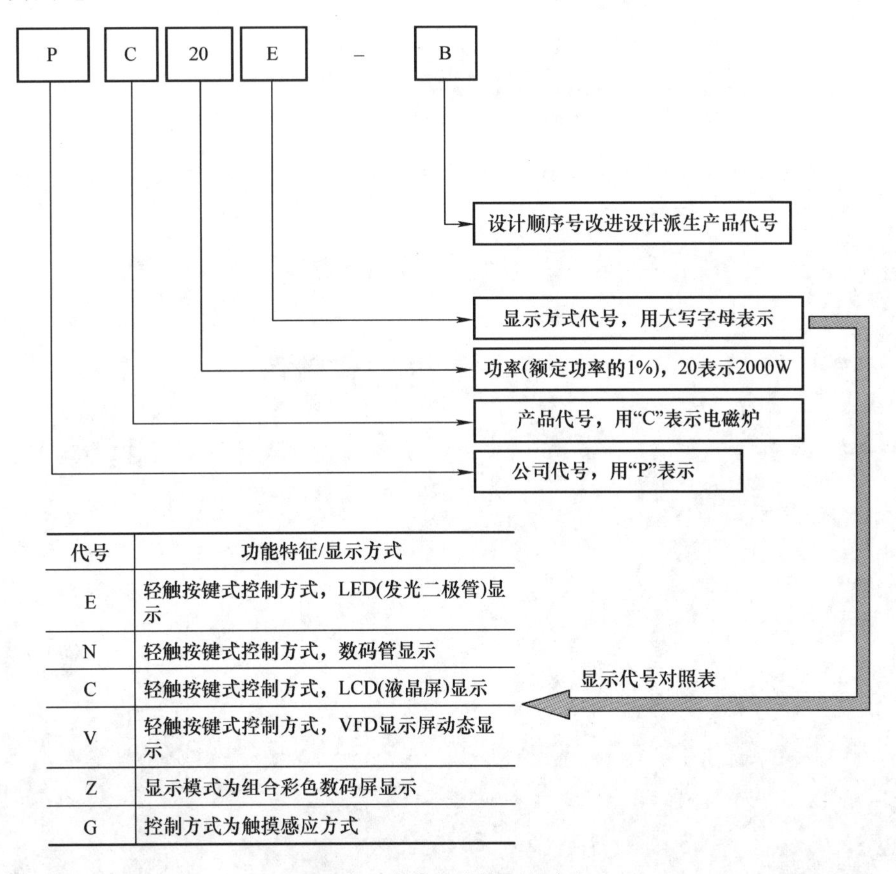

代号	功能特征/显示方式
E	轻触按键式控制方式，LED(发光二极管)显示
N	轻触按键式控制方式，数码管显示
C	轻触按键式控制方式，LCD(液晶屏)显示
V	轻触按键式控制方式，VFD显示屏动态显示
Z	显示模式为组合彩色数码屏显示
G	控制方式为触摸感应方式

图 1-1　奔腾电磁炉型号定义

※Q2　如何看懂电磁炉铭牌?

1. 电磁炉铭牌标志规则

电磁炉的铭牌一般在底座上，也有直接通过模板烙印在底盘上的，如九阳电磁炉。铭牌一方面是电磁炉的“身份”，另一方面也为方便用户使用时更快地掌握电磁炉的基本数据。一台获认证的电磁炉铭牌上应该包括以下内容：安全认证标志、产品名称、型号名称、产品货号、双重绝缘型号（Ⅱ类设备）、制造商名称、生产日期、证书号、输入额定值，以及售后服务中心（或维修中心）的地址或联系电话。

2. 电磁炉铭牌识别实例

现以浙江绍兴苏泊尔生活电器有限公司生产的苏泊尔电磁炉为例进行介绍。其铭牌如图1-2 所示。铭牌上标志了“中国强制认证”“双重绝缘”“型号”“产品货号”“额定频率”“额定功率”等内容。

- “中国强制认证”，其英文名称为“China COmpuⅠsory Certification”，是国家认证认可监督管理委员会根据《强制性产品认证管理规定》（中华人民共和国国家质量监督检验检疫总局令第5号)制定的
- 根据国家《用电安全导则》规定Ⅱ类工具的防触电保护不仅依靠基本绝缘，而且还包括附加的双重绝缘或加强绝缘，不提供保护接零或接地或不依赖设备条件．外壳具有“回”标志

图1-2　苏泊尔电磁炉铭牌

※Q3 电磁炉如何分类?

电磁炉按使用场所分为民用电磁炉和商用电磁炉；按用途分为家用电磁炉、专业火锅电磁炉、自助餐厅保温炉、后厨煲汤炉、后厨炒炉；按功率分为小功率电磁炉（800W以下）、常用功率电磁炉（1000～2500W）、大功率电磁炉（3～35kW）；按使用或安装方式分为嵌入（沉降）式电磁炉、台式电磁炉、落地式电磁炉。实际中，我们将电磁炉按功率大小分为家用电磁炉和商用电磁炉。

1. 家用电磁炉的外形结构

家用电磁炉是采用磁场感应电流（又称为涡流）原理进行加热的一种厨具，是广受市场欢迎的一种新型灶具，功率一般在2.5kW以内。家用电磁炉具有升温快、热效率高、无明火、无烟尘、无有害气体、对周围环境不产生热辐射、体积小巧、安全性好和外观美观等优点，能完成家庭的绝大多数烹饪任务。

常见的几种家用电磁炉外形如图1-3所示。主要品牌有富士宝、万利达、苏泊尔、美的、尚朋堂、乐邦、奔腾、格兰仕、九阳、艾美特、老板等。

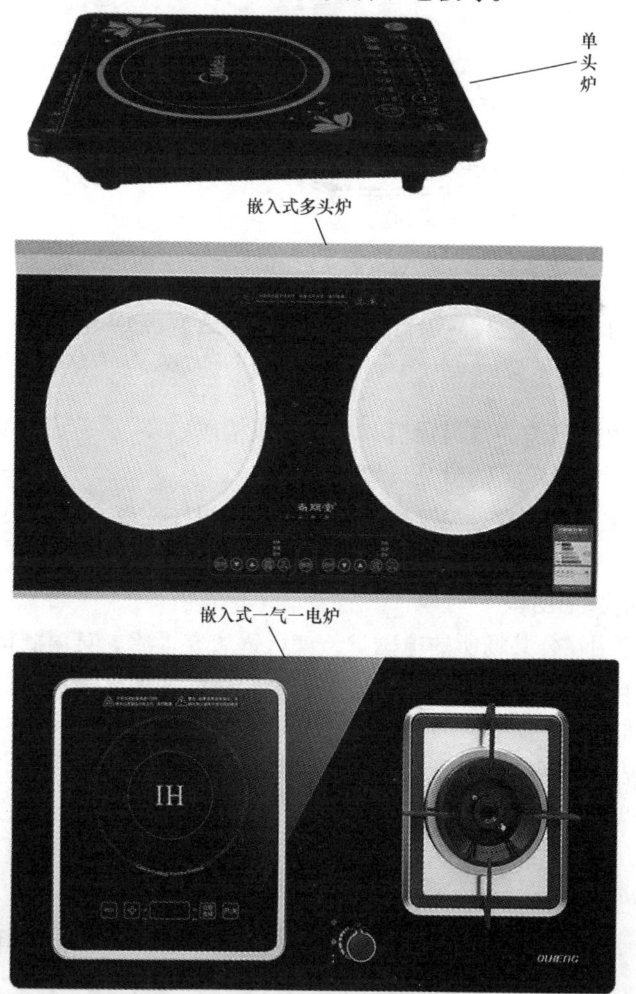

图1-3 几种常见家用电磁炉外形

家用电磁炉结构相对来说较简单，主要由塑料外壳、陶瓷面板、电控系统、散热系统等构成。图 1-4 为单头电磁炉结构。

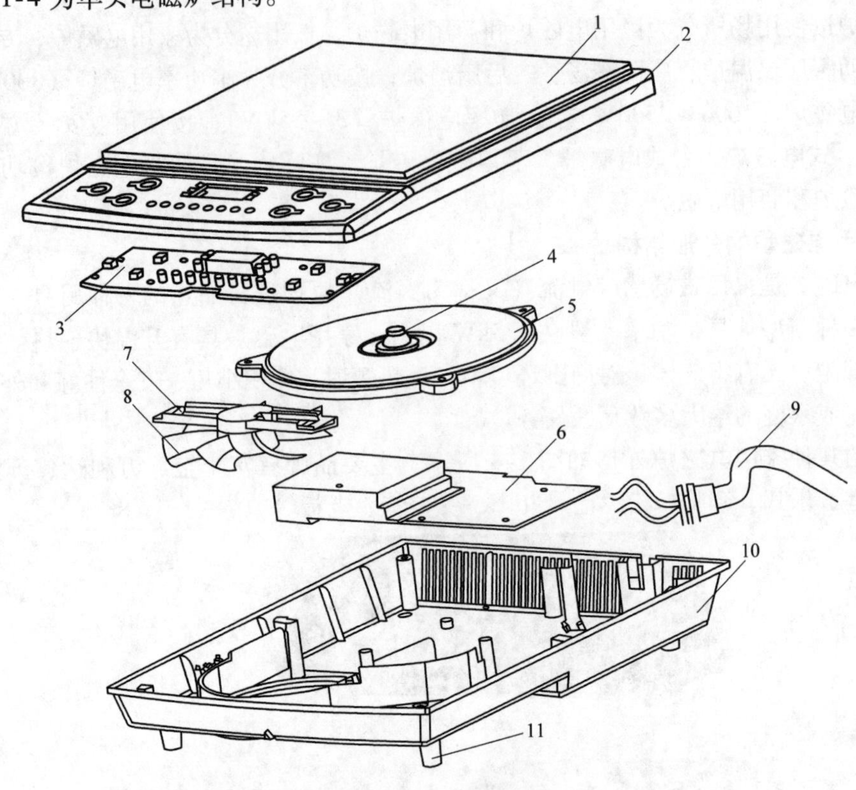

图 1-4 单头电磁炉结构

1—陶瓷面板 2—顶盖 3—控制面板 4—温度传感器支架 5—线圈盘 6—主板 7—风扇底架 8—风扇 9—电源线 10—底座 11—底脚

1）塑料外壳：由电磁炉的塑料顶盖和塑料底座构成。

2）陶瓷面板：即电磁炉上的微晶玻璃板。

3）电控系统：主要由主板、控制面板、线圈盘等组件构成。

4）散热系统：由散热风机、温度传感器、电路板散热片等组成。

2. 商用电磁炉的外形结构

商用电磁炉是应用在公共场所的电磁炉，如火锅店、饭店、宾馆酒楼、厂矿企事业、机关院校、部队、火车、轮船等公共厨房，特别适合限制使用明火的所有商用厨房。常见的几种商用电磁炉外形如图 1-5 所示。

商用电磁炉的结构如图 1-6 所示。主要由以下几个部分构成：

商用电磁炉由以下几个部分组成：

1）加热部分：电磁炉的锅体下面有隔热功能的微晶玻璃面板（也有用其他材料的），下面有铜线圈。通过电磁感应产生涡电流对锅体进行加热。

2）控制部分：主要包括电源开关、温度调节钮、功率选择钮等，由内部的控制电路来掌控。

3）电气部分：由整流电路、逆变电路、控制电路、继电器、电风扇等组成。

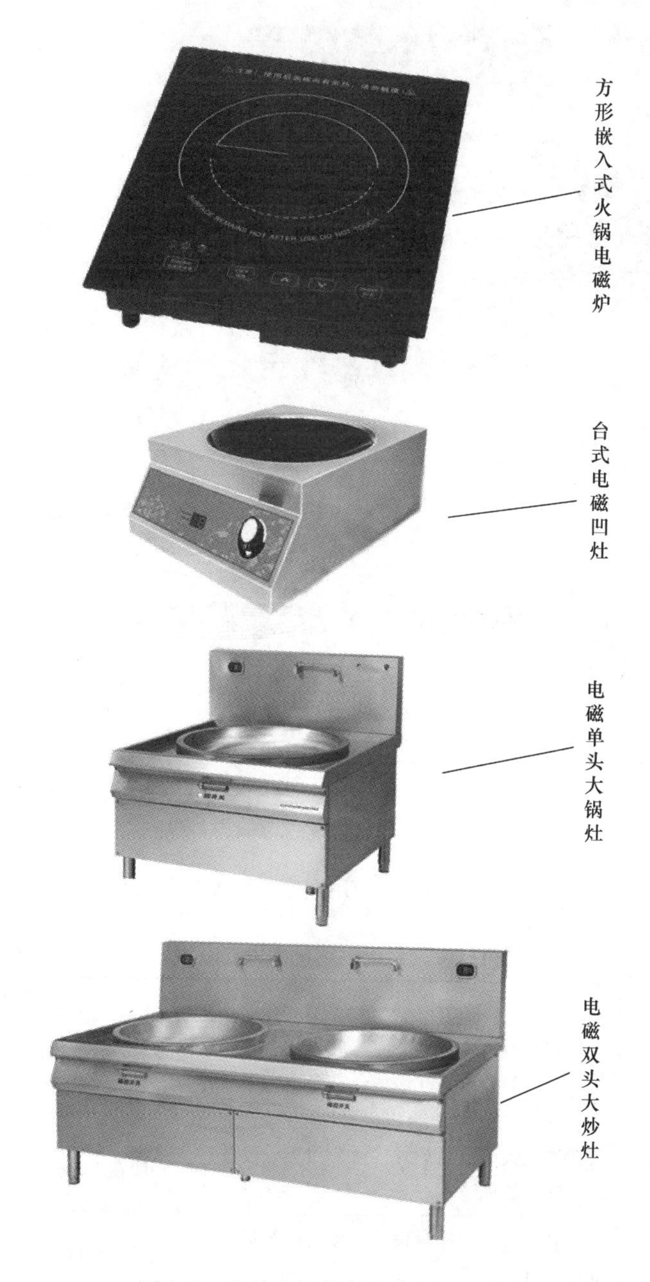

图1-5　几种常见的商用电磁炉外形

4）冷却部分：采用风冷的方式。炉身的侧面分布有进风口和出风口，内部设有一只或多只散热风扇。

5）烹饪部分：主要包括各种炊具，供用户使用。

3. 家用电磁炉与商用电磁炉的区别

家用电磁炉与商用电磁炉的区别见表1-1。

图1-6　商用电磁炉的结构

表1-1　家用电磁炉与商用电磁炉对比

区别点	商用电磁炉	家用电磁炉
外观	体积较大，外观设计以安全、实用为主，除专业火锅电磁炉外，基本以不锈钢为外壳主材料，无装饰	体积小、比较薄，外观设计新颖、色彩丰富
功率	除专业火锅电磁炉外，通常功率一般在3～35kW之间	一般在2.5kW以内
开关操作模式	线控按键、线控触摸、线控滑杆等远离炉面的开关	按键、触摸屏开关
产品品质	因为功率大，连续工作时间长，故采用的是工业级元器件，按照工业级标准设计和生产，比家用电磁炉无法比拟的稳定性和耐用性	受热效率高，比较省电
配套锅具	圆底锅	平底锅

问诊2　电磁炉内构专题

※Q1　电磁炉有哪些主要部件?

1. 电磁炉核心部件识别

构成电磁炉的核心部件主要包括IGBT、线盘、石英面板、电路板、显示板、散热风扇等，如图2-1所示。

图2-1　电磁炉核心部件识别

2. 电磁炉电路板主要零部件识别

电磁炉电路中有一些重要元器件，如IGBT、整流桥堆、电流互感器、开关变压器、谐振电容器、扼流圈、压敏电阻器等，如图2-2所示。

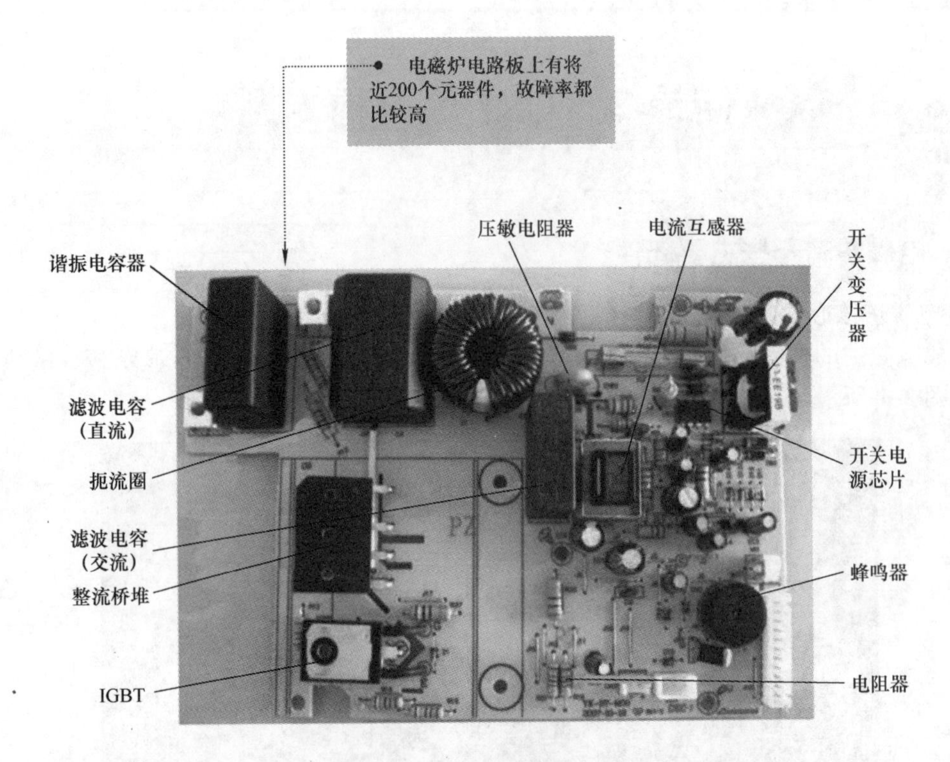

图 2-2　电磁炉电路中的重要零部件

※知识链接※ 通常电磁炉电路由以下模块组成：电源进入 EMC 防护模块、整流模块、滤波模块、LC 振荡模块、IGBT 开关模块、过零检测模块、电压检测模块、电流检测模块、同步模块、温度检测模块、振荡控制模块、IGBT 驱动模块、功率控制模块、电源模块、按键显示模块。

※Q2　电磁炉线盘有哪些主要部件?

1. 线盘主要部件识别

电磁炉线盘包括线盘支架、线圈、磁条等，其结构组成如图 2-3 所示。

※知识链接※ 炉面温度检测电阻器即温度传感器，为负温度系数的热敏电阻器，常温下该电阻器阻值为 100kΩ 左右，温度升高，阻值减小。热敏电阻器紧靠陶瓷板，并在两者接触处涂有导热硅脂，以提高控制灵敏度。

2. 线盘主要部件布局原理

如图 2-4 所示，线圈包括固定在线盘支架上的外环线圈和内环线圈，磁条包括与线圈对应设置的外圈磁条和内圈磁条。外圈磁条和内圈磁条分别呈放射状分布，这样做使加热更均匀，提高了加热效率，减少了磁场的外泄，降低了电磁炉工作时对周围环境的影响。

将磁条设计为分体式，不是整体式，是为了保证电磁炉工作时磁条不形成涡流，而使磁条产生磁饱和现象，以免磁条磁饱和后线盘电感量大大降低，避免造成 IGBT 损坏。

图 2-3　电磁炉线盘主要部件识别

图 2-4　电磁炉线盘主板部件布局原理

问诊3　电磁炉理论专题

※Q1　电磁炉为什么能加热?

1. 电磁炉加热原理

电磁炉采用电磁感应涡流加热原理进行工作，其加热原理如图3-1所示。当电磁炉正常工作时，控制电路将直流电压转换成频率为20～40kHz的高频电压。电磁炉线圈盘上就会产生交变磁场，磁力线就会在锅具底部反复切割变化，使锅具底部产生环状电流（涡流），并利用无数的小涡流高速振荡铁分子，使器皿本身自行高速发热，然后通过热量传递原理，加热盛装在器皿内的东西。

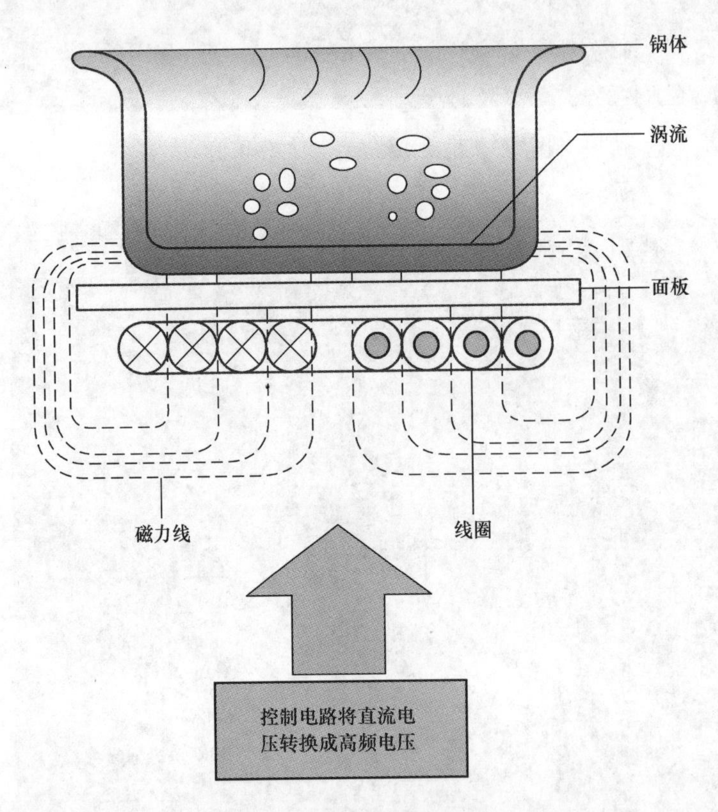

图3-1　电磁炉加热原理流离演示图

2. 电磁炉加热流程

电磁炉加热流程如图3-2所示。电流通过线盘产生磁场→锅具感应到磁场→底部产生涡流并被特定程序控制→按需产生大量热量令锅体迅速发热。

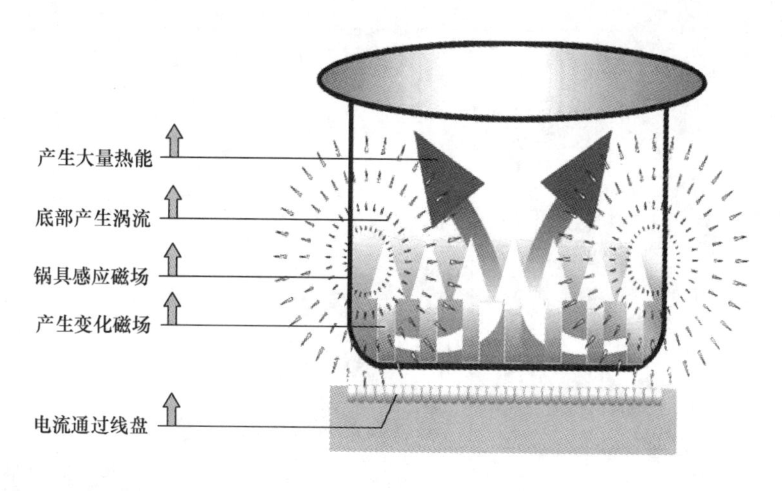

图3-2　电磁炉加热流程演示图

※Q2　家用电磁炉是如何工作的?

1. 家用电磁炉基本工作原理

电磁炉工作原理是基于电磁感应加热的原理。由于电磁炉加热时不产生明火，所以从安全性的角度出发它优于利用电阻丝加热的普通电路和燃气灶具，不容易引起火灾或煤气中毒的危险。它的基本原理是先将交流电整流成直流电，随后再将直流电变成高频交流电（AC－DC－AC），高频交流电（频率通常在20～30kHz之间）被送入一扁平的线圈，使之产生高频交流电磁场。如果把铁磁性的锅具置于该磁场中间，那么磁场就会在锅底产生涡流而变成热量，将锅底加热（前提是锅底本身必须由不锈钢或铁制成）。

典型家用电磁炉的工作原理如图3-3所示。

家用电磁炉工作过程如下：

1）当线圈L2中通过高频电流时，线圈周围产生高频交变磁场，在高频交变磁场的作用下，铁质锅底中产生强大的涡流，锅底迅速释放出大量的热量，达到加热目的。

2）为了能在线圈中形成15～30kHz的高频电流，电磁炉中设有变频电路，就是将整流滤波后的直流电变换高频交流电。

3）当220V交流电经DB1桥堆整流、L1和C1滤波后，形成300V左右的直流电压，经线圈L2加到IGBT的漏极上。

4）当开关脉冲高电平到达IGBT的栅极时，IGBT导通，内阻很小，电流路径为：整流桥DB1的“＋”极→L1→线盘→IGBT漏极→IGBT源极→地→整流桥DB1的“－”极，把电能转化成磁能储存在加热线线盘中。

5）当开关脉冲低电平到达IGBT的栅极时，IGBT截止，由于线盘中的电流不能突变，只能通过电容器C2放电（即给C2充电），把磁场能转化成电场能，随后C2又向线盘放电，如此周而复始，形成谐振，直到下一个开关脉冲高电平到达IGBT的栅极时，又重复上述过程。

6）线盘产生的高频磁场，会在铁质平底锅底便产生了强大的涡流，锅底迅速发热，加热线盘中的电磁能转化成为热能。

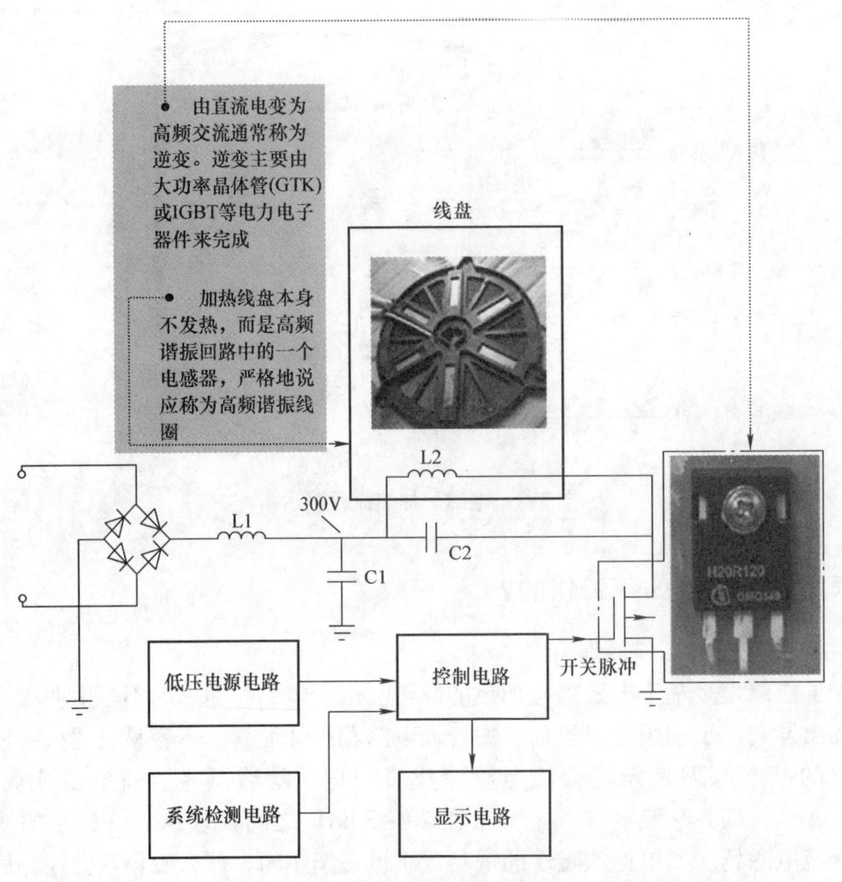

图 3-3　典型家用电磁炉工作原理示意图

※知识链接※　简单地说，电磁炉主要分两个工作过程：首先将220V工频交流电源整流、滤波成直流电；然后把直流电逆变成高频交变电流，交变电流流过感应线圈产生强大磁场，使铁质锅具因电磁感应而产生涡流生热烹煮食物。

2. 家用电磁炉工作流程

家用电磁炉电控系统工作流程如图 3-4 所示。一台正常的电磁炉，从开机至关机的整个工作流程如图 3-5 所示。

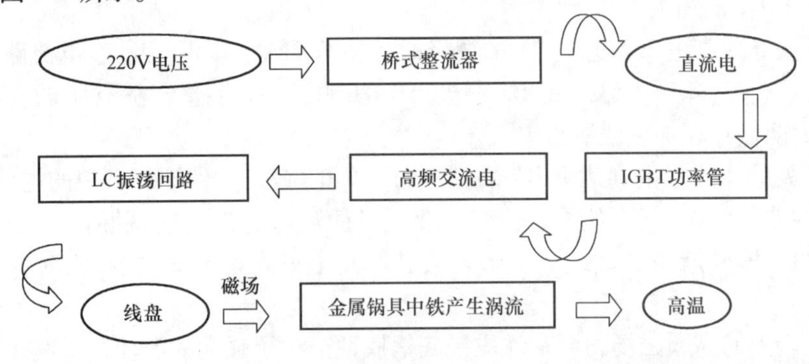

图 3-4　家用电磁炉电控系统工作流程

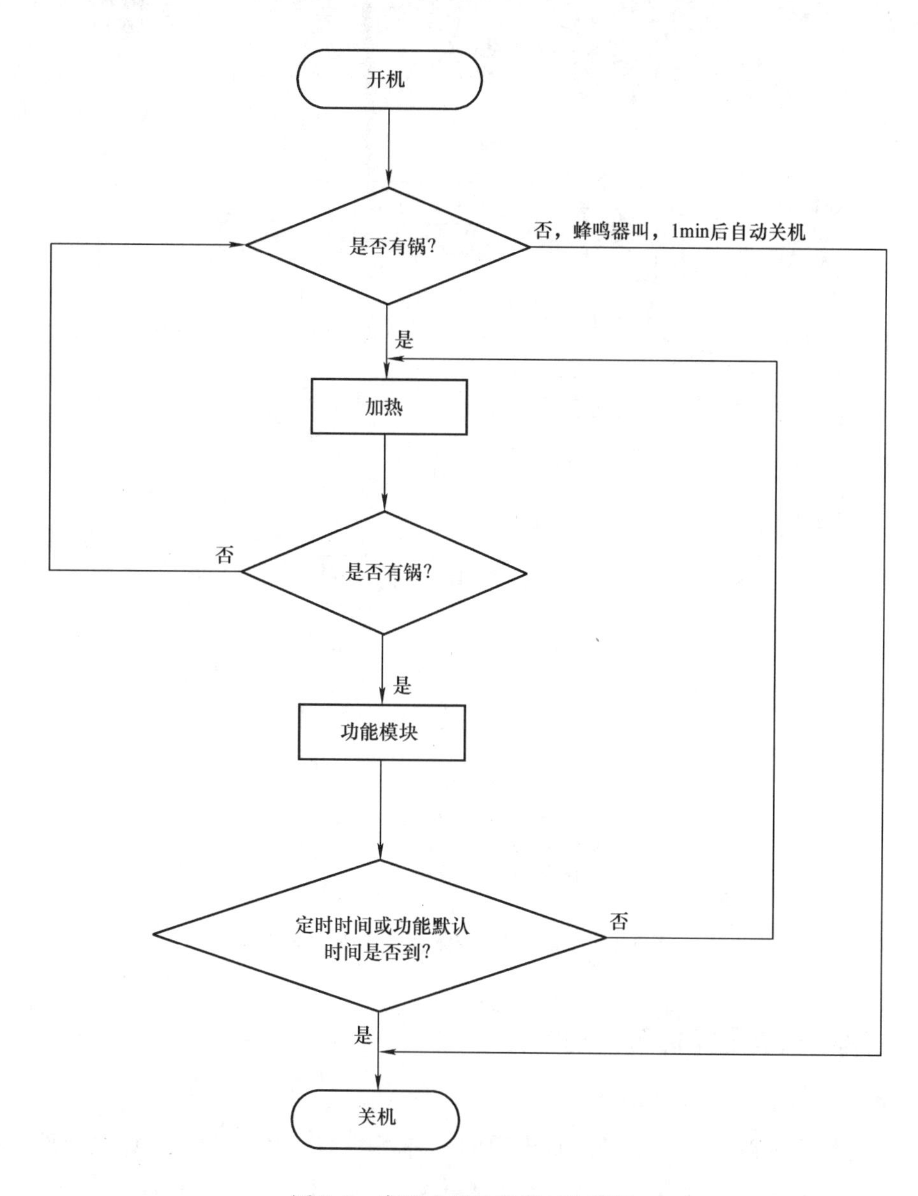

图 3-5 家用电磁炉整机工作流程

总体而言，家用电磁炉从电控设计控制方式上可以分为三大部分，即手动功能控制方式、自动功能控制方式和半自动功能控制方式。新型家用电磁炉是在控制电路中加入了主控CPU 芯片（又称中央控制器），为全自动功能控制方式，使电磁炉使用更为方便、可靠。图3-6 为微电脑家用电磁炉控制原理框图。

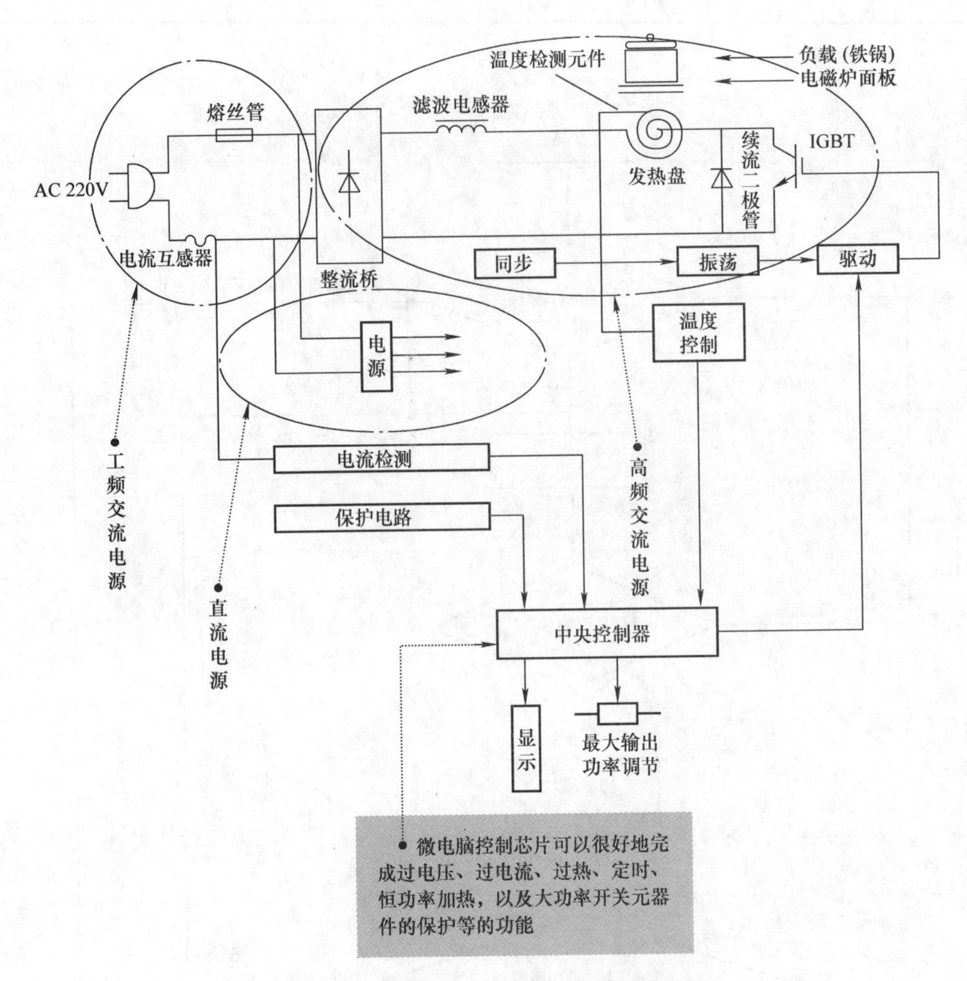

图 3-6　微电脑家用电磁炉控制原理框图

※Q3　商用电磁炉是如何工作的?

1. 商用电磁炉基本工作原理

商用电磁炉作为商业厨房市场最新出现的一种新型炉（灶）具，其加热原理与家用电磁炉类似，均是通过一系列电路处理技术将普通交流电（220V/380V）转化成高频脉动直流电，通过做功使线盘产生强烈的电磁场，并与相应专用锅具感应产生出强大的涡流，直接促使相应专用锅具材料内部磁性分子极速振荡碰撞产生热量，从而使得相应专用锅具自身快速发热产生高温，用于加工烹饪食物。

不同的是，在交流电的承接转化处理技术上，家用电磁炉机心采用的是晶体管技术(单管方案)，而商用电磁炉机心采用的是半桥技术与全桥技术。所谓半桥技术，是指采用单路驱动技术，利用单 IGBT 逆变模块分别承接、转化交流电的上弦波，结合相应附加电路配置吸收下弦波电流进行放电补充，产生的高频电流波形相对完整；所谓全桥技术，是指采用双路驱动技术，利用双 IGBT 逆变模块分别承接、转化交流电的上弦波和下弦波电流，产生的高频电流波形完整、清晰、稳定。

2. 商用电磁炉机心方案

（1）半桥方案

当电磁炉功率大于2kW时，特别是到了2.5~3kW，功率随着电流的增大，单管方案就变得很不稳定了，这个时候就需要将方案提升为半桥方案。图3-7为采用半桥方案机心的商用电磁炉控制板。

图3-7　采用半桥方案机心的商用电磁炉控制板

半桥方案的适合功率区间为2.5~15kW，在这个功率区间采用半桥方案是性价比较高的。与单管方案相比，半桥方案的硬件成本更为昂贵，而且技术难度比单管方案要大得多，同时也稳定得多。

（2）全桥方案

当电磁炉功率超过15kW时，交流输入电压仍然是380V不变的情况下，电流无疑就变得越来越大了，由于电磁炉电路每个元器件所能承受电流的最高值都是有限的，一旦电流过大，某些元器件就要开始损坏，机器整体的稳定性就会直线下降。采用全桥方案机心商用电磁炉可明显克服这些问题，减小机心内部的电流，使机心里所有元器件不用超负荷工作，从而可以使得电磁炉更加耐用，如图3-8所示。

全桥方案是电磁感应加热的最高方案，稳定性比半桥要稳定90%，也就是在故障率方面，全桥的可靠性要远远比半桥好。但全桥方案远不是简单地将两个半桥合并，这是一种很难的技术，需要更加精细的程序和工程师经验，真正掌握这项技术的公司是非常少的，加上

图 3-8　采用全桥方案机心商用电磁炉控制板

全桥方案的硬件配置比半桥要贵两倍，所以目前市场上的商用电磁炉有 99% 都用半桥方案，以控制技术成本和硬件成本。

（3）全桥技术与半桥技术工作原理的异同

商用电磁炉全桥技术与半桥技术的工作原理基本相同，但在交流电的承接转化处理技术和对相应专用锅具的负载感应上，全桥技术与半桥技术的工作原理存在区别，具体见表 3-1。

表 3-1　全桥技术与半桥技术工作原理同异对照

同异对比点	全桥	半桥
工作基本原理	均是通过一系列电路处理技术将普通交流电（220V/380V）转化成高频直流电流，通过做功使线盘产生强烈的电磁场，并与相应专用锅具感应产生出强大的涡流，直接促使相应专用锅具材料内部磁性分子极速振荡碰撞产生热量，从而使得相应专用锅具自身快速发热产生高温，用于加工烹饪食物	

（续）

同异对比点	全桥	半桥
交流电的承接转化处理技术	采用双路驱动技术，利用双IGBT逆变模块分别承接转化交流电的上弦波和下弦波电流，产生的高频电流波形完整、清晰、稳定	采用单路驱动技术，利用单IGBT逆变模块分别承接转化交流电的上弦波，结合相应附加电路配置吸收下弦波电流进行放电补充，产生的高频电流波形相对完整
相应专用锅具的负载感应	因电流转化技术配置效率高，可负载较高电感负荷，电转热效率相应较高	因电流转化技术配置效率稍低，可负载较低电感负荷，电转热效率相应较低

3. 商用电磁炉控制逻辑

商用电磁炉控制电路主要包括主控IC电路、桥式整流电路、LC振荡电路、功率控制电路、功率驱动电路等。这些电路都由主控芯片进行控制，主控芯片负责接收电路反馈的信息和控制整个电路的工作。图3-9为典型商用电磁炉控制电路框图及控制板实物结构。

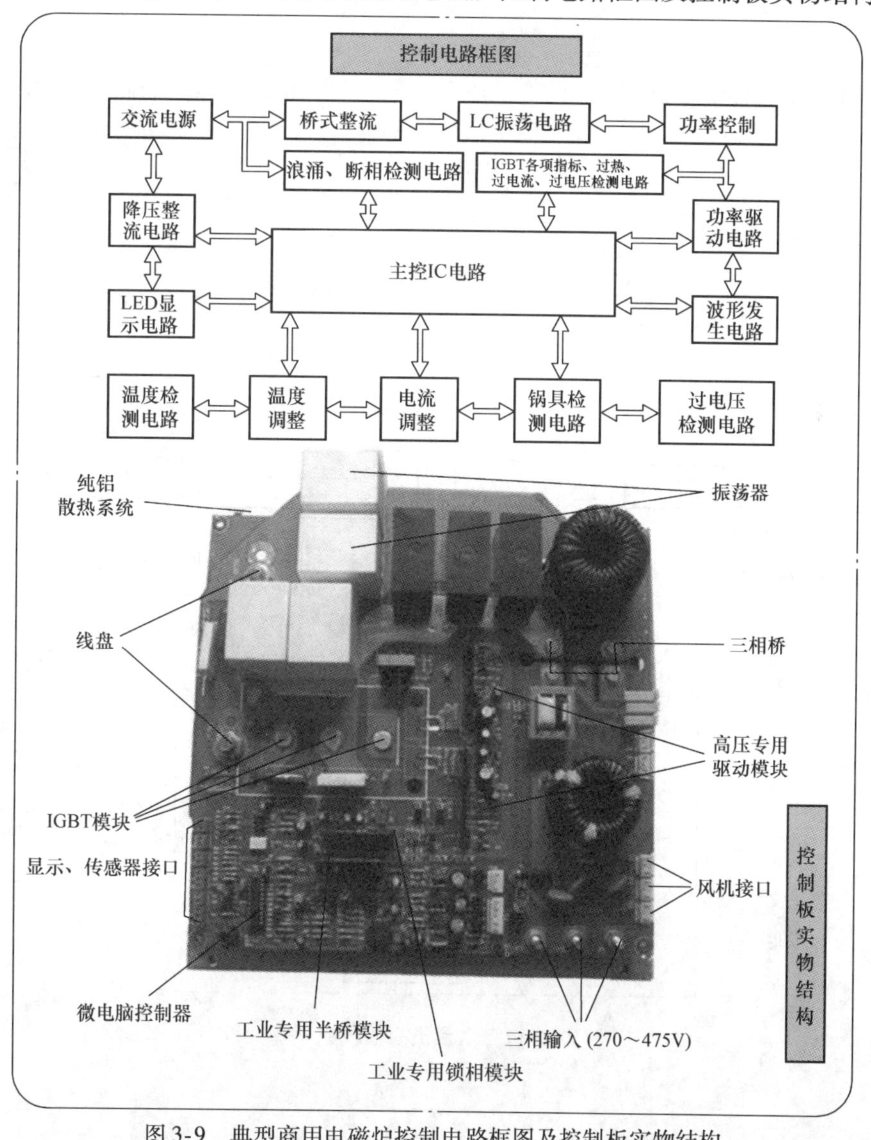

图3-9　典型商用电磁炉控制电路框图及控制板实物结构

4. 商用电磁炉机心接线原理

商用电磁炉机心为电磁炉的核心，相当于计算机的主板，有着不可替代的作用。商用电磁炉通常采用单机心和多机心结构形式。现以金肯商用电磁炉为例进行讲述。各机心电气接线原理如图 3-10 ~ 图 3-14 所示。

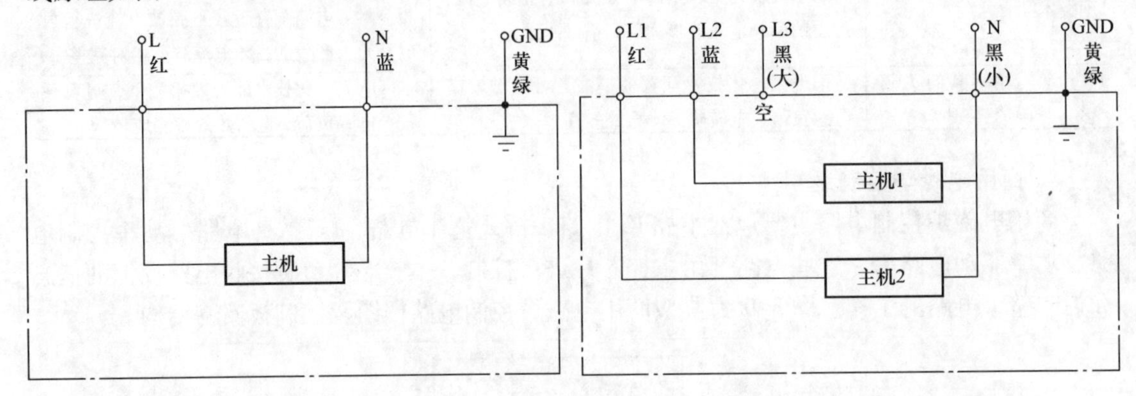

图 3-10 单台机心接线原理

图 3-11 两台机心接线原理

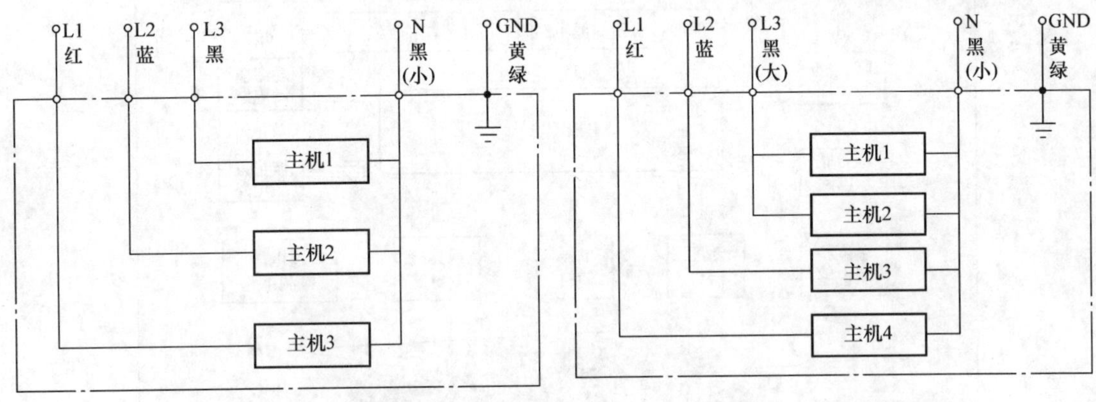

图 3-12 三台机心接线原理

图 3-13 四台机心接线原理

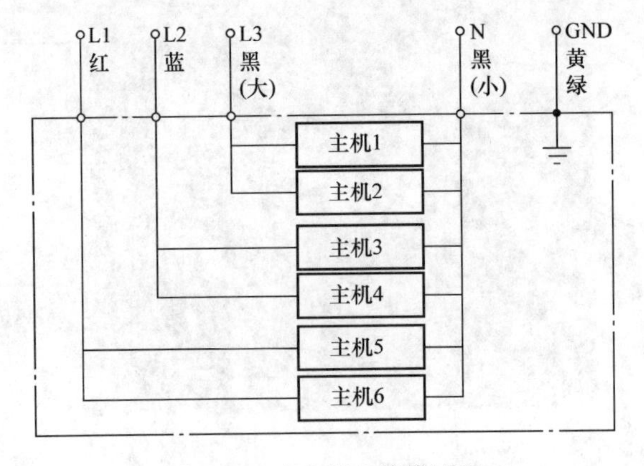

图 3-14 六台机心接线原理

问诊4　电磁炉部件专题

※Q1　什么是IGBT？有哪些种类和功能？

1. IGBT概述

绝缘栅双极型晶体管（Insulated Gate Bipolar Transistor，IGBT）俗称功率管，如图4-1所示，是一种集BJT的大电流密度和MOSFET等电压激励场控型器件优点于一体的高压、高速大功率器件。

图4-1　IGBT外形

目前有用不同材料及工艺制作的IGBT，但它们均可被看作是一个MOSFET输入跟随一个双极型晶体管放大的复合结构。IGBT有3个电极如图4-2所示，分别称为栅极G（又称控制极或门极）、漏极C及源极E。

电磁炉电路中，IGBT通常位于散热器下，门极为MOS构造，同时兼有VMOS的高输入阻抗。简单地说，IGBT是实现低电压对高电压、低电流对高电流控制的电子元器件。

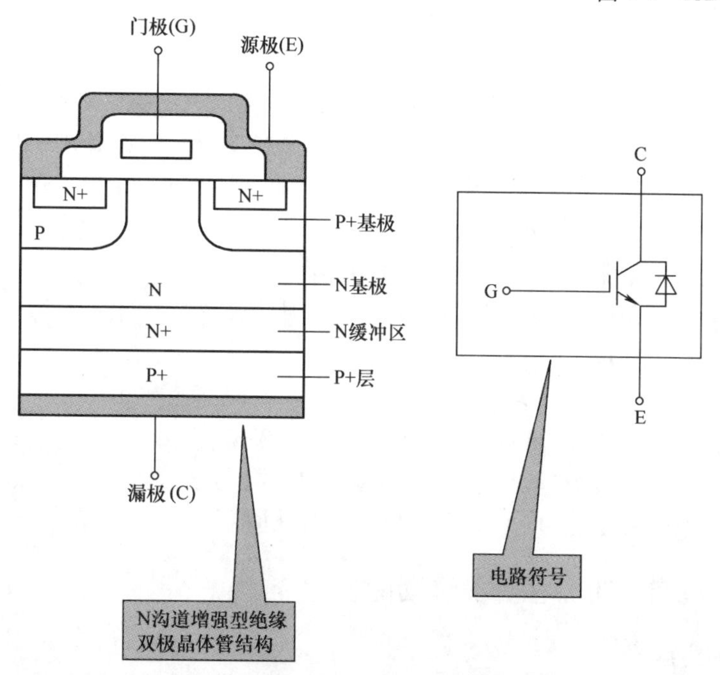

图4-2　IGBT结构剖析及电路符号

2. IGBT 的种类和功能

目前，用于电磁炉的IGBT主要由AIRCHILD（仙童）、INFINEON（英飞凌）、TOSHIBA（东芝）等几家国外公司生产，各公司IGBT的型号命名规则不尽相同，但大致有以下规律（以G40N1500D为例，见图4-3）。

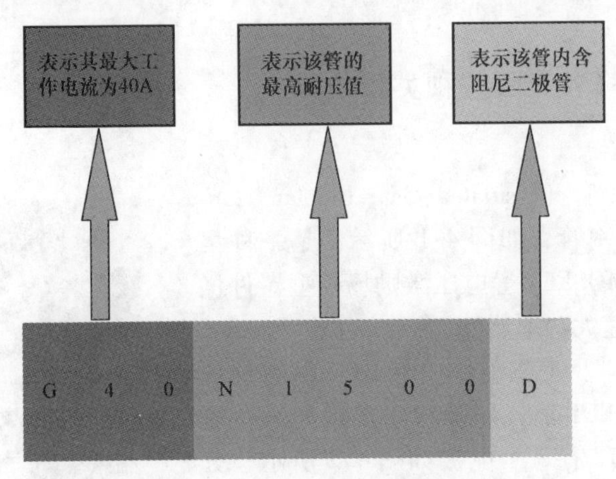

图4-3 电磁炉用IGBT命名规律

※知识链接※ 一只IGBT的技术参数较多，包括反向击穿电压（U_{CEO}）、集电极最大连续电流（I_C）、输出功率、工作频率等参数。值得注意的是，型号中未标字母“D”并不一定是无阻尼二极管，因此在检修时一定要用万用表检测验证，避免出现不应有的损失。

IGBT是一种新型的功率开关、电压控制器件，具有输入阻抗高、速度快、热稳定性强、耐压高等优点。通过IGBT的开关作用产生电磁振荡，再由电磁振荡在线盘上产生强大的磁场，然后作用在锅具（磁性的）上形成涡流，实现加热功能的。主要具有以下特点：

1）电流密度大，是MOSFET（Metal - Oxide - Semiconductor Field - Effect Transistor，金属 - 氧化层半导体场效应晶体管）的数十倍。

2）输入阻抗高，栅驱动功率极小，驱动电路简单。

3）低导通电阻。在给定芯片尺寸和U_{CEO}下，其导通电阻$R_{CE(on)}$不大于MOSFET的负温度系数R_{ds}（on）的10%。

4）击穿电压高，安全工作区大，在瞬态功率较高时不会受损坏。

5）开关速度快，关断时间短。耐压值为1～1.8kV的IGBT的关断时间约为1.2μs，600V级的约为0.2μs，约为巨型晶体管（Giant Transistor，GTR）的10%，接近于MOSFET，开关频率可达100kHz，开关损耗仅为GTR的30%。

※Q2 什么是线盘？有哪些种类和功能？

1. 快速掌握线盘

线盘是电磁炉的一个重要部件，其实质是一个电感器，是产生磁力线的执行部件，也是将电能进行存储及释放的部件。

电磁炉线盘的线圈由多股高强度漆包线绞绕成单股，再将单股线单层由内向外逆时针平绕制成。通常市面上的电磁炉线盘分两种材质，如图 4-4 所示。优质线盘的线圈为纯铜材料，线径足够粗，自身发热较小，长时间使用后漆包线光洁如新、不变色，整机热效率较高；反之一些劣质电磁炉线盘线圈材料中含有铝，且线径太细，自身发热高，使用中漆包线变色，有的甚至会烧焦，不仅影响整机热效率，还会增加故障率。

图 4-4 两种不同材质的线盘

※知识链接※ 修理电磁炉时一般要将线盘卸下，在拆卸线盘时最好记住其两极的位置，以便原样装回。线盘的正确接法是内圈接 300V，外圈接 IGBT 的漏极。

2. 线盘的种类和功能

电磁炉电路中，线盘是完成 LC 振荡的重要元件之一，它与谐振电容器构成 LC 振荡回路，将电能转化成磁能，如图 4-5 所示。

线盘的参数主要有电感量和 Q 值两个，而决定这两个参数的是铜线的外径大小、股数，和绕在线盘上的圈数，以及线盘上附加的磁条的磁通量和磁条数量（6 条或 8 条）。

家用电磁炉线盘按大小、绕线圈数主要分为 28 圈线盘、30 圈线盘、32 圈线盘，其中 28 圈线盘占多数。按电感量又分为 PSD 系列（157μH）和 PD 系列（140μH）两种类型。

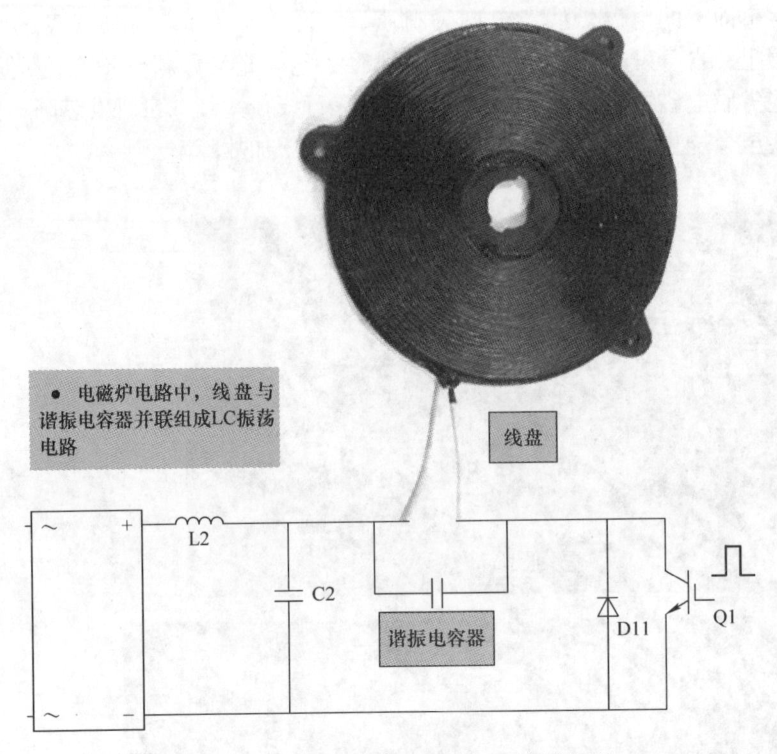

图 4-5　线盘与谐振电容器构成 LC 振荡回路

※Q3　什么是石英面板？有哪些种类和功能？

1. 快速掌握石英面板

电磁炉的石英面板采用特殊材料制成，它具有机械强度高、耐高压冲击和耐高温烘烤等特点。石英面板有圆形或方形两种，规格有 23～28cm，如图 4-6 所示。

图 4-6　电磁炉石英面板

2. 石英面板的种类和功能

石英面板也是电磁炉十分重要不可缺少的部件，其作用是支撑锅具、隔热及保护内部电子元器件。它直接影响电磁炉的使用寿命，决定了电磁炉的品质高低和性能优劣。

目前市面上电磁炉的面板分进口与国产两大类。进口面板主要有日本 NEG 黑晶陶瓷面板和德国肖特微晶面板。进口面板通常被高档电磁炉采用，由于性能优异，具有无杂质、不变色、磁力线阻尼系数低、隔热性能好、强度高、硬度大、热胀冷缩系数低的优越性能，使得采用该类面板的电磁炉在热效率、绝缘防渗透性能、产品的工作性能和使用寿命上都有很大的提高。

国产微晶玻璃面板分为 A、B、C 三级，B、C 级产品有耐热性差，抗冲击力不够，容易发黄等缺点，通常被用于低档电磁炉。

问诊5 电磁炉专用工具专题

※Q1 什么是数字式万用表？有什么作用？

1. 快速掌握数字式万用表

数字式万用表是一种多功能、多量程的数字显示仪表。它把测量值通过液晶数码显示出来，与指针式万用表相比，它具有显示直观、读数精确、使用方便的特点。图5-1为DT9205A型数字式万用表。

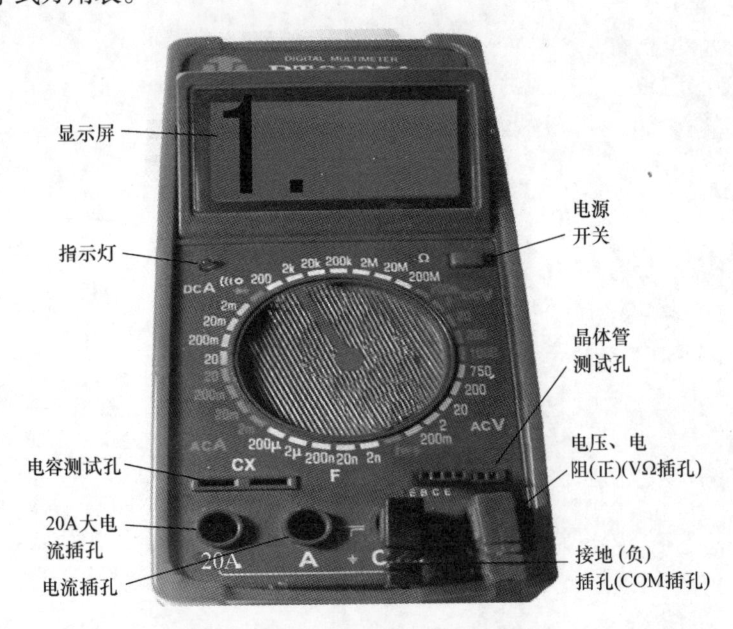

图5-1 DT9205A型数字式万用表

首次操作数字式万用表前应认真阅读有关的使用说明书，熟悉电源开关、量程开关、插孔、特殊插口的作用。使用时，先开启电源开关，将黑表笔插入COM插孔，红表笔插入VΩ插孔或其相应的插孔，将量程旋钮转到相应的档位，即可进行测量。

数字式万用表可用来测量直流电流、直流电压、交流电流、交流电压、电阻和音频电平等，有的还可以测交流电流、电容量、电感量及半导体的一些参数（如β）等。

2. 如何利用数字式万用表检修电磁炉

电磁炉实际维修中，可利用数字式万用表对电磁炉电路以下方面进行检测，从而迅速查找到故障点。

1）利用数字式万用表可测量电阻值、电压值、电感值、电容量等的功能，通过对电磁炉电路中电阻器、电容器、电感器、半导体等元器件的测量来判断这些阻容元器件的好坏。

2）用二极管档检测IGBT的E、C、G三极间是否击穿。

3）用电阻档检测互感器是否断路。

4）用二极管档测试整流桥的电压降。

5）用电阻档测量熔丝管是否熔断（正常阻值应为0Ω）。

6）用二极管档测量线盘是否开路。

7）用电压档检测电磁炉三电源电压，即300V、18V（或12V）、5V电压。一台无故障的电磁炉，前提是三路电压应正常，如果测得哪路电源电压异常，说明该段电路存在元器件损坏。因此，此检测法是检修电磁炉故障的基本思路和方法。

8）用直流电压档检测电磁炉电路关键电压测试点，待机和上电、接线盘与不接线盘时各测试点电压，各集成电路引脚电压，然后将实测电压与正常电压比照，判断故障元器件具体部位。

※知识链接※ 总之，数字式万用表在电磁炉故障检修方面起着非常重要的作用，实际应用中绝非只涉及上述简单使用方法。初学者要通过不断学习新的检修方法，积累经验，再用于实践，将数字式万用表的所有功能发挥尽致。例如，通过测量各段电路或各元器件的参数来判断故障所在；通过测量某段电路的电压来确定其是否工作正常；通过测量某个元器件的电阻值来确定其是否正常；通过测量某个元器件的电容量，来确定其是否开路、短路或者变质等。

※Q2 什么是钳形电流表？有什么作用？

1. 快速掌握钳形电流表

钳形电流表与普通电流表不同，它可以在不切断电气设备的电源和电路的情况下用来测量电气设备工作时电路中的电流，最适合于不允许断开电路或不允许停电的半导体器件及电路中电流的测量。

钳形电流表主要分数字式和指针式两种，如图5-2所示。其中数字式钳形电流表在日常使用中比较常见。该表测量结果读数直观、方便，而且测量功能扩展到能测量电阻值、二极管、电压、功率、频率等。

图5-2 两种钳形电流表

钳形电流表由电流互感器和电流表两部分组合而成。在测量时，可以通过旋动转换开关的档位，选择不同的量程。

钳形电流表的具体使用方法及原理是：当用手按紧钳形电流表的扳手时，电流互感器的铁心张开，被测电流所通过的导线就可以在不用切断电路和电源的情况下穿过铁心张开的钳口，然后放松扳手使铁心闭合紧密。此时，穿过铁心的被测量电路就成为电流互感器的一次线圈，电路中所通过的电流便在二次线圈中检测到电流，检测出的电流经过数字式或指针式钳形电流表再显示出来，就是该测量线路的电流。

2. 如何利用钳形电流表检修电磁炉

（1）测量电流

手持表柄，用手指扳紧扳手，使被测导线从钳口进入而位于导磁铁心的窗口中央，然后放松扳手使铁心闭合，即可读得读数。图 5-3 用钳形电流表检测排除故障后的电磁炉工作电流。

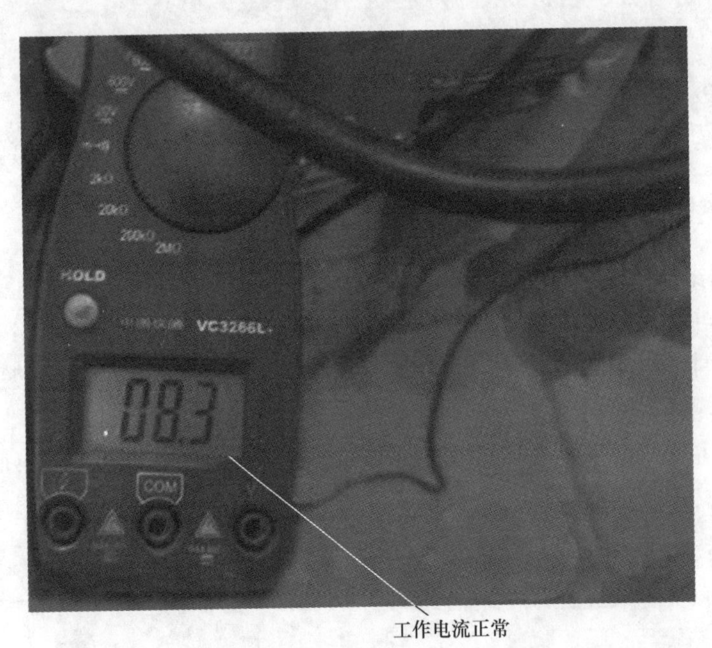

图 5-3 用钳形电流表检测排除故障后的电磁炉工作电流

（2）测量电压

将分档开关拨至电压档时，再将测试杆上的插头插入表壳右侧的插座中，然后将测试杆跨接于电路上，即可测得读数。

※知识链接※ 使用钳形电流表测量时，必须注意以下几点：

1）应根据被测量电气设备电流的各类电压等级来选择钳形电流表，其额定电压必须要高于被测线路中的电压。低电压等级的钳形电流表不能测量高压电路中的电流，否则容易造成接地事故或发生触电危险。

2）使用钳形电流表时，要根据被测电流的大小来选择合适的量程。对不太清楚电流大小的被测量对象，应从最大量程档开始试测量，逐步变换档位，直到量程合适，不能使用小电流档去测量大电流。换档时，应先将被测导线从钳口退出后再更换档位。严禁在测量进行过程中转换钳形电流表的档位，以防损坏钳形电流表。

3）钳形电流表每次只能测量单相导线的电流，不能将多相导线同时夹到钳口进行测量。还应注意，测量时导线必须置于钳口的中央位置。

4）当测量小于5A的电流时，由于钳形电流表本身准确度等级较低，为使读数准确，先将被测电路的导线绕数圈后再放入钳口进行测量。测得的实际电流值应等于仪表读数值除以放入钳口的导线圈数。

5）在进行测量工作时，应注意身体各部分与带电设备保持安全距离，人体任何部位与带电设备的距离不得小于钳形电流表的总长度。

6）测量低压熔断器或水平排列低压母线电流时，在测量前必须将各相熔丝或母线用绝缘材料加以保护隔离，以免引起相间短路的危险。并且当电缆有一相接地时，严禁对其进行测量，以防由于电缆头的绝缘水平太低而引起对地击穿爆炸的危险情况。

问诊6　电磁炉不能加热检修专题

电磁炉不能加热故障是实际维修中最常见的故障，造成该类故障的原因比较多，涉及故障电路范围广，如LC振荡电路、同步比较电路、浪涌保护电路、驱动电路等出现元器件损坏均会导致电磁炉不能加热故障。故障通常表现为不加热不报警、报警不加热、加热异常、不能调整功率等。

※Q1　检修电磁炉不能加热的方法和技能有哪些?

1. 检修电磁炉不加热不报警的方法

电磁炉出现不加热不报警故障，可按以下步骤进行检修:

1）首先检查高压供电是否正常，具体检测滤波电容器或高压供电线路是否不良。

2）如果高压供电正常，则说明故障为同步电压比较电路或取样电路。

3）如果同步电压比较电路和取样电路均正常，则检查浪涌保护电路是否存在故障。

4）如果浪涌保护电路正常，则检查使能控制电路是否存在故障。

5）如果使能控制电路正常，则检查驱动放大电路是否存在故障，具体主要检查驱动晶体管及偏置电阻器是否损坏。

6）如果驱动放大电路正常，则检查LC振荡电路是否正常，具体主要检测谐振电容器及高压检测元器件。

7）如果上述电路均无异常，则说明故障为单片机控制电路。

※知识链接※　电磁炉在无锅或提锅时报警，需满足以下条件：①市电输入正常；②高压供电正常；③炉面及IGBT检温电路正常；④浪涌保护电路未进入保护状态；⑤检锅电路正常；⑥功率驱动电路正常；⑦同步电路正常；⑧单片机工作正常。

2. 检修电磁炉不加热，无锅或提锅时报警的方法

当在炉面上放上符合要求的锅具后，功率控制电路便会根据用户设定的温度（或功率）输出PWM驱动脉冲，送往功率驱动电路，LC振荡电路工作，同时高压保护电路（IGBT－VCC检测电路）进入工作状态，以防止IGBT因C极电压过高而损坏。“无锅或提锅时报警”说明电磁炉已做好了加热前的准备，有可能是因高压保护电路起控后，将无驱动脉冲送往功率驱动电路，致使IGBT停止工作。造成此类故障的原因比较复杂，具体可按以下步骤进行检修:

1）首先检查高压驱动电路是否正常，具体主要检查滤波电容器是否不良。

2）如果高压驱动电路正常，则检查同步电压比较电路是否存在故障。

3）如果同步电压比较电路不良，则检查取样电路是否存在故障；如果同步电压比较电路正常，则检查高压保护电路是否存在故障。

4）如果高压保护电路正常，则检查驱动放大电路是否正常，具体主要检测驱动晶体管及偏置电阻器是否损坏。

5）如果驱动放大电路正常，则检查LC振荡电路是否正常，具体主要检测IGBT、谐振电容器及线盘是否损坏。

6）如果LC振荡电路正常，则说明故障发生在单片机控制电路。

※知识链接※ 通常，当电源电压低于180V时，保护电路起控，脉宽调制器无输出，整机不工作，但报警电路报警，说明保护电路工作正常。此时出现不能加热但能报警故障，为电源电压过低所致，应重点检查电源偏低的原因，并加以排除。

3. 检修电磁炉断续加热的方法

电磁炉电网电压过高，电源高压供电电路、电流检测电路、同步电压比较电路、电磁炉控制板电路等存在元器件受损时，均会导致断续加热故障。

首先应观察断续加热是否有规律性。通常间隔2s又加热的故障，属于干扰和电压保护。无规律性断续加热通常属于同步与电流检测等电路故障，可按以下步骤进行检修：

1）在路大致测量同步电阻器的阻值，有异常再断路测量。

2）检查电流检测电路中的二极管、电阻器、电容器、可调电阻器是否损坏。

3）检查PWM脉宽调整电路的电阻器、电容器是否正常。

4）检查浪涌保护电路是否存在元器件损坏。

5）检查温度检测电路热敏电阻器是否正常。

6）检查IGBT驱动电路晶体管及电阻器、电容器是否正常。

7）如果上述电路均无元器件损坏，则可通过代换谐振电容器、IGBT及驱动晶体管来查找故障所在。

4. 检修电磁炉加热异常的方法

电磁炉加热异常主要表现为加热功率小（或功率调不大）和加热断断续续，通常电磁炉能进入正常加热状态，但功率达不到预设值。前面已介绍过断续加热故障的检修方法，下面重点介绍加热功率小的检修方法。

1）首先查看锅具是否符合要求，如果更换锅具后故障不变，则检查炉面温度检测电路是否存在元器件损坏。

2）如果炉面温度检测电路正常，则检查电流检测电路是否存在元器件损坏。

3）如果电流检测电路正常，则检查功率电平电容器两端电压是否随档位变化，如果随档位电压无变化，应检测单片机、PWM脉冲传输是否正常。

4）如果功率电平电容器两端电压随档位正常变化，则检查功率控制电路是否存在元器件损坏。

5）如果功率控制电路也正常，则说明有可能为谐振电容器损坏所致，采用代换法即可加以判别。

5. 检修电磁炉指示灯亮，但不能加热技巧

电源指示灯亮，但不能加热，说明供电电路正常，故障范围大致发生在脉宽调制电路、推动放大电路、功率输出电路中。实际检修中，因功率输出级驱动管存在故障所致较为普遍。

由于有的电磁炉的输出级采用3只大功率管并联组成，在高电压、大电流、开关状态下工作。如果管子特性不好、耐压值低就有可能被击穿。

功率管是否损坏，可用万用表逐一测量3只大功率管的G、C、E极阻值的大小加以判断。更换损坏的管子前，还应着重检查推动放大级是否有故障，以免再次损坏新管子。

※Q2 检修电磁炉不能加热的常见故障部位和注意事项有哪些?

1. 检修LC振荡电路不能加热的常见故障部位和注意事项

检修LC振荡电路不能加热的常见故障部位和注意事项如图6-1所示。该电路中的谐振电容器以及与IGBT门极相连的限幅二极管损坏，均会造成电磁炉出现不报警不加热故障。

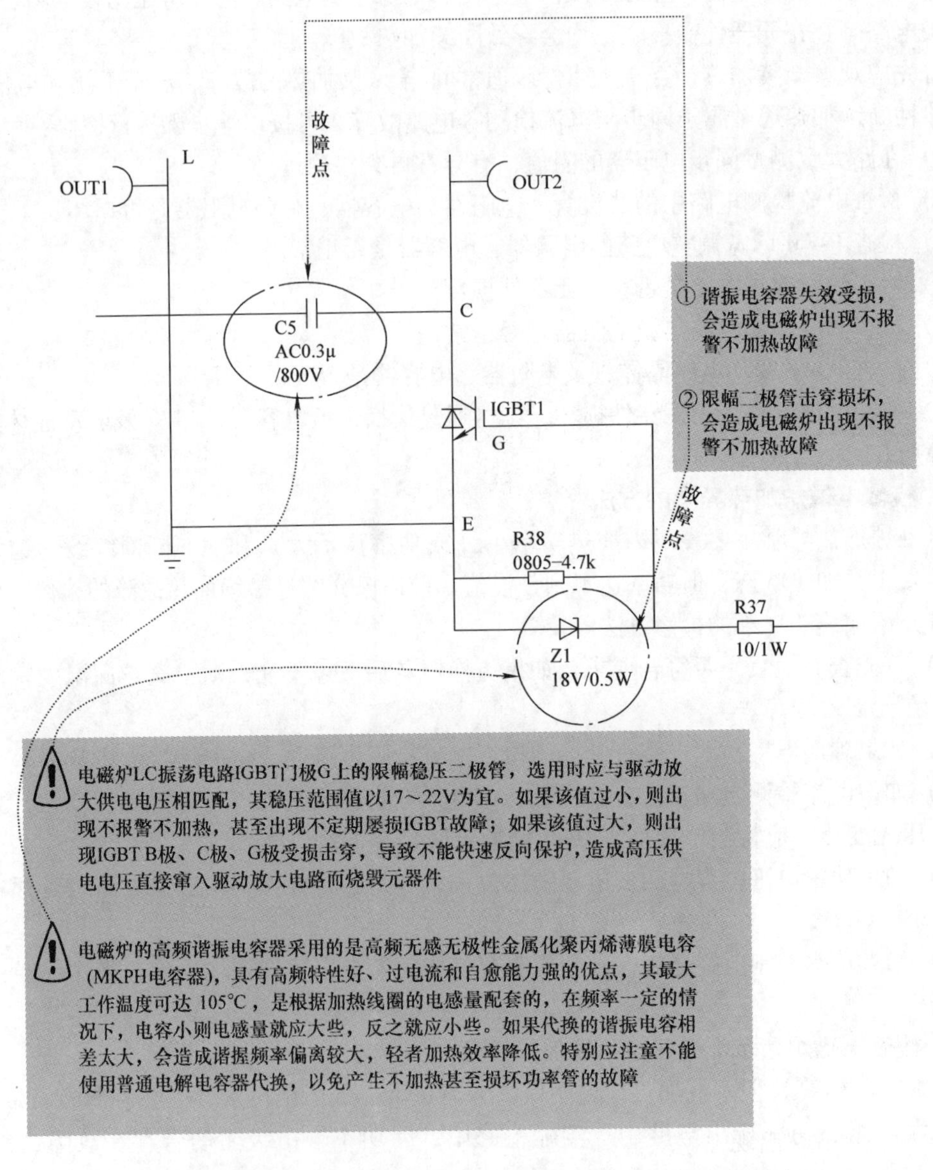

图6-1 检修LC振荡电路不能加热的常见故障部位和注意事项

2. 检修同步比较电路不能加热的常见故障部位和注意事项

检修同步比较电路不能加热的常见故障部位和注意事项如图6-2所示。该电路中的电阻器变值、电容器漏电或比较器损坏，均会导致取样电阻器的电压偏低，造成电磁炉出现不报警不加热和加热报警故障。

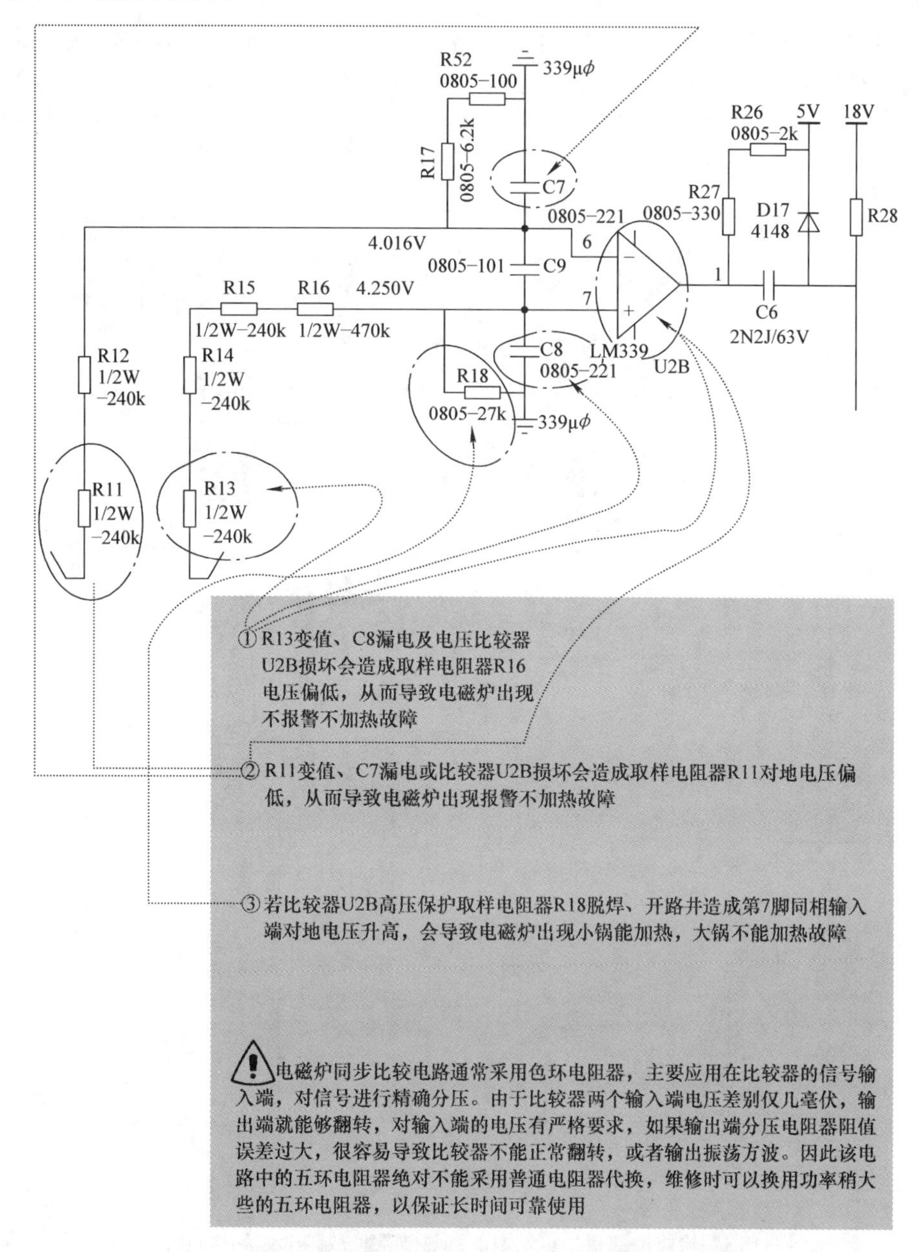

图6-2　检修同步比较电路不能加热的常见故障部位和注意事项

检修电磁炉出现不能正常加热故障，应将同步比较电路作为重要检测部位。电磁炉使用数年后，由于同步电压比较电路，取样对地分压电阻器阻值变大的可能性大，造成比较器引脚同相输入端对地电压与反相输入端对地电压相近，从而造成电磁炉容易出现“断续加热”

故障。

※知识链接※ 另外，高压保护电路中的取样电阻 R18 开路损坏，会造成电磁炉在加热中出现“小锅能加热，但大锅不能加热”故障。

3. 检修浪涌保护电路不能加热的常见故障部位和注意事项

检修浪涌保护电路不能加热常见故障部位和注意事项如图 6-3 所示。该电路中的取样电阻器变值、对地电压上升、耦合电容器漏电、电压比较器受损均会导致电磁炉不报警不加热故障。

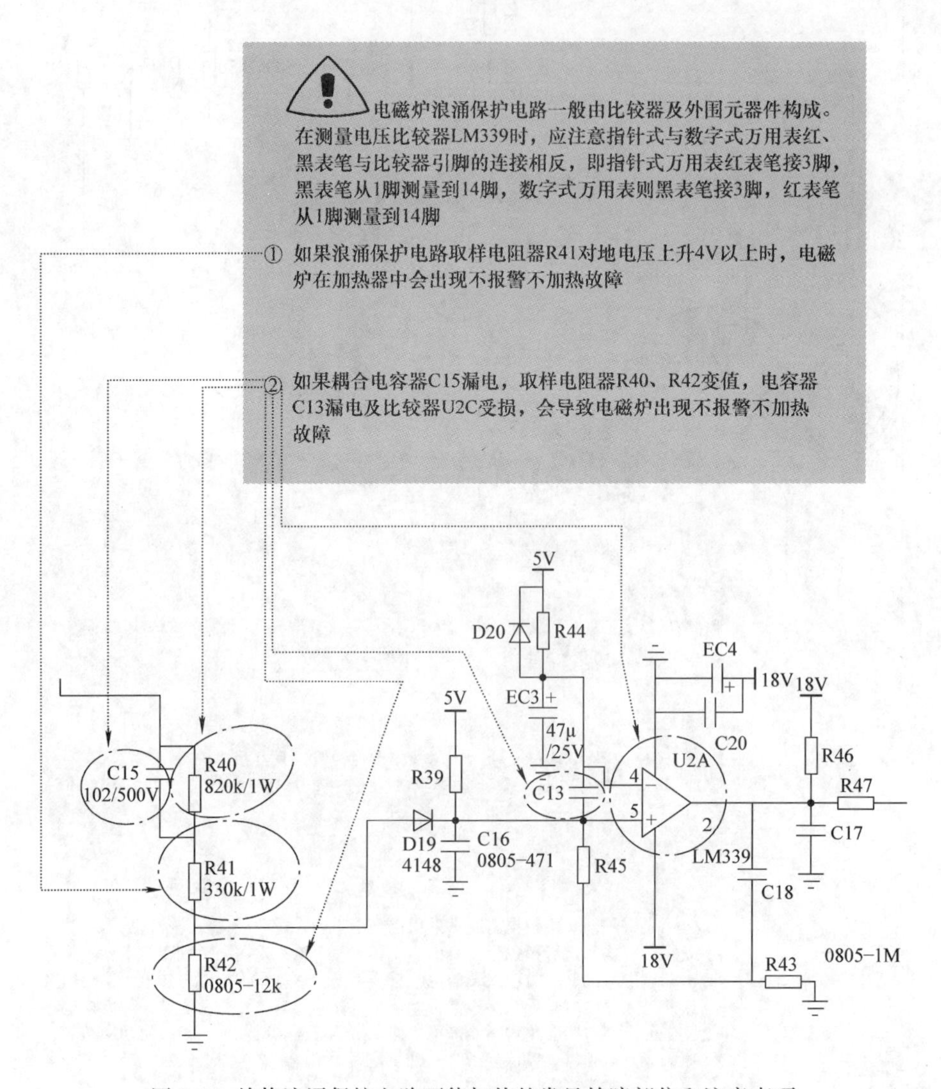

图 6-3 检修浪涌保护电路不能加热的常见故障部位和注意事项

4. 检修驱动放大电路不能加热的常见故障部位和注意事项

检修驱动放大电路不能加热的常见故障部位和注意事项如图 6-4 所示。该电路中的推挽电路开关晶体管及使能电路开关晶体管参数失常、电容 C12 击穿均会导致电磁炉出现报警不加热或不报警不加热故障。

另外，驱动放大电路中的限幅稳压二极管被击穿，也会导致电磁炉出现不报警不加热或报警不加热故障。

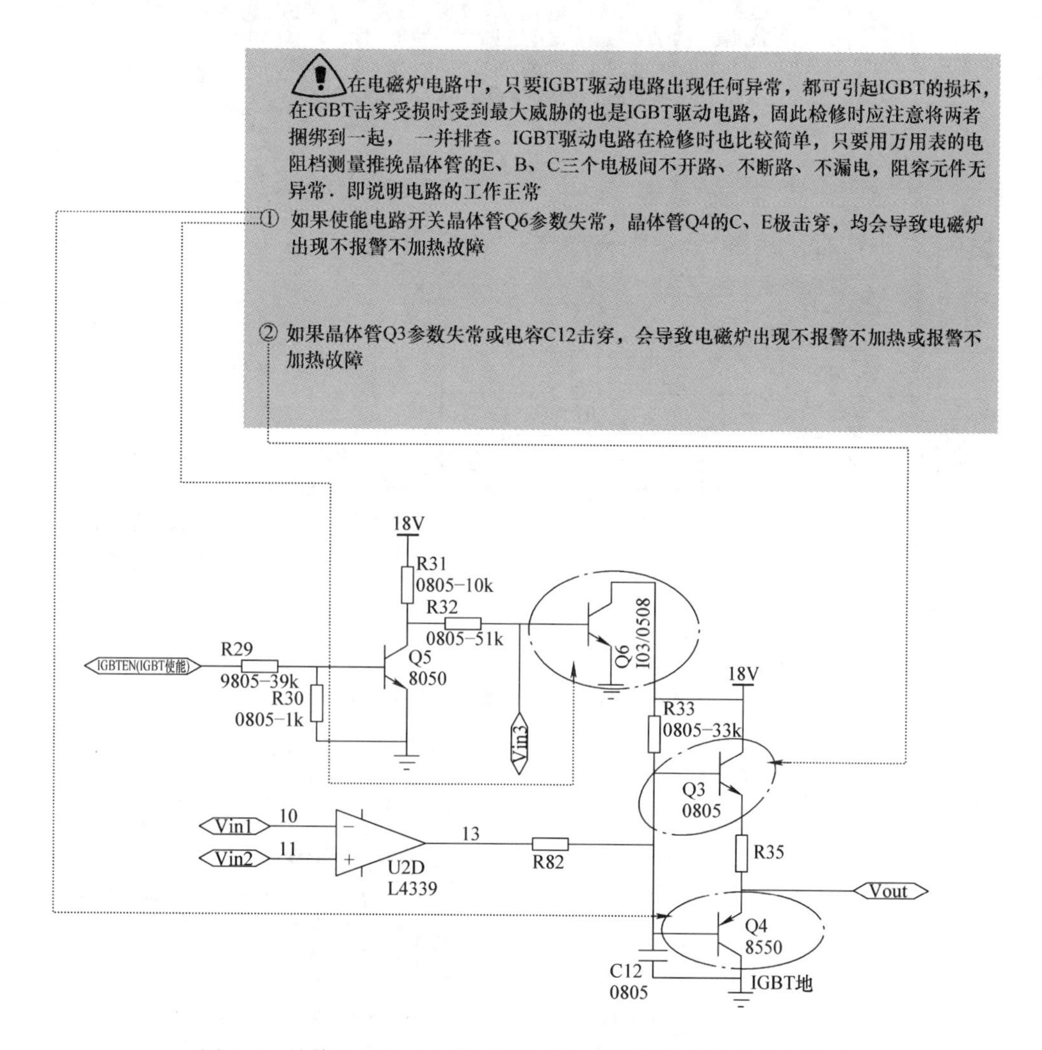

图6-4 检修驱动放大电路不能加热的常见故障部位和注意事项

5. 检修电流检测电路不能加热的常见故障部位和注意事项

检修电流检测电路不能加热的常见故障部位和注意事项如图6-5所示。该电路中的整流二极管开路损坏，造成CPU芯片检测不到电流取样电压而失控，导致电磁炉加热时出现继续加热故障。

6. 检修脉宽调控电路不能加热的常见故障部位和注意事项

检修脉宽调控电路不能加热的常见故障部位和注意事项如图6-6所示。该电路4.7μF/16V电解电容器和0.1μF瓷片电容器漏电损坏，会造成电压比较器引脚同相输入端对地零电压，从而导致电磁炉上电开机后出现报警不加热或加热功率过小故障。

当电磁炉出现间歇加热故障时，应掌握正常的检测方法，不要盲目乱拆乱焊。首先应该检测间歇加热时的电流变化，当加热时电流超出正常工作电流10A以上时，即可确诊故障为电流检测电路，重点应检查电流检测电路中的整流二极管是否开路损坏

• 整流二极管D11、 D12开路损坏，造成CPU芯片检测不到电流取样电压而失控，导致电磁炉加热时出现断续加热故障

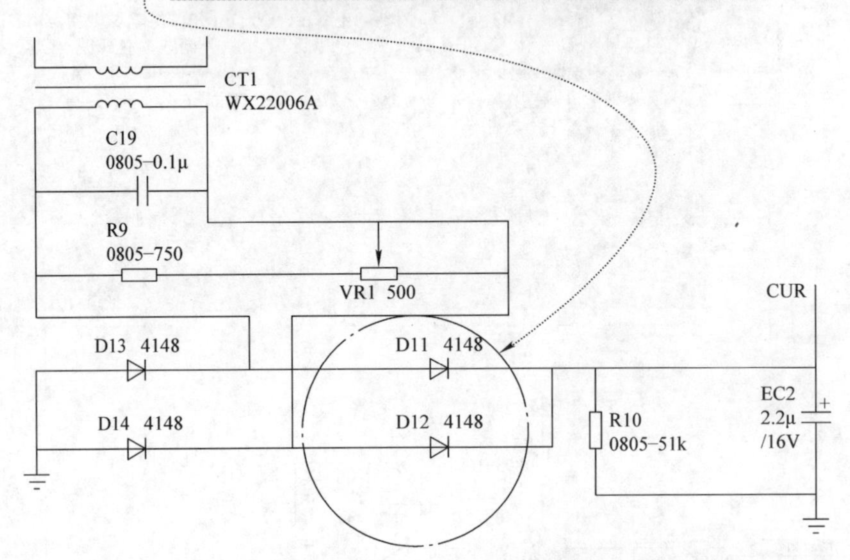

图 6-5 检修电流检测电路不能加热的常见故障部位和注意事项

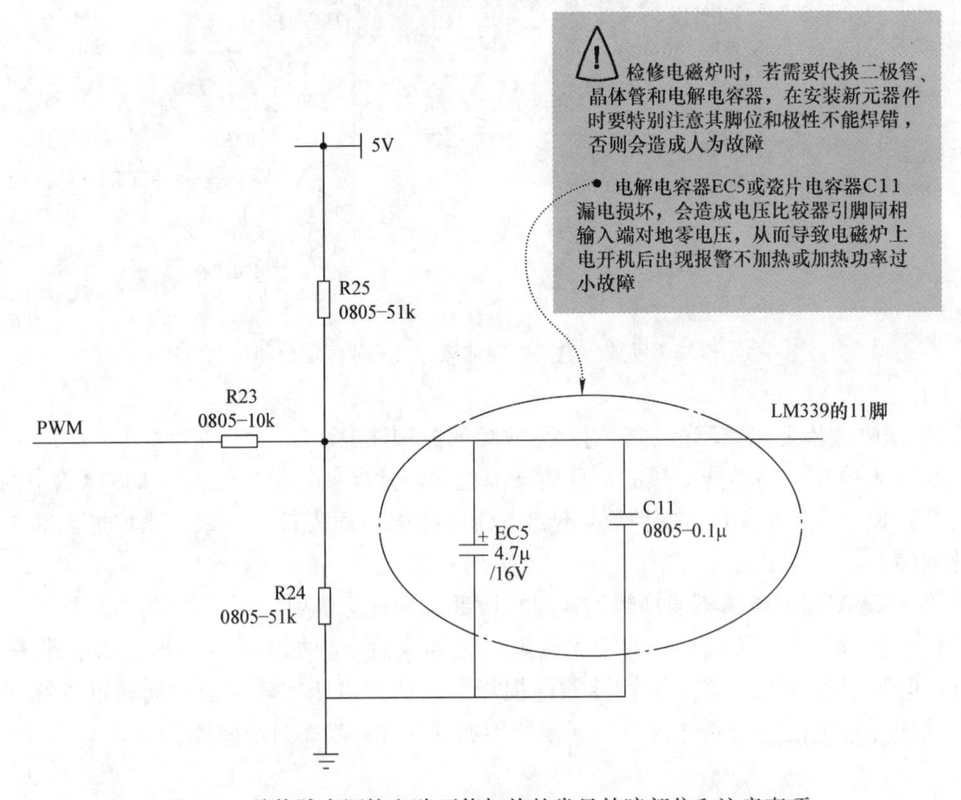

图 6-6 检修脉宽调控电路不能加热的常见故障部位和注意事项

※Q3　电磁炉加热异常故障检修实例

一、苏泊尔 C21A01 型电磁炉按火锅键，功率指示灯一闪即灭，不能加热

图文解说：此类故障应重点检查电压检测电路，具体主要检测电阻器 R101（820kΩ）是否断路，相关电路如图 6-7 所示。确诊后更换 R101 即可排除故障。

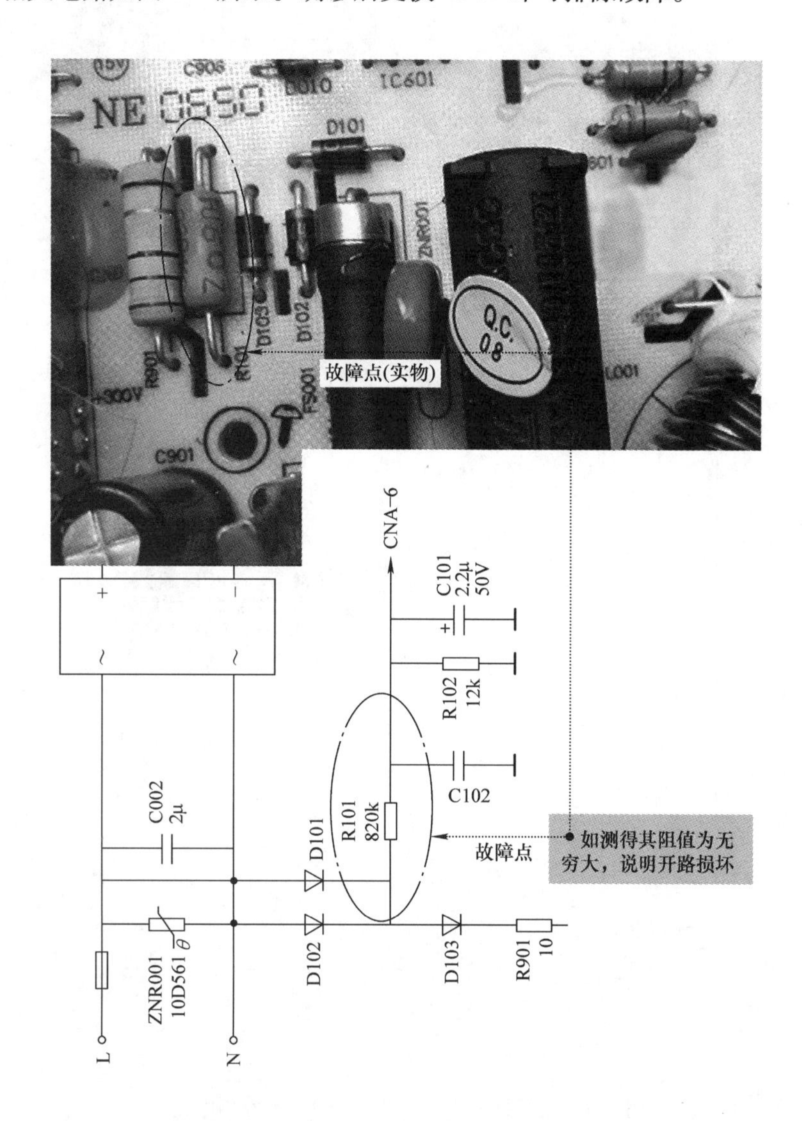

图 6-7　苏泊尔 C21A01 型电磁炉电压检测电路

※知识链接※　该机电压检测电路的主要作用是检测输入 AC220V 电压的高低，防止因电压过高或过低时损坏 IGBT 及电路元器件。

二、艾美特 CE2017 型电磁炉上电开机后放锅，出现断续加热现象

图文解说：此类故障应重点检查电流检测电路，具体主要检测电容器 C8（0.1μF/50V）

是否漏电，相关电路如图 6-8 所示。确诊后将 C8 换新即可排除故障。

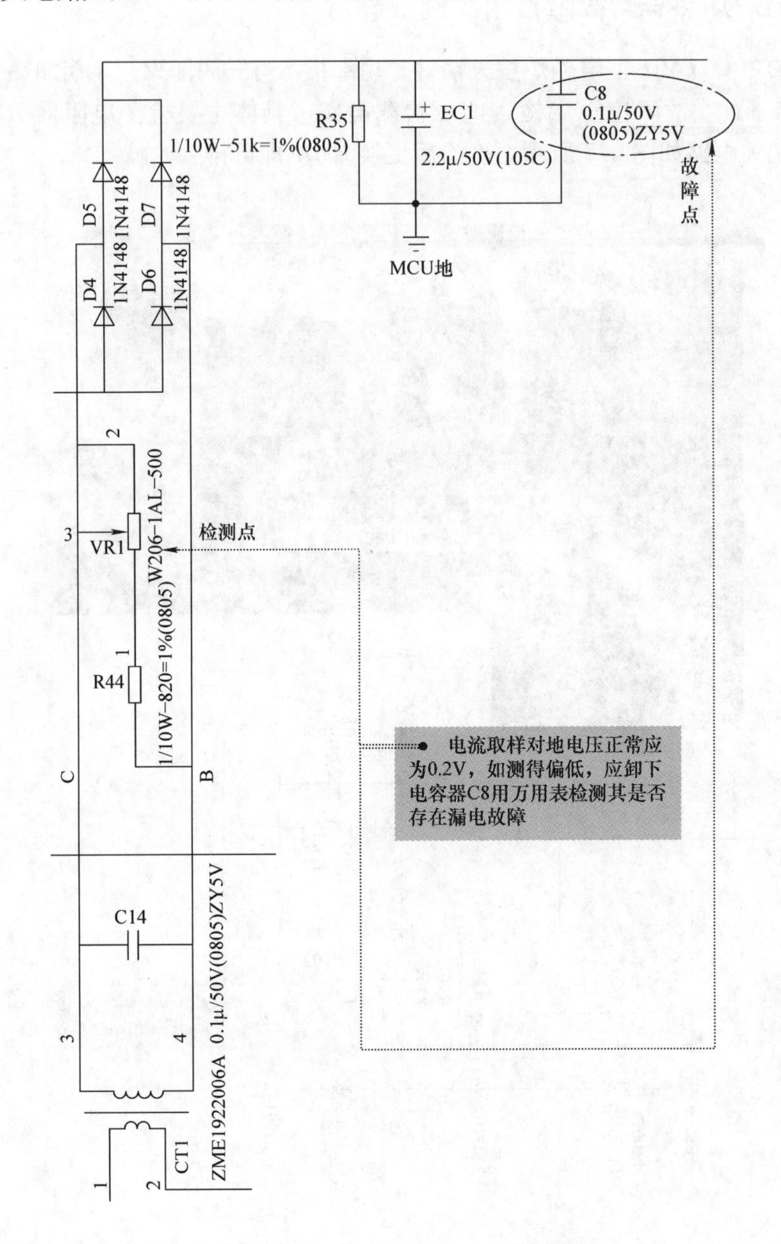

图 6-8 艾美特 CE2017 型电磁炉电流检测电路

※知识链接※ 电容器 C8 漏电，导致电磁炉在加热状态时电流检测取样电压始终低于正常值，经单片机不间断的检测，会误作出脉宽调控电路及使能电路保护，从而造成电磁炉加热时出现断续加热故障。

三、格兰仕 CH2027 型电磁炉调到最大功率时出现断续加热现象

图文解说：此类故障应重点检查线盘是否正常，具体主要检测线盘两极连接是否不良，相关电路如图 6-9 所示。确诊后用砂纸打磨干净并拧紧螺钉即可排除故障。

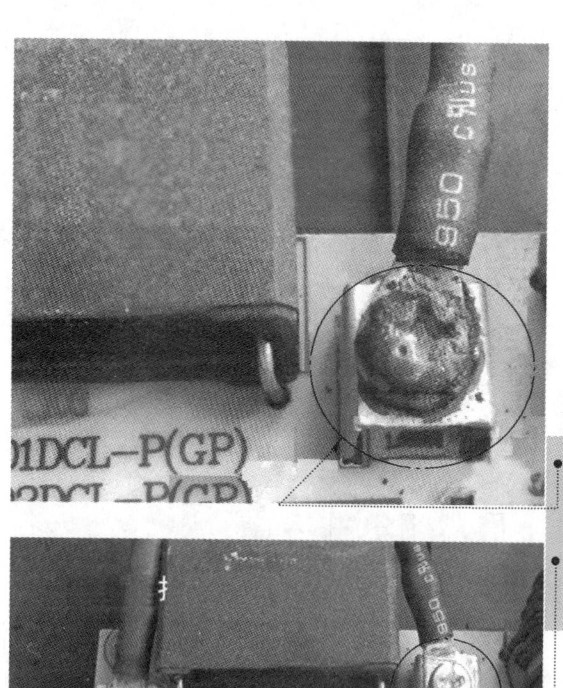

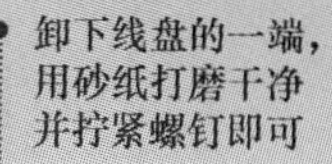

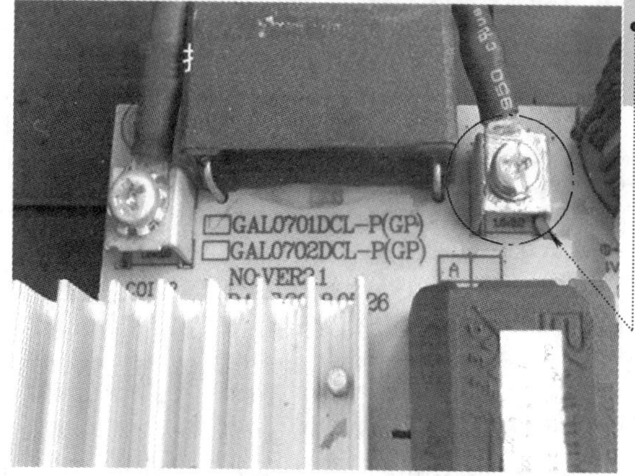

图6-9 格兰仕CH2027型电磁炉线盘两极相关截图

※知识链接※ 修理电磁炉时一般要将线盘卸下，在拆卸线盘时最好要记住两极的位置，以便原样装回。

四、格兰仕C20-F3E型电磁炉间歇加热

图文解说： 此类故障应重点检查电流检测电路，具体主要检测电解电容器EC2（100μF/25V）是否损坏，相关电路如图6-10所示。确诊后采用同规格电解电容器更换即可排除故障。

※知识链接※ 电磁炉实际维修中，电流检测电路故障率比较高，像该类故障，电流检测电路中的CT1互感器二次侧、二极管D10～D13也应作为重要排查点。

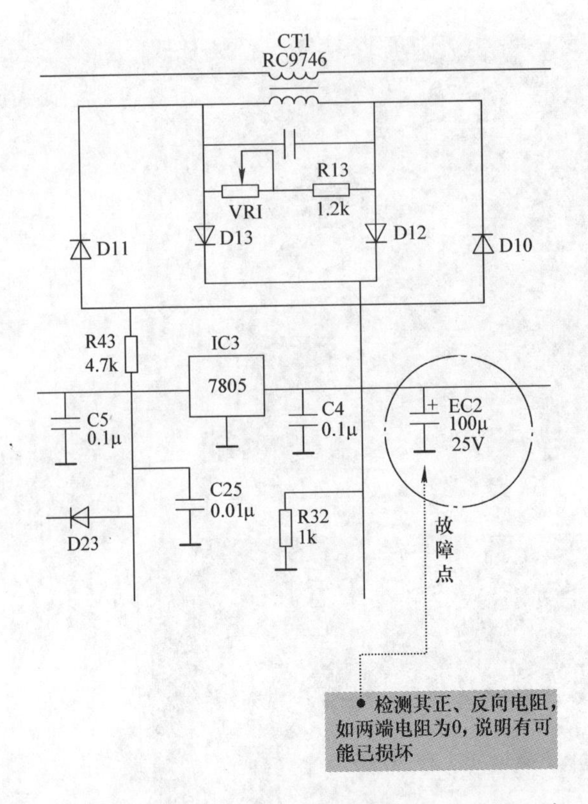

图6-10 格兰仕C20－F3E型电磁炉电流检测电路

五、格兰仕C20－F3E型电磁炉间歇加热，不报警

图文解说： 此类故障应重点检查温度检测电路，具体主要检测插件CN3的TIGBT脚到IGBT热敏电阻之间的电路板是否开裂导致开路所致，相关电路如图6-11所示。确诊后修复金属铂开路处即可排除故障。

※知识链接※ 该机CPU（S3F9498XZZ－A98）的13脚为IGBT温度检测端，待机电压为4.6V，无锅电压为4.6V，加热电压为3.8V；16脚为TMAIN炉面温度检测端，待机电压为5.5V，无锅电压为5.4V，加热电压为3.5V。

六、格兰仕C20－F6B型电磁炉每加热5s，停1s，周而复始，并且显示屏始终显示故障代码“00”

图文解说： 此类故障应重点检查电流检测电路，具体主要检测电流互感器CT1是否损坏，相关电路如图6-12所示。确诊后更换同型号电流互感器即可排除故障。

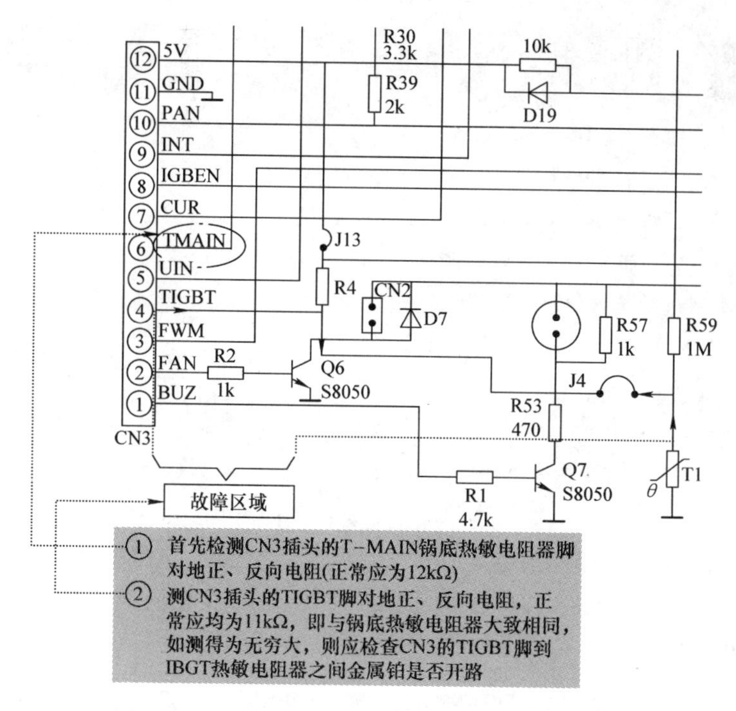

图6-11　格兰仕C20－F3E型电磁炉温度检测电路

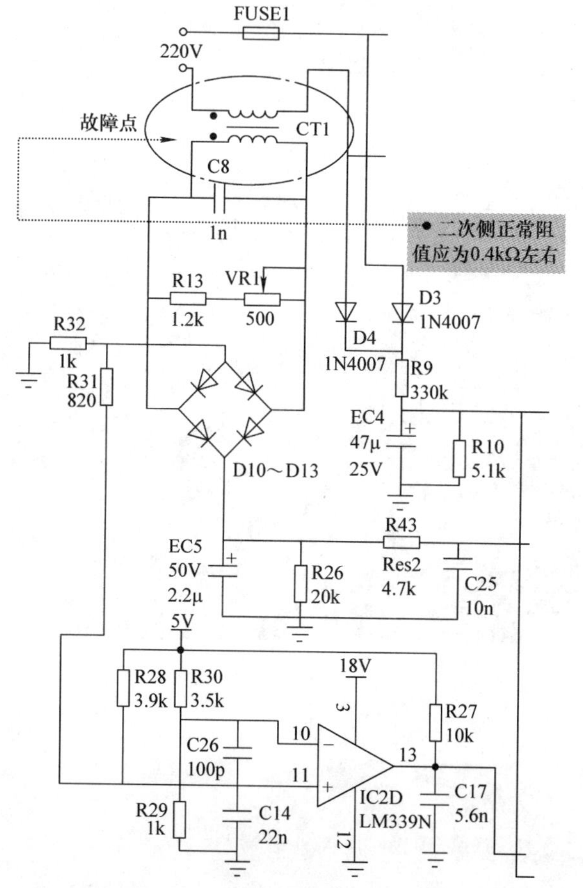

图6-12　格兰仕C20－F6B型电磁炉电流检测互感器相关电路

※知识链接※ 该机故障可按以下操作步骤进行检修：

1）打开机壳，去掉线盘，测 IGBT 的 C－E 极间正、反向电阻，分别为 3kΩ 和无穷大，阻值正常。

2）接入线盘，通电不开机，测试 5V、18V、IGBT 的 C 极 300V 电源均正常。

3）放好锅后开机加热，测 CN3 插头的 CUR、PWM、INT 脚电压，在 0.21V（加热）与 0.2V（停止加热）间跳；PWM 电压由 0.2V 线性上升到 2V 后就又下降到 0.2V，然后重复上述过程；INT 脚始终为 0V。

4）拔掉电源插头，将 500 型万用表置于 R×1kΩ 档，测 INT 脚的正、反向电阻为 4.4kΩ、4.6kΩ（正常值），查 R27 阻值也正常。

5）继续查 CT1 二次侧、D10～D13，发现 CT1 二次侧阻值为 1.4kΩ（正常值应为 0.4kΩ），拆下 CT1 后再测二次侧阻值为无穷大，说明 CT1 已损坏。

6）更换同型号 CT1 后，故障排除。

七、格兰仕 CH2122E 型电磁炉通电开机出现不能加热现象，并且面板显示故障代码“E0”

图文解说： 此类故障应重点检查同步电路，具体主要检测电阻器 R8（240kΩ）是否正常，相关电路如图 6-13 所示。确诊后更换 R8 即可排除故障。

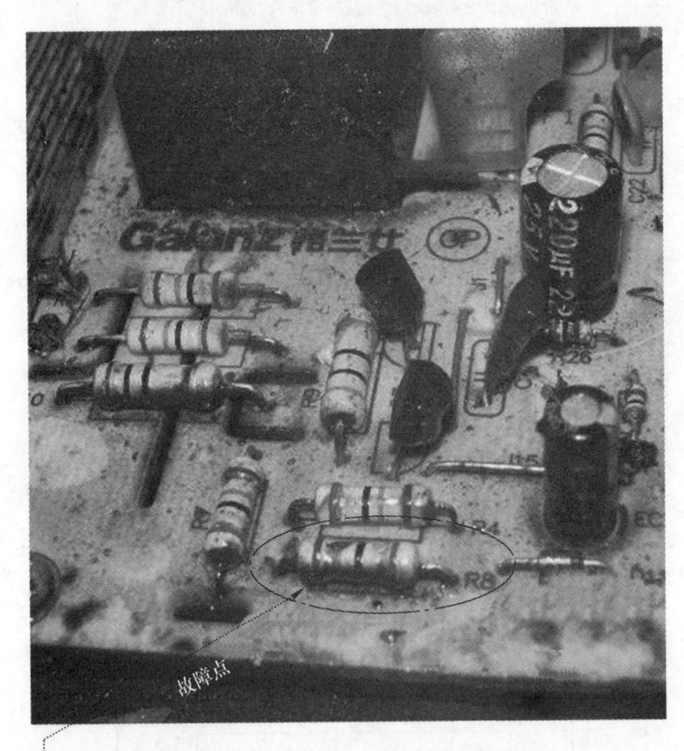

图 6-13 格兰仕 CH2122E 型电磁炉同步电路检测电阻器 R8 相关截图

※知识链接※　在待机接线圈盘的情况下，该机同步电路用万用表测量U1（LM339）的8脚与9脚的工作电压分别为1.75V和1.9V，14脚的电压应为高电平，电压值为1.23V，如是低电平，说明U1有可能已损坏（排除PWM信号电路的故障）。

八、颜诺商用电磁炉开启档位时无档位显示，不加热

图文解说：此类故障应重点检查电磁炉机心主机控制电路，具体主要检查机心档位开关是否正常，相关电路如图6-14所示。确诊后维修或更换机心档位开关即可排除故障。

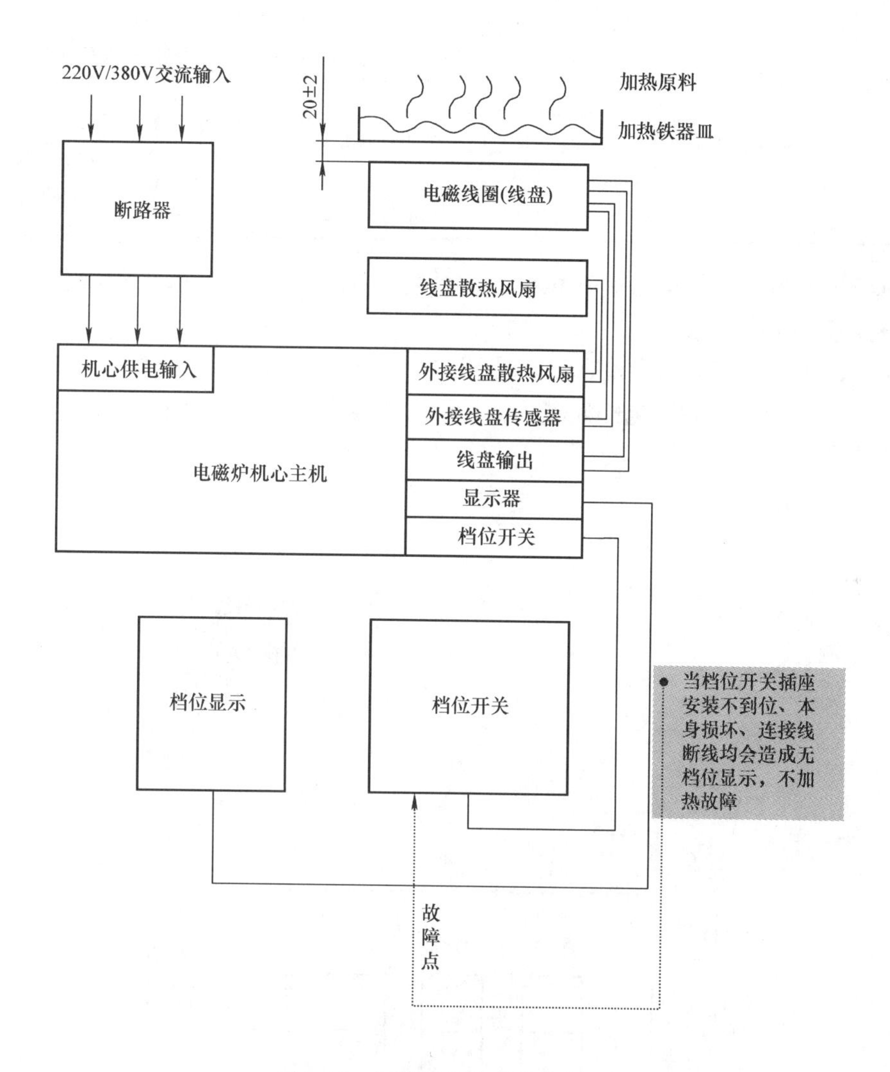

图6-14　颜诺商用电磁炉接线原理

※知识链接※　颜诺商用电磁炉故障代码见表6-1，供维修时参考。

表 6-1 颜诺商用电磁炉故障代码

故障代码	代码含义	故障点
开启机心时数码管闪烁显示故障代码“7”、“8”、“9”	1. 输入电压超出机心工作电范围 2. 输入电压断相	1. 检查输入电压是否在机心工作电压范围内 2. 检查输入三相电压是否有一相电没电压或者接触不良
机心在使用中突然停止加热并显示故障代码“F”	1. 机心内散热片温度过高 2. 周围环境温度过高	1. 检查机心散热风机进风口是否被堵塞 2. 机心出风口是否被堵 3. 机器内周围环境是否无通风环境
机心无功率输出并显示故障代码“E”	1. 加线盘没接上 2. 加热线盘与加热锅具的距离没调试好 3. 无加热锅具或加热锅具不合适	1. 检查线盘线是否与机心连接好 2. 加热线盘的磁距是否调试合适 3. 检查加热锅具是否匹配

九、亚蒙 AM20A28 型电磁炉开机可以加热，功率“加”键可以正常操作，但“减”键失控，无法降低加热温度

图文解说：此类故障应重点检查数码管及键控电路，具体主要检测数码管 11 脚内部发光二极管是否漏电损坏，相关电路如图 6-15 所示。“确诊”后用一只 1N4148 二极管代换即可排除排除故障。

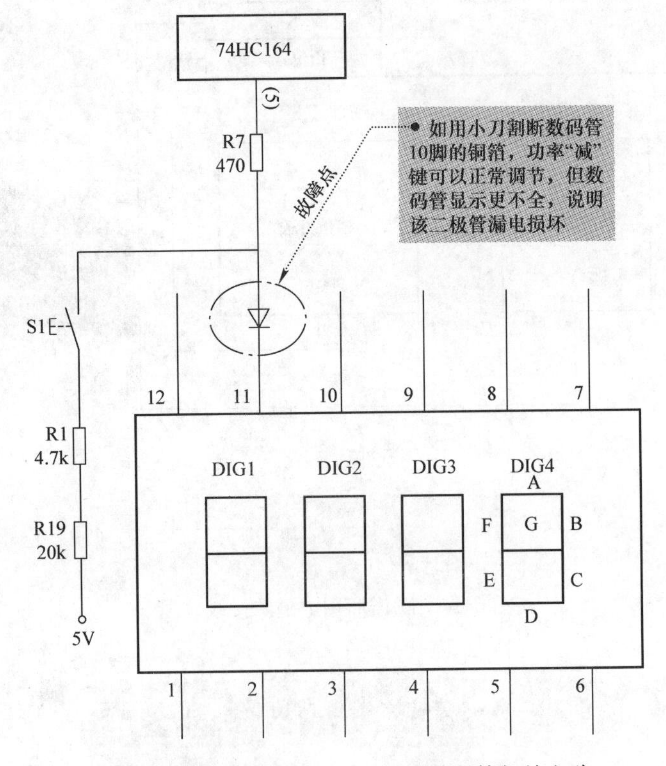

图 6-15 亚蒙 AM20A28 型电磁炉数码管相关电路

※知识链接※　此机4位数码管（共阴）及键控电路采用74HC164芯片控制，再经排线送到主板CPU。功率调整“减”键S1回路与数码管11脚相连。

十、亚蒙AM20V28型电磁炉不加热

图文解说： 此类故障应重点检查同步电路，具体主要检测电压比较器LM339是否损坏，相关电路如图6-16所示。确诊后更换LM339即可排除故障。

卸下LM339，将万用表置于R×1k档，红表笔接3脚，黑表笔测1～14脚，除12脚阻值为15kΩ左右，其他引脚阻值应为无穷大；红表笔接12脚，黑表笔测1～14脚，除3脚阻值为15kΩ左右，其他引脚阻值应为无穷大；如其他有一脚有阻值，说明LM339已损坏

图6-16　亚蒙AM20V28型电磁炉电压比较器LM339相关截图

※知识链接※　需要注意的是：在检测LM339时，7脚和9脚不能短接，反之会损坏CPU。另外，在路检测LM339容易对IGBT造成损坏，因此当怀疑LM339存在故障时，应将其卸下进行测量或代换。

十一、尚朋堂SR-CH2007D型电磁炉每次开机1.5min左右自动停止加热，但控制面板指示、风扇运行均正常，也不报警，间隔一段时间后又自动恢复加热

图文解说： 此类故障应重点检查发热线盘和IGBT温度检测电路，具体主要检测热敏电阻器NTC2是否损坏，相关电路如图6-17所示。确诊后用一只相同规格的热敏电阻器代换NTC2即可排除故障。

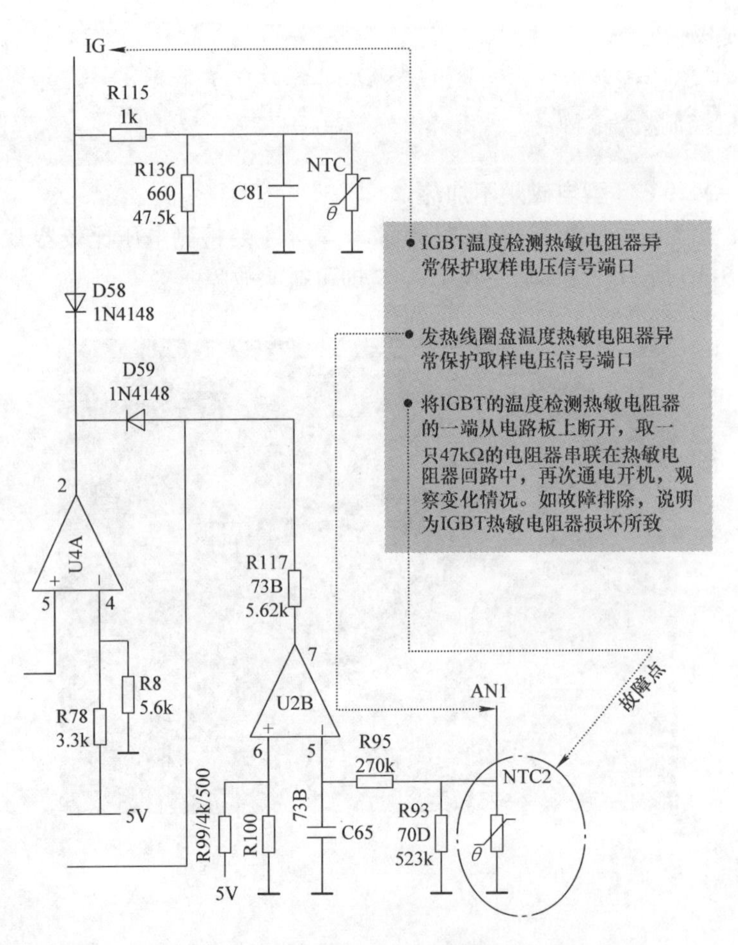

图 6-17 尚朋堂 SR－CH2007D 型电磁炉温度检测电路

※知识链接※ 该故障的检修较为复杂，单靠简单的检测热敏电阻器阻值通常很难准确地判断出故障点，检修时可按以下操作步骤进行：

1）首先检测两只热敏电阻器（发热线圈盘温度检测热敏电阻 NTC1 和 IGBT 温度检测 NTC2 热敏电阻）的电阻值是否正常，正常应在 100kΩ 左右。

2）将电磁炉通上电源，在电磁炉处于待机状态时，分别检测发热线圈盘温度热敏电阻器异常保护取样电压信号端口 AN1 以及 IGBT 温度检测热敏电阻异常保护取样电压信号端口 IG 的电压，并记下测量结果。

3）开机，将电磁炉调在最大档位，让电磁炉加热工作。待会儿快速移走锅具，并打开电磁炉面板，检测发热线圈盘温度异常保护端口 AN1 处和 IGBT 温度异常保护端口 IG 处的电压，并记下测量结果。

4）将两次测量的电压值对比，如果 IGBT 的温度检测热敏电阻检测端电压下降明显，说明有可能是 IGBT 热敏电阻故障。

5）将 IGBT 的温度检测热敏电阻的一端从电路板上断开，取一只 47kΩ 的电阻器串联在热敏电阻回路中，再次通电开机，观察变化情况。如故障排除，即可确诊为 IGBT 热敏电阻器损坏所致。

十二、尚朋堂 SR－1623 型电磁炉开机不停地发出阵阵检锅声，但不加热

图文解说： 此类故障应重点检查控制板电路，具体主要检测电阻器 R70（16/1W）是否断路损坏，该机控制板如图 6-18 所示。确诊后采用 2kΩ 电阻器代换 R70 即可排除故障。

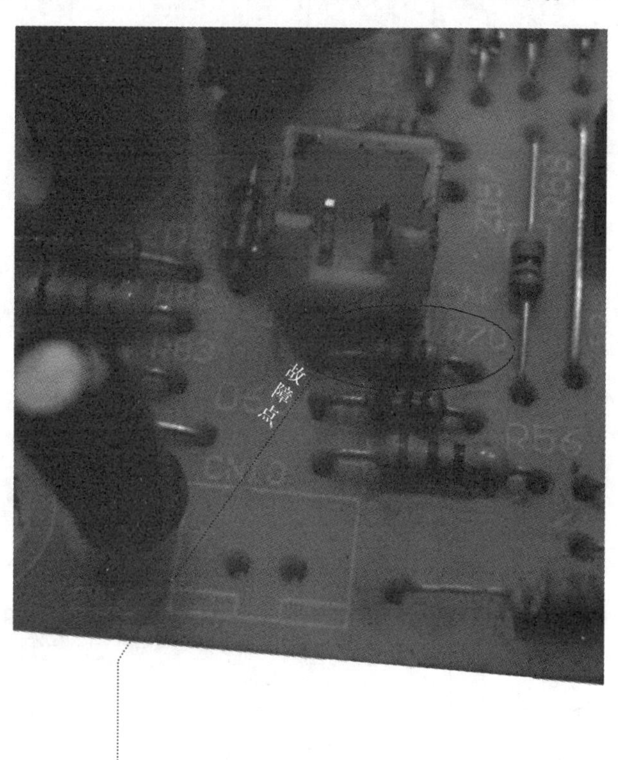

用万用表电阻档测量，如其阻值为无穷大，说明断路损坏。也可在路带电测其电流，如电流为零，也说明该电阻已失效

图 6-18　尚朋堂 SR－1623 型电磁炉控制板电路电阻 R70 相关截图

※知识链接※ 由于电磁炉工作在高温、高压以及较恶劣的环境中，电阻器损坏的概率较高。该机检锅不加热故障是因电磁炉进油水污物损坏控制电路电阻器 **R70** 所致。此类故障比较特殊，在一时不知从何下手时，可采用排除法进行检测：首先检测三电压是否正常→再查功率板是否存在元器件损坏→最后查控制板电路是否存在元器件损坏。

十三、富士宝 IH－P190B 型电磁炉指示灯不亮，也不加热

图文解说： 此类故障应重点检查市电输入电路、调频谐振电路、驱动电路，具体主要检测 IGBT（H20T120）、谐振电容器 C23、稳压管 ZD4、熔丝管 FUSE 是否正常，相关电路如图 6-19 所示。确诊后更换损坏的元器件即可排除故障。

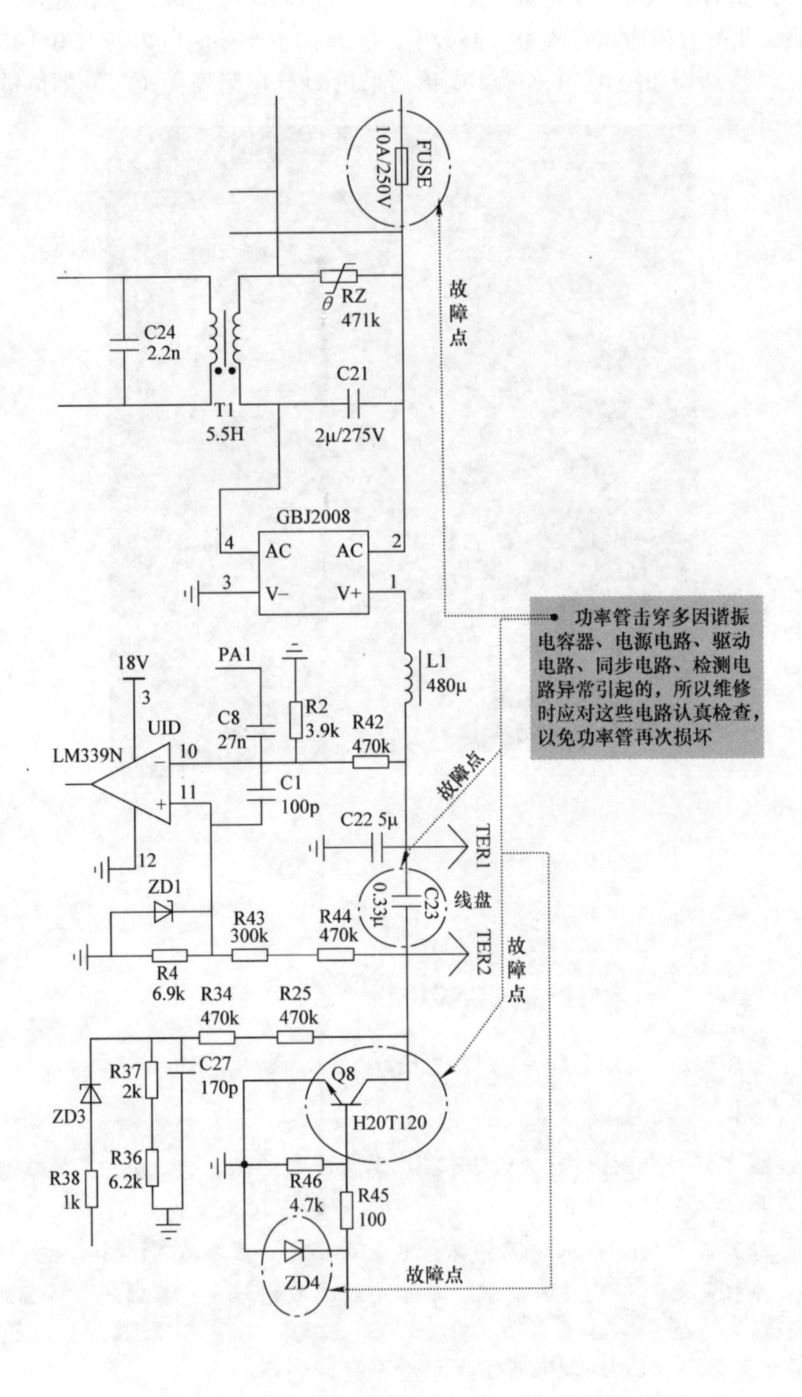

图 6-19　富士宝 IH－P190B 型电磁炉指示灯不亮也不加热故障检测点

※知识链接※ 富士宝 IH－P190B 型电磁灶电路采用“单片机（HT46R46）＋LM339”电路方案，电路中设计有很完善的检测保护电路，具体包括以下7种保护电路：

1）220V 输入电压检测保护电路；

2）锅具有无检测保护电路；

3）锅具温度检测保护电路；

4）300V 直流输出电压检测保护电路；

5）IGBT 门控管 C 极峰值检测保护电路；

6）IGBT 门控管温度检测保护电路；

7）谐振同步检测保护电路。

十四、奔腾 PC18D 型电磁炉通电开机报警不加热

图文解说： 此类故障应重点检查同步电路，具体主要检测电阻器 R36 是否虚焊所致，相关电路如图 6-20 所示。确诊后去掉 R36 引脚上的氧化物并重新焊好，即可排除故障。

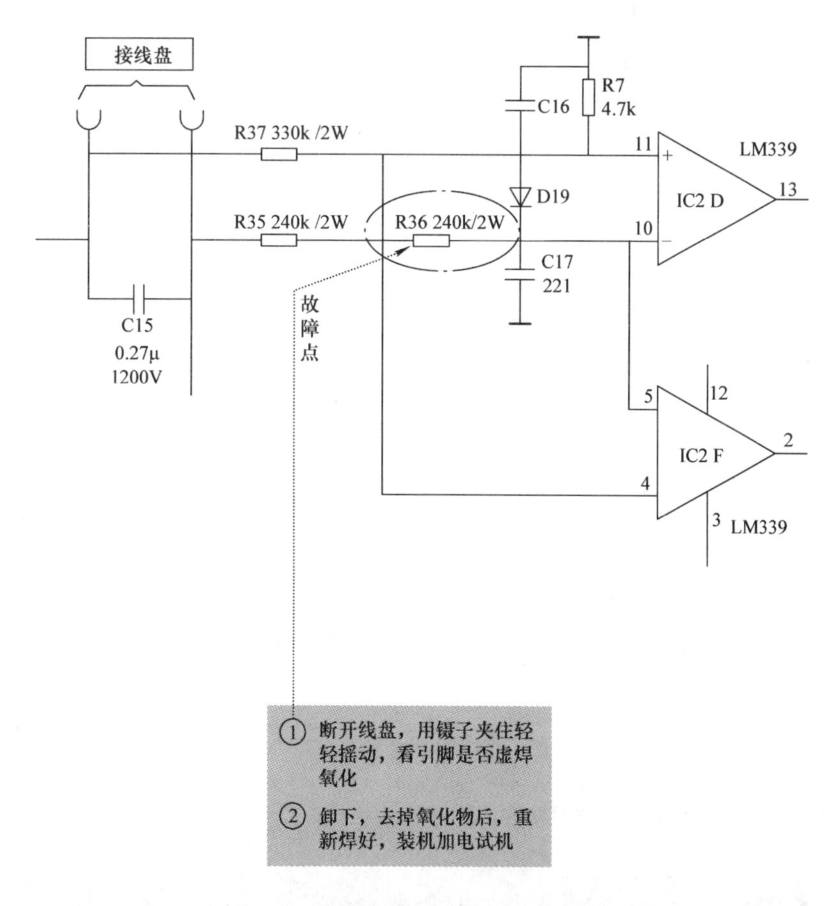

图 6-20 奔腾 PC18D 型电磁炉同步电路

※知识链接※ 该机同步电路电阻器 R37、R35、R36 其中之一虚焊，均会产生报警不加热故障。有时用手拍打电磁炉外壳能加热，待冷却后又不能加热了，是此型号电磁炉较常出现的故障。

十五、万利达 MC18 – C10 型电磁炉加热温度低，且调整无效

图文解说： 此类故障应重点检查 300V 电压是否正常，具体主要检测滤波电容器 C28（5μF/400V）电容是否下降，相关电路如图 6-21 所示。确诊后更换 C28 即可排除故障。

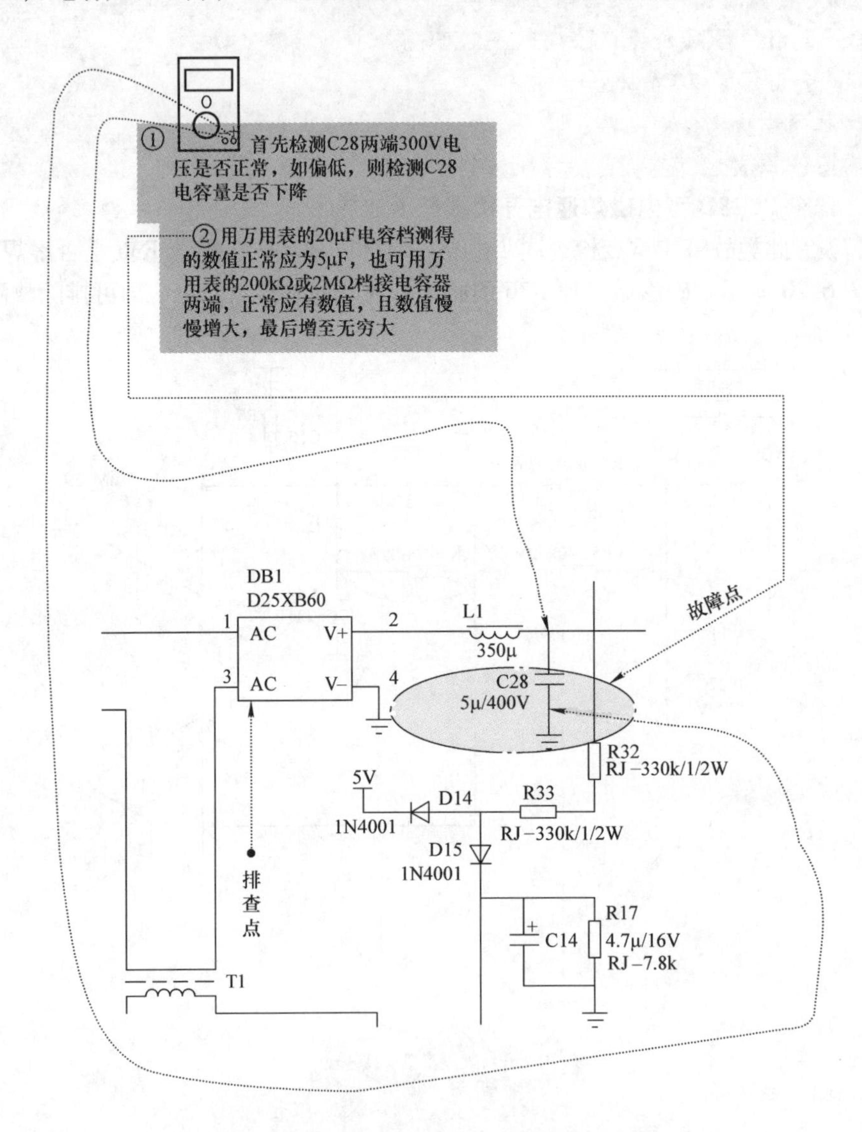

图 6-21 万利达 MC18 – C10 型电磁炉 C28 相关电路

※知识链接※ 当桥堆 DB1 内部二极管的正向电阻变大或开路，以及滤波电容器 C28 电容量下降，均会导致 300V 电压偏低，从而造成加热温度低而调整无效故障。

十六、万利达 MC18 – C10 型电磁炉水不能加热到一定温度

图文解说: 此类故障应重点检查锅具温度检测电路，具体主要检测热敏电阻器 RT2 阻值是否变小，电容器 C2 是否漏电，相关电路如图 6-22 所示。确诊后更换损坏的元器件即可排除故障。

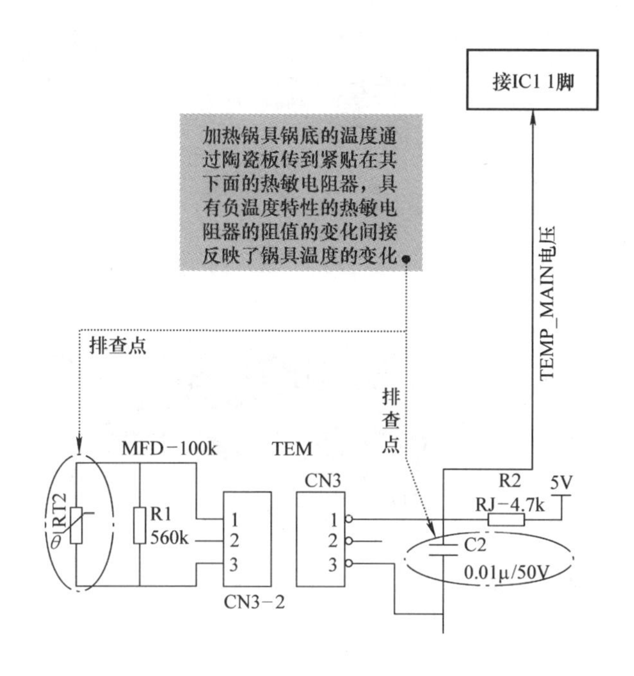

图 6-22　万利达 MC18 – C10 型电磁炉锅具温度检测电路

※知识链接※　锅具热敏电阻器 RT2 与 R1 并接后与 R2 分压，输出信号 TEMP_ MAIN，根据热敏电阻器的负温度特性可知，温度越高，热敏电阻器阻值就越小，分压所得的电压 TEMP_ MAIN 就越大，单片机就是通过检测 TEMP_ MAIN 电压的变化间接检测锅具的温度的变化，从而做出相应的动作。

十七、万利达 MC18 – C10 型电磁炉不加热，也不报警

图文解说: 此类故障应重点检查过电压检测电路，具体主要检测 C26 是否漏电，相关电路如图 6-23 所示。确诊后更换 C26 即可排除故障。

※知识链接※　电阻器 R27、R29 阻值变大或开路也会出现类似故障。

十八、万利达 MC18 – C10 型电磁炉加热特别慢

图文解说: 此类故障应重点检查高频谐振电路，具体主要检测谐振电容器 C3（0.27μF/1200V）的电容量是否失效，相关电路如图 6-24 所示。确诊后更换 C3 即可排除故障。

※知识链接※　如果高压谐振电容器异常，会使功率管峰值脉冲电压过高，导致过电压保护电路动作，微处理器检测到此电压的变化后便会切断 PWM 电压的输出，使 PWM 电压变小，从而造成电磁炉加热比较慢。

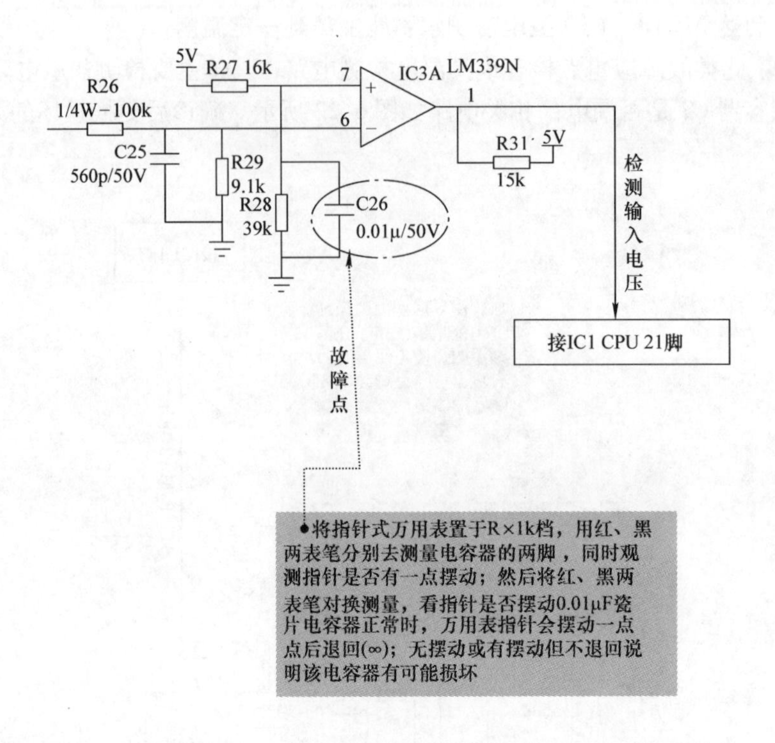

图 6-23　万利达 MC18 – C10 型电磁炉过电压检测电路（C26 相关电路）

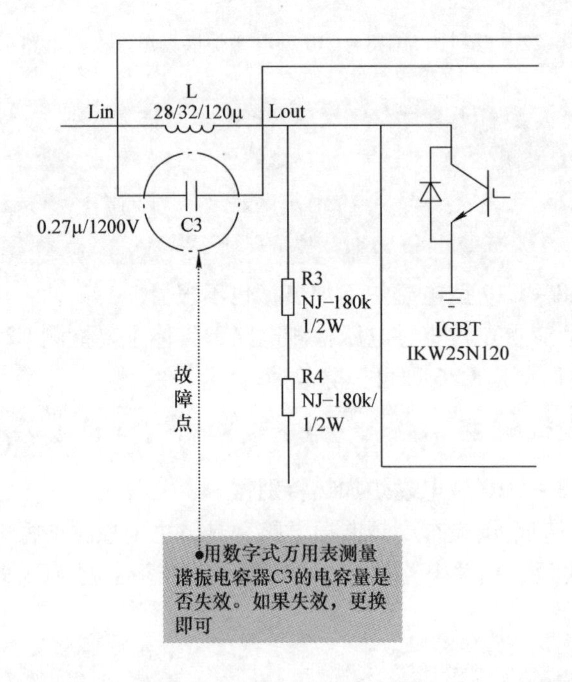

图 6-24　万利达 MC18 – C10 型电磁炉高压谐振电容器 C3 相关电路

十九、万利达 MC18 - C10 型电磁炉加热时，自动关机

图文解说： 此类故障应重点检查24V电压产生电路，具体主要检测电容器C20的电容量是否下降，相关电路如图6-25所示。确诊后更换C20即可排除故障。

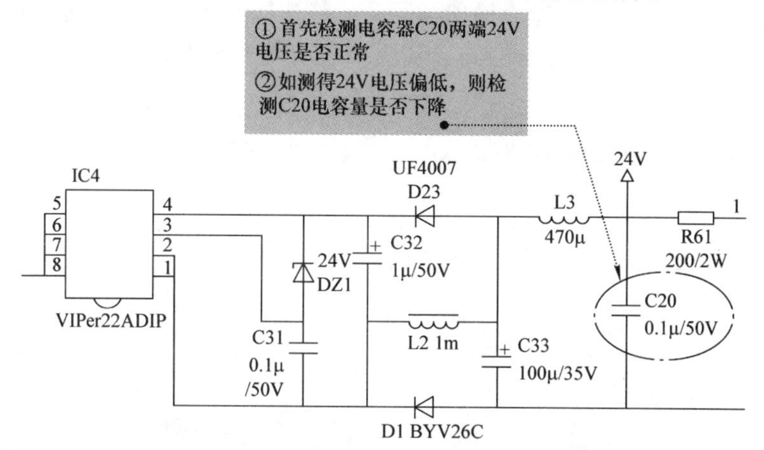

图6-25　万利达 MC18 - C10 型电磁炉24V电压产生电路（C20相关电路）

※知识链接※　稳压管DZ1击穿或漏电，D1正向电阻变大，电解电容器C33电容量下降或变质也会出现类似故障。

二十、万利达 MC18 - C10 型电磁炉有时加热有时不加热

图文解说： 此类故障应重点检查300V电压产生电路，具体主要检测桥堆DB1是否开路，相关电路如图6-26所示。确诊后更换DB1即可排除故障。

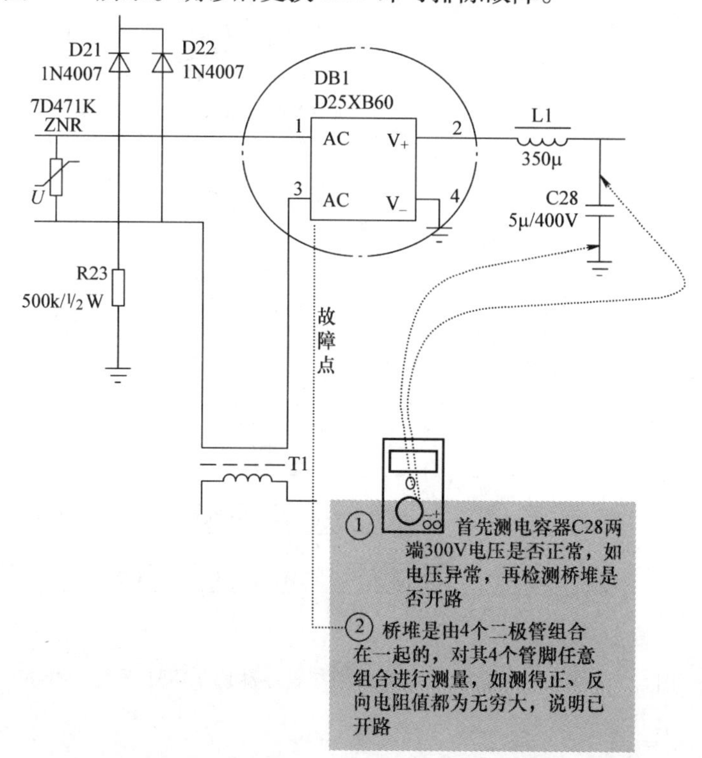

图6-26　万利达 MC18 - C10 型电磁炉300V电压产生电路（DB1相关电路）

※知识链接※ 当电流互感器 T1、扼流圈 L1 的引脚开焊也会出现类似故障。

二十一、格力 GC－16 型电磁炉不加热

图文解说：此类故障应重点检查输出与驱动电路，具体主要检测驱动块 IC9（TA8316S）是否损坏，相关电路如图 6-27 所示。确诊后更换驱动块 TA8316S 即可排除故障。

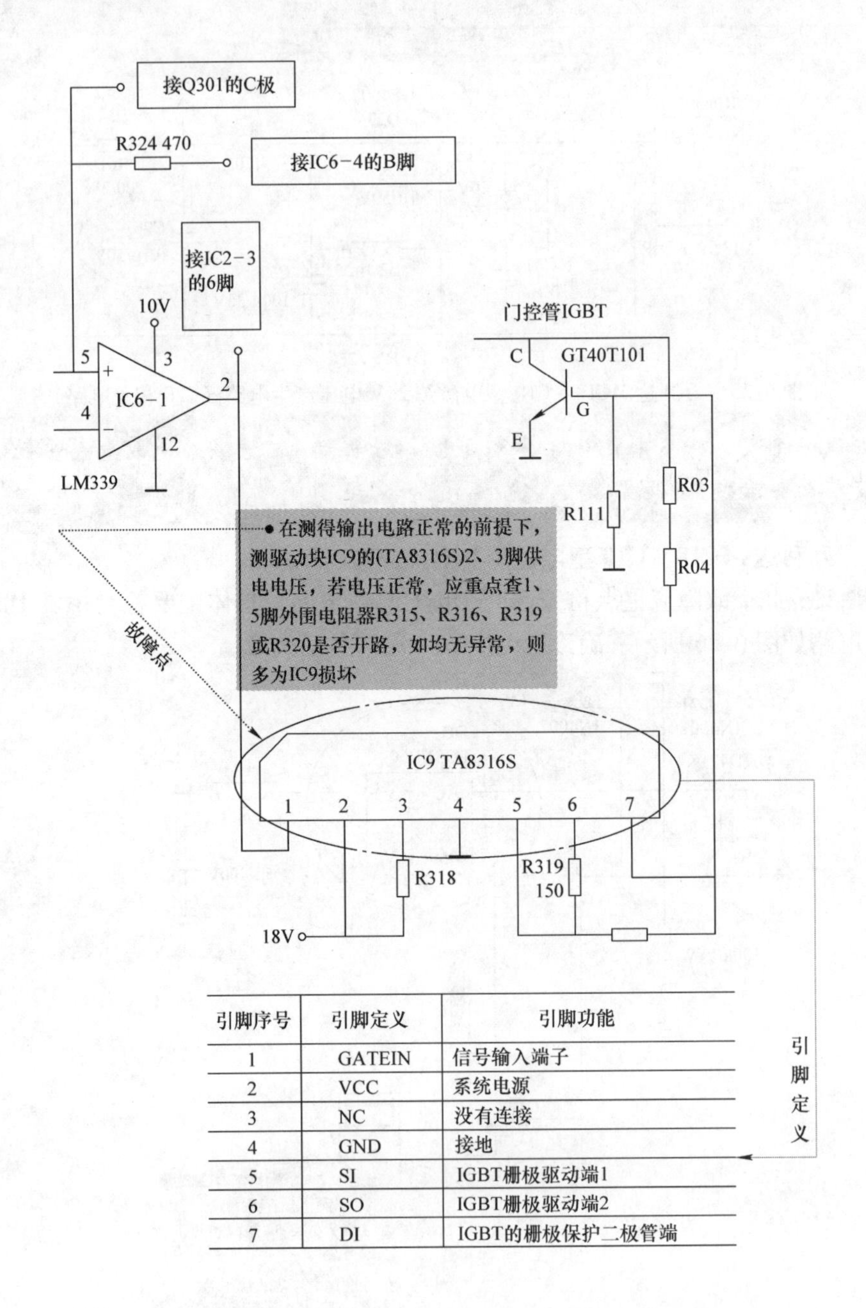

引脚序号	引脚定义	引脚功能
1	GATEIN	信号输入端子
2	VCC	系统电源
3	NC	没有连接
4	GND	接地
5	SI	IGBT栅极驱动端1
6	SO	IGBT栅极驱动端2
7	DI	IGBT的栅极保护二极管端

图 6-27　格力 GC－16 型电磁炉门控管驱动块 TA8316S 相关电路

※知识链接※ 该机采用集成电路方式的门控管（IGBT）驱动电路，其工作原理如下：

1）由IC6（LM339）的2脚输出的脉冲信号送到驱动块IC9的1脚，经IC9放大，通过7脚送到IGBT管的G极，驱动控制门控管的通/断。

2）当脉冲信号的高电平宽度越宽时，电磁灶的火力就越强。反之，则火力就越弱。

二十二、九阳JYC－21B5型电磁炉通电显示正常，但不加热

图文解说： 此类故障应重点检查驱动电路，具体主要检测LM339是否损坏，相关电路如图6-28所示。确诊后更换LM339即可排除故障。

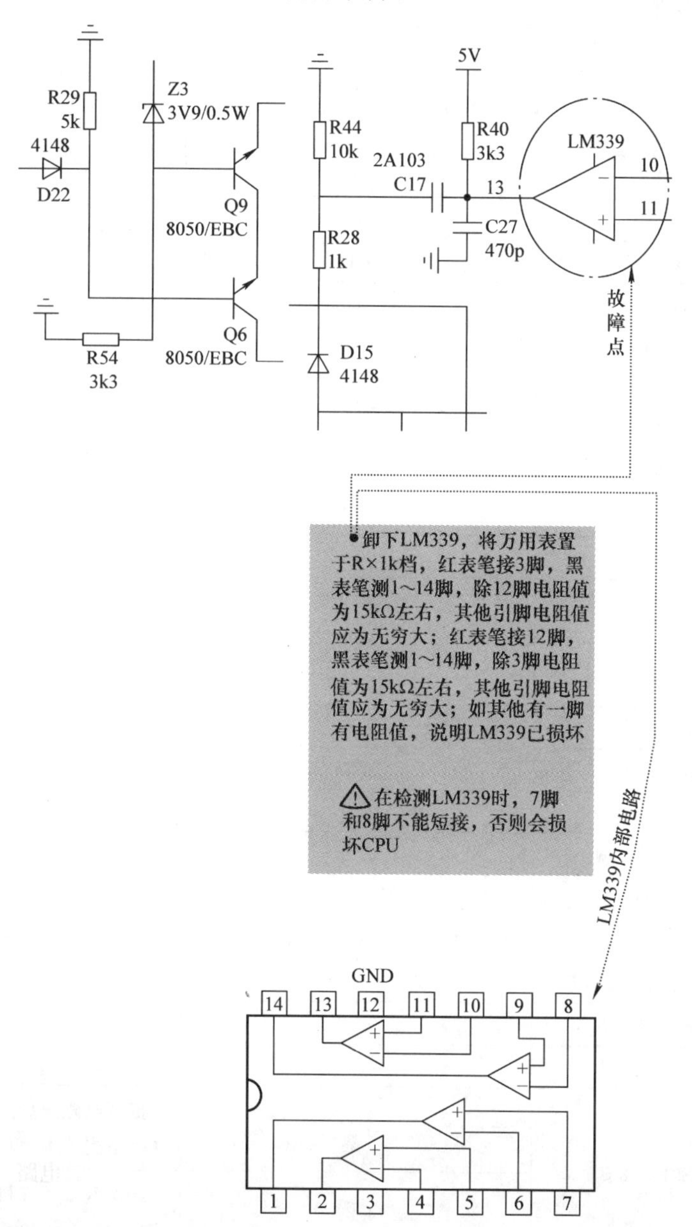

图6-28 九阳JYC－21B5型电磁炉中LM339结构及相关电路

※知识链接※ 九阳 JYC－21B5 型电磁炉关键点电压测试值见表 6-2，供读者检修时参考。

表 6-2 九阳 JYC－21B5 型电磁炉关键点电压测试值

<table>
<tr><th>检测点</th><th>电压/V</th><th>备注</th></tr>
<tr><td>LM339 的 1 脚</td><td>5.04</td><td rowspan="29">1. 断开电磁线盘，市电电压 190～206V 条件下测试。
2. 接上线盘，开机按炒菜键，不放锅，市电电压 190～206V 条件下测试</td></tr>
<tr><td>LM339 的 2 脚</td><td>0</td></tr>
<tr><td>LM339 的 3 脚（3VDD）</td><td>16.18</td></tr>
<tr><td>LM339 的 4 脚</td><td>0</td></tr>
<tr><td>LM339 的 5 脚</td><td>3.13</td></tr>
<tr><td>LM339 的 6 脚</td><td>0.63</td></tr>
<tr><td>LM339 的 7 脚</td><td>1.3</td></tr>
<tr><td>LM339 的 8 脚</td><td>2.21</td></tr>
<tr><td>LM339 的 9 脚</td><td>0</td></tr>
<tr><td>LM339 的 10 脚</td><td>16.11</td></tr>
<tr><td>LM339 的 11 脚</td><td>0</td></tr>
<tr><td>LM339 的 12 脚</td><td>0</td></tr>
<tr><td>LM339 的 13 脚</td><td>0.06</td></tr>
<tr><td>LM339 的 14 脚</td><td>17.32</td></tr>
<tr><td>LM393 的 1 脚</td><td>0.02</td></tr>
<tr><td>LM393 的 2 脚</td><td>2.51</td></tr>
<tr><td>LM393 的 3 脚</td><td>0</td></tr>
<tr><td>LM393 的 4 脚</td><td>0</td></tr>
<tr><td>LM393 的 5 脚</td><td>5</td></tr>
<tr><td>LM393 的 6 脚</td><td>2.21</td></tr>
<tr><td>LM393 的 7 脚</td><td>0.10</td></tr>
<tr><td>LM393 的 8 脚（8VDD）</td><td>16.28</td></tr>
<tr><td>HMS87C1408BSKP 的 1 脚</td><td>0.52</td></tr>
<tr><td>HMS87C1408BSKP 的 2 脚</td><td>2.8</td></tr>
<tr><td>HMS87C1408BSKP 的 3 脚</td><td>0</td></tr>
<tr><td>HMS87C1408BSKP 的 4 脚</td><td>0</td></tr>
<tr><td>HMS87C1408BSKP 的 5 脚（5VDD）</td><td>5</td></tr>
<tr><td>HMS87C1408BSKP 的 6 脚</td><td>0.02</td></tr>
<tr><td>HMS87C1408BSKP 的 7 脚</td><td>5</td></tr>
<tr><td rowspan="2">HMS87C1408BSKP 的 8 脚</td><td>0.35</td><td>断开电磁线盘，市电电压 190～206V 条件下测试</td></tr>
<tr><td>4.87</td><td>接上线盘，开机按炒菜键，不放锅，市电电压 190～206V 条件下测试</td></tr>
</table>

（续）

检测点	电压/V	备注
HMS87C1408BSKP 的 9 脚	5	1. 断开电磁线盘，市电电压 190 ~ 206V 条件下测试。 2. 接上线盘，开机按炒菜键，不放锅，市电电压 190 ~ 206V 条件下测试
HMS87C1408BSKP 的 10 脚	0	
HMS87C1408BSKP 的 11 脚	0	
HMS87C1408BSKP 的 12 脚	0. 37	
HMS87C1408BSKP 的 13 脚	5	
HMS87C1408BSKP 的 14 脚	0. 12	
HMS87C1408BSKP 的 15 脚	0. 35	
HMS87C1408BSKP 的 16 脚	0	
HMS87C1408BSKP 的 17 脚	1	
HMS87C1408BSKP 的 18 脚	0. 37	
HMS87C1408BSKP 的 19 脚（BUZ）	2. 36	
HMS87C1408BSKP 的 20 脚	2. 29	
HMS87C1408BSKP 的 21 脚（REST）	5	
HMS87C1408BSKP 的 22 脚	0	
HMS87C1408BSKP 的 23 脚	0. 35	
HMS87C1408BSKP 的 24 脚	0. 37	
HMS87C1408BSKP 的 25 脚		
HMS87C1408BSKP 的 26 脚	5	
HMS87C1408BSKP 的 27 脚		
HMS87C1408BSKP 的 28 脚	1. 66	

二十三、九阳 JYC－21BS3 型电磁炉开机几秒后报警保护，不加热

图文解说： 此类故障应重点检查开关电源电路，具体主要检测开关电源模块 THX202 是否损坏，相关电路如图 6-29 所示。确诊后更换 THX202 即可排除故障。

※知识链接※　直接可代换电源集成电路 THX202 的型号有 THX202H、TFC719、RM6202、CR6202 等，也可使用 THX203H 或 FSD200 代换，但需要要改动电路。以 THX203H 为例，方法是：集成电路的 1、3、7、8 脚不变，2 脚接原机 5 脚，4 脚接 680pF 电容器到地，5 脚接 0. 022μF 电容器、6. 2kΩ 电阻器到地，6 脚接 1Ω/0. 5W 电阻器到地即可。

检修此类故障还应排查线绕电阻器 R503、二极管 ZD903 等电源模块外围元器件是否损坏。

二十四、九阳 JYC－21CS21 型电磁炉上电开机报警，不加热

图文解说： 此类故障应重点检查主振荡电路，具体主要检测高压谐振电容器 C4 的电容量是否变为零，相关资料如图 6-30 所示。确诊后更换失效的电容器 C4 即可排除故障。

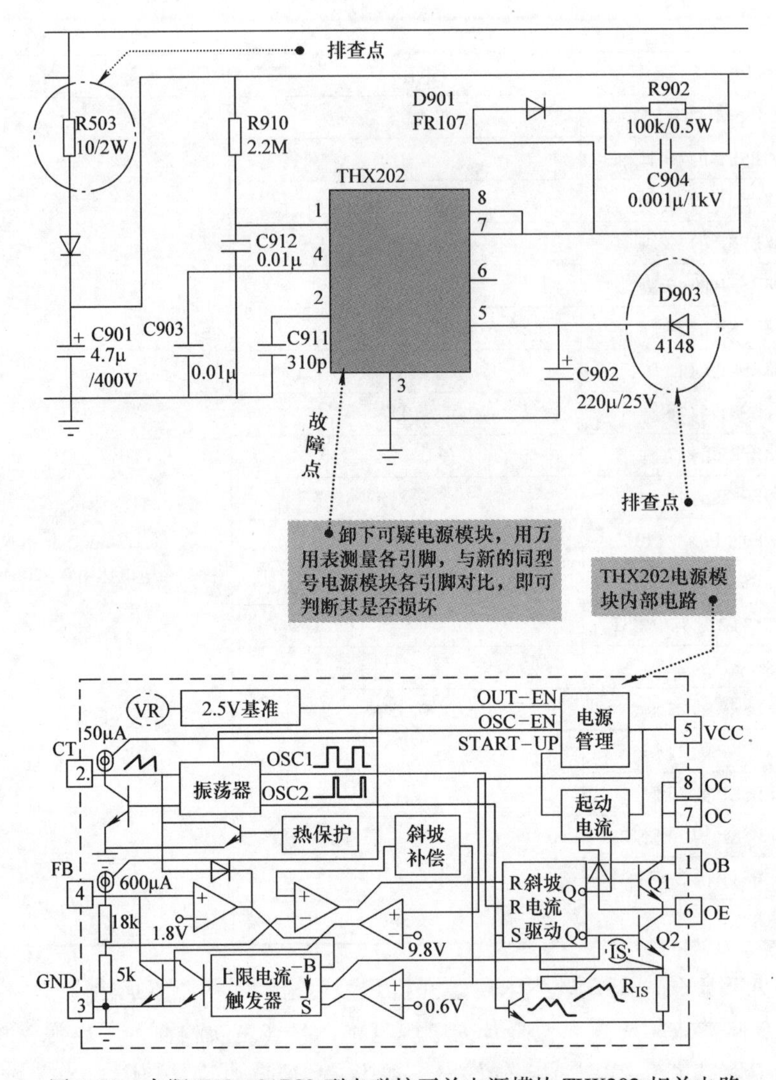

图 6-29　九阳 JYC－21BS3 型电磁炉开关电源模块 THX202 相关电路

※知识链接※　该机主振荡电路工作原理如下：

1）IGBT 受到驱动信号（近似矩形的脉冲，该脉宽是由微处理器脉宽调制电路决定的，其波形如图 6-31 所示），当 IGBT 导通时，通过振荡整流桥堆整流出 310V 左右电压，该电压通过线盘聚能加到 IGBT 的 E 极，电流顺着 IGBT 的 C 极到 E 极，线盘电流急剧增加，能量以电感电流的形式保存起来。

2）当 IGBT 截止时，能量通过电压转向电容器，以电流的形式向电压的形式转换，通过电容器 C4 与电磁线盘并联回路给电容器充电。

3）当电容器电压达到最大值时，电压可以达到 1050V，此时电磁线盘的电流为零。

4）能量从电容器 C4 转向电磁炉线盘，下一驱动脉冲已经到来，强行使 IGBT 导通，如此反复，形成 LC 振荡。

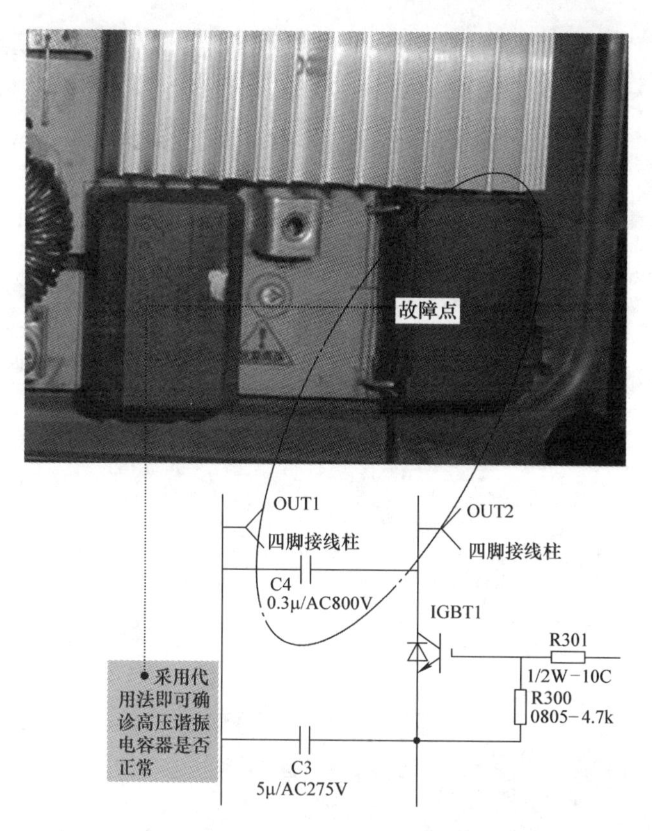

图6-30 九阳JYC-21CS21型电磁炉主振荡电路高压谐振电容相关电路

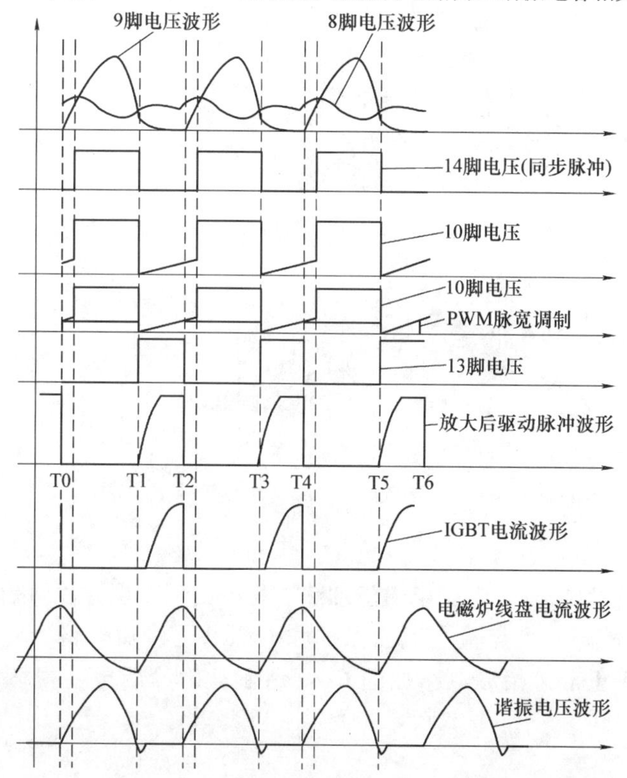

图6-31 九阳JYC-21CS21型电磁炉驱动矩形信号脉宽波形

二十五、九阳 JYC－21CS21 型电磁炉通电显示正常但放上匹配的锅具后不加热

图文解说： 此类故障应重点检查驱动放大电路，具体主要检测晶体管 Q300（8550/EBC）、Q301（8050/EBC）是否正常，相关电路如图 6-32 所示。确诊后更换损坏的晶体管即可排除故障。

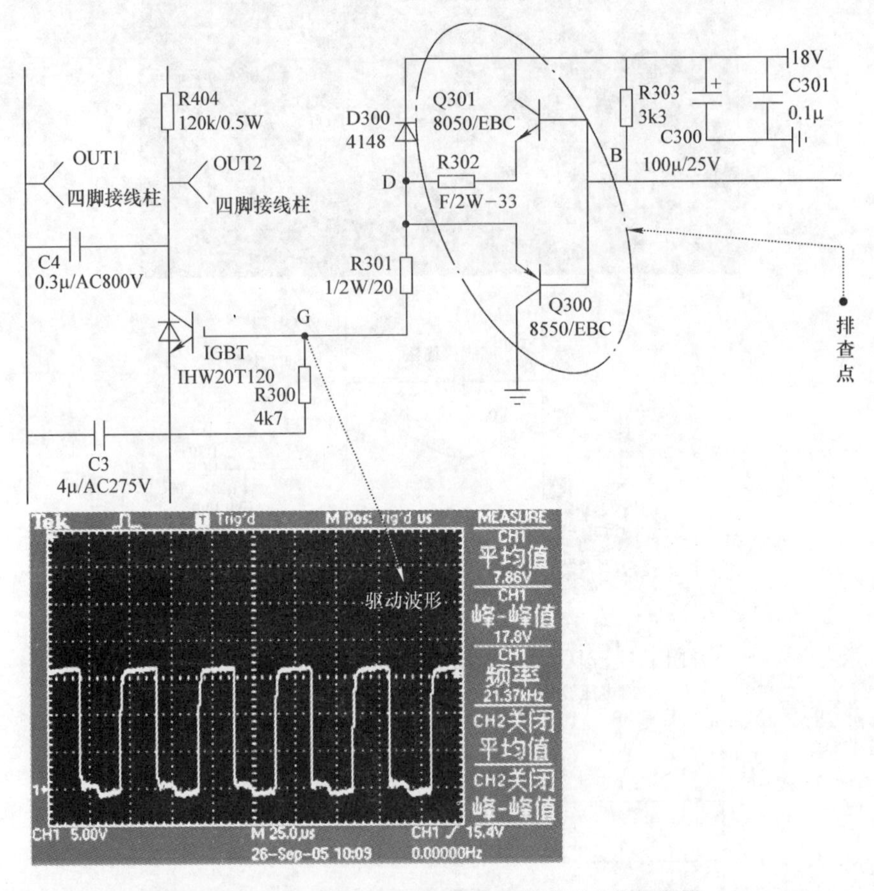

图 6-32 九阳 JYC－21CS21 型电磁炉驱动放大电路

※知识链接※ 该机驱动放大电路工作原理如下：

1）当 B 点（控制输入信号波形）输入高电平时驱动 Q301 导通，Q300 截止，使得 D 点电压为 15V，经电阻器 R301 驱动 IGBT，D300 的作用是保证 D 点电压始终低于 18V。

2）当 D 点输入低电平时驱动 Q300 导通，Q301 截止，此时 D、G 点都为低电平，使 IGBT 为截止状态。

二十六、海尔 CH21－H2201 型电磁炉加热过程中出现非规律性间歇加热

图文解说： 此类故障应重点检查浪涌保护和电源电压检知电路，具体主要检测电阻器 R10、R29、R26 是否正常，相关电路如图 6-33 所示。确诊后更换损坏的元器件即可排除故障。

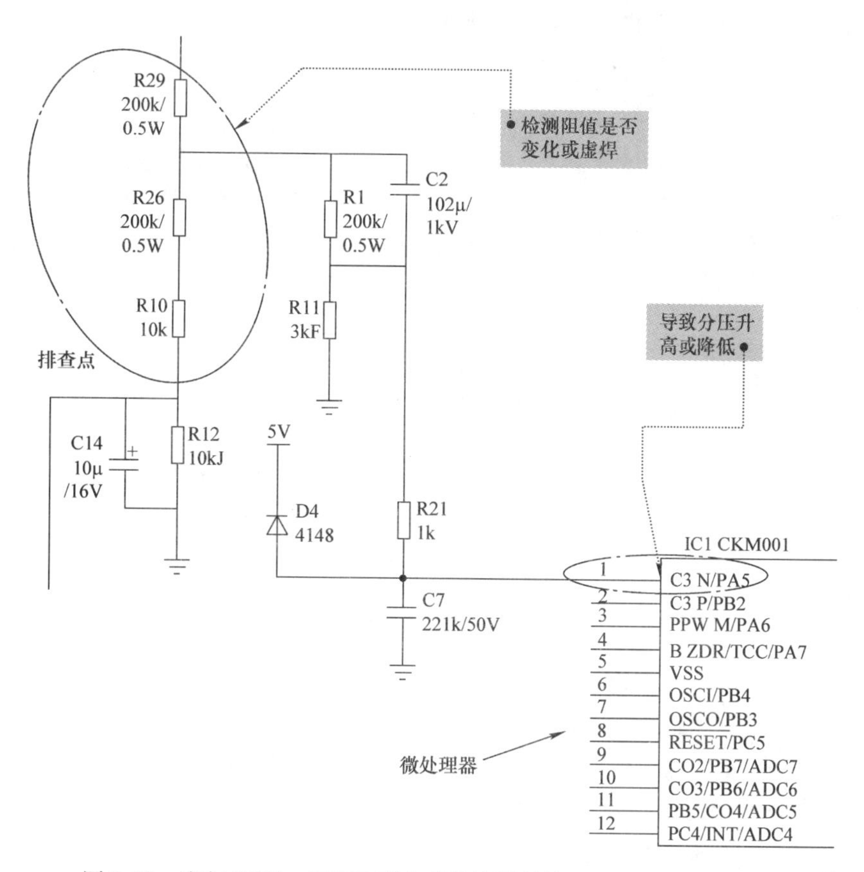

图6-33 海尔 CH21－H2201 型电磁炉浪涌保护和电源电压检知电路

※知识链接※ 电阻器 R10、R29、R26 不良会导致微处理器 IC1（CKM001）1 脚电阻分压升高或降低；如果升高，浪涌保护灵敏度就会偏高，从而出现无法开机或正常加热中出现非规律性间歇加热现象；如果电阻分压偏低，浪涌失去作用，在很恶劣的电网环境下容易出现炸机现象。

二十七、海尔 C21－H3301 型电磁炉开机后灯板显示加热功率但不加热

图文解说：此类故障应重点检查微处理器是否损坏，具体主要通过排查微处理器 14 脚对地阻值和 IGBT 热敏电阻器是否正常来判断，相关电路如图 6-34 所示。如“确诊”微处理器 14 脚对地阻值异常，而 IGBT 热敏电阻器正常，说明微处理器损坏，更换即可排除故障。

※知识链接※ 该机灯板能显示加热功率，说明开关电源模块、大功率加热模块均正常。导致故障的原因可能是微处理器的 14 脚已损坏，导致微处理器检测到错误的电压信号，误以为 IGBT 已达到了保护的温度，从而造成电磁炉停止加热，产生有功率显示而无功率输出的故障。

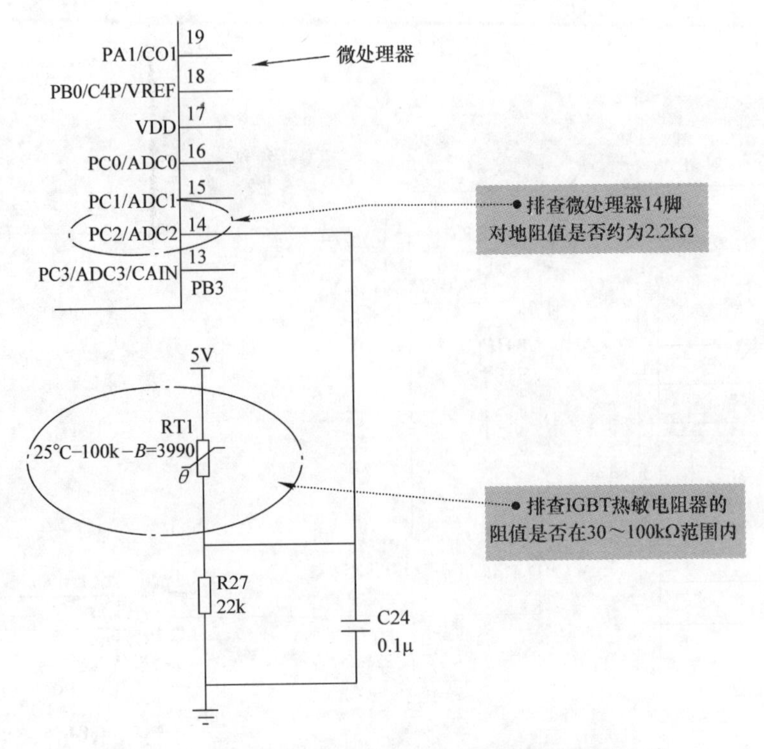

图 6-34 海尔 C21-H3301 型电磁炉微处理器相关电路

二十八、美的 MC-SY1913 型电磁炉上电开机后报警不加热

图文解说：此类故障应重点检查同步电路，具体主要检测电阻器 R23 的阻值是否变值，相关电路如图 6-35 所示。确诊后更换电阻器 R23 即可排除故障。

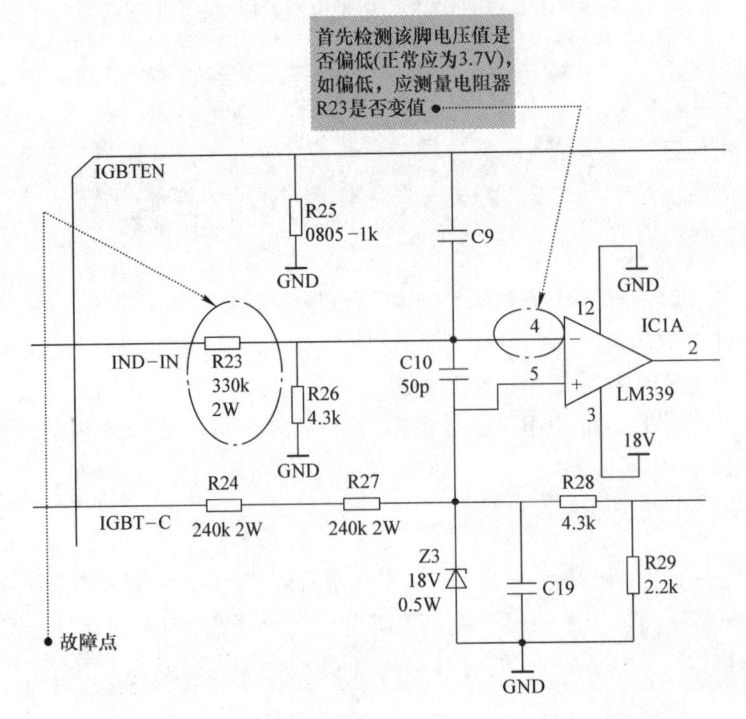

图 6-35 美的 MC-SY1913 型电磁炉同步电路电阻 R23 相关电路

※知识链接※ 加入加热线盘时，LM339各引脚电压值（用500型万用表测得）见表6-3，供维修检测时参考。

表6-3 LM339各引脚电压值

引脚序号	引脚定义	引脚功能	电压/V
1	OUT2	输出2	4.5
2	OUT1	输出1	4.8
3	VCC	电源	18
4	IN1 -	反相输入1	3.7
5	IN1 +	同相输入1	3.8
6	IN2 -	反相输入2	1.9
7	IN2 +	同相输入2	2.1
8	IN3 -	反相输入3	1.2
9	IN3 +	同相输入3	4.2
10	IN4 -	反相输入4	4.6
11	IN4 +	同相输入4	0.4
12	GND	地	0
13	OUT4	输出4	0.02
14	OUT3	输出3	1.2

二十九、美的MC-SY1913型电磁炉上电开机后不报警，也不加热

图文解说：此类故障应重点检查浪涌保护电路，具体主要检测电容器EC13是否漏电，相关电路如图6-36所示。确诊后更换损坏的电容器EC13即可排除故障。

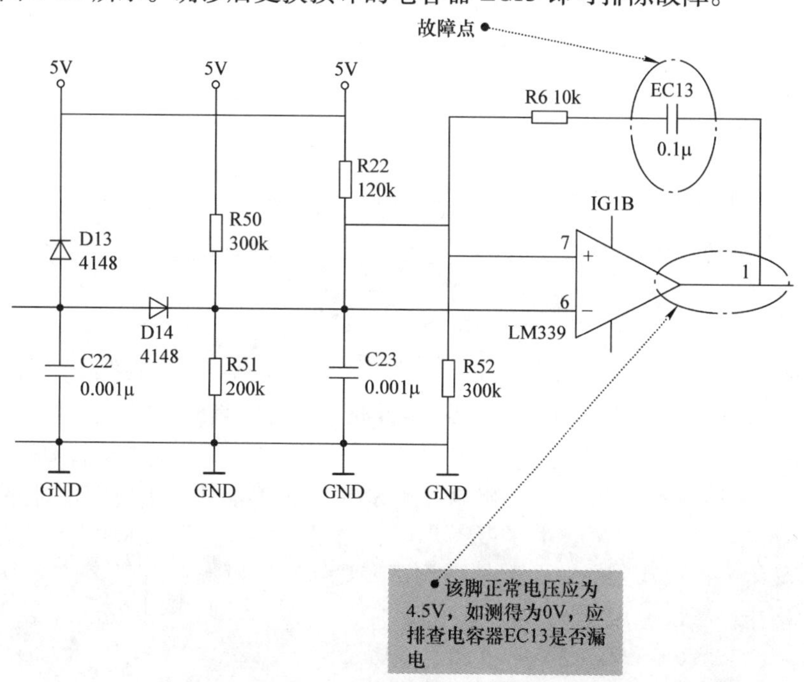

图6-36 美的MC-SY1913型电磁炉浪涌保护电路电容EC13相关电路

※知识链接※ LM339损坏也会造成不报警不加热故障，此时可通过检测其1脚（高电平输入端）、7脚（同相输入端，正常电压应为2.1V）、6脚（反相输入端，正常电压应为1.9V）电压值是否正常，以及与之相连的外围元器件是否正常来加以判别。如6脚电压正常，其外围元器件均正常，而1脚为低电平，则说明LM339损坏。

三十、美的MC－SY1913型电磁炉上电开机后，提锅具时不报警不加热

图文解说： 此类故障应重点检查同步电路，具体主要检测电阻器R27是否变值（正常应为240kΩ/2W），相关电路如图6-37所示。确诊后更换损坏的电阻器R27即可排除故障。

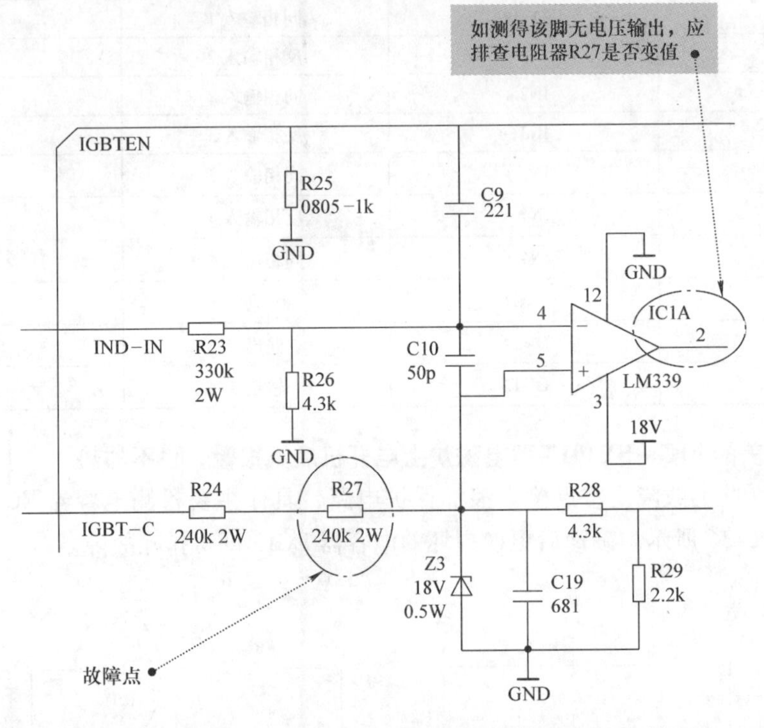

图6-37 美的MC－SY1913型电磁炉同步电路电阻R27相关电路

※知识链接※ 此类故障因电阻器R27变值，导致LM339的5脚电压偏低（正常应为3.8V），造成2脚无电压输出所致（正常应为4.8V）。

三十一、美的MC－SY1913型电磁炉上电开机后，提锅具时报警不加热

图文解说： 此类故障应重点检查IGBT驱动电路，具体主要检测晶体管Q9的C－E极间是否漏电，相关电路如图6-38所示。确诊后用8050NPN型晶体管更换即可排除故障。

※知识链接※ 该机驱动电路晶体管Q9的C－E极间漏电，会造成驱动放大失常，从而造成提锅时报警不加热故障。

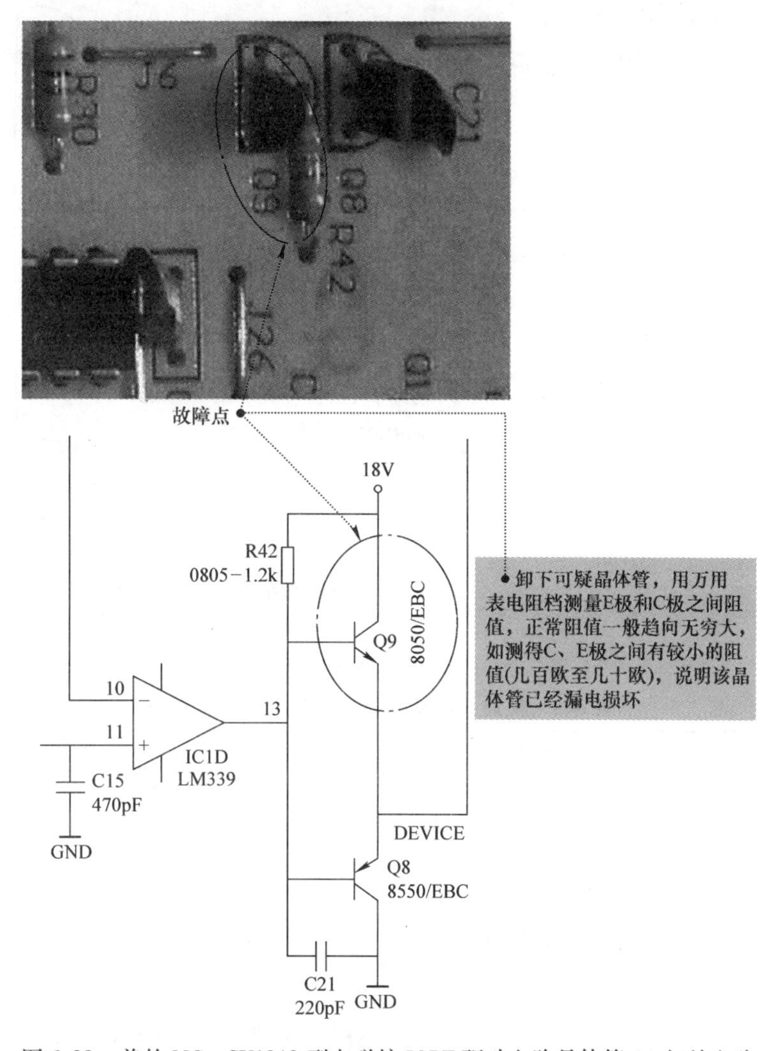

图6-38 美的MC－SY1913型电磁炉IGBT驱动电路晶体管Q9相关电路

三十二、美的SY191型电磁炉有显示，但不能正常加热

图文解说：此类故障应重点检查电压检测电路，具体主要排查二极管D12、电阻器R14是否不良，相关电路如图6-39所示。确诊后更换损坏的元器件即可排除故障。

※知识链接※ 美的SY191型电磁炉主板测试方法见表6-4，供检修时参考。

三十三、美的C21－RK2101型电磁炉按键功能正常，但不加热

图文解说：此类故障应重点检查IGBT驱动电路，具体主要检查18V限幅稳压管DW1正、反向是否短路，相关电路如图6-40所示。确诊后更换损坏的18V限幅稳压管即可排除故障。

※知识链接※ 检测限幅二极管好坏时应将万用表置于R×1k档，因R×1档电流太小，而R×10档电压太高，易损坏二极管。

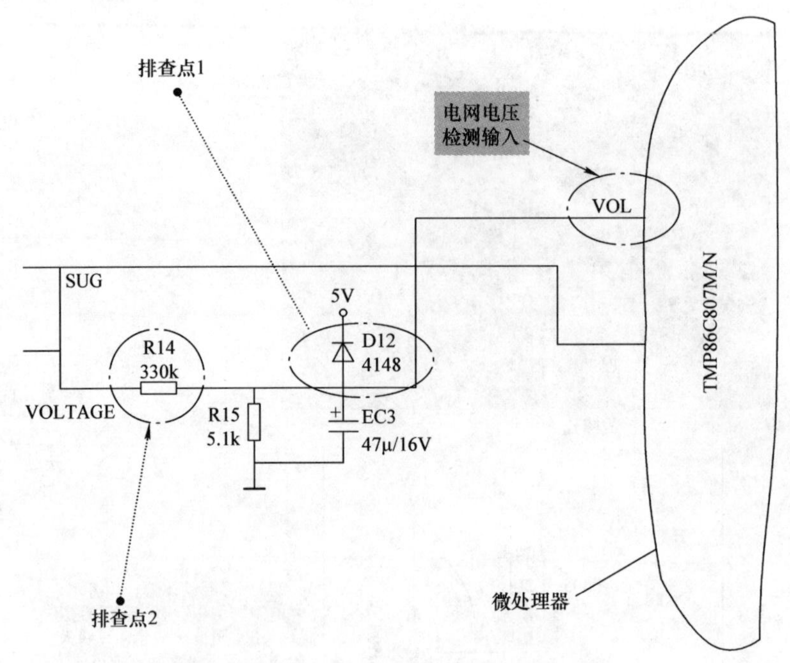

图6-39 美的SY191型电磁炉电压检测电路

表6-4 美的SY191型电磁炉主板测试方法

测试部位	正常值	排查部位	备注
电源插头两端	几十欧至1000多欧	功率管、全桥DB1、熔丝管、变压器一次绕组	待机测，接好线盘和炉面传感器，不放锅具，不按任何键
C2两端电压	高于280V或为电网电压的1.4倍	扼流线圈L1、全桥DB1、互感器CT1一次绕组	
5V电压	4.7~5.6V某不稳定值	变压器一次绕组及插头，D4~D11、EC1、C4、EC7，EC2、C5、EC12、C16、7805，Z2、R32、Q5	
18V电源	18±2V		
功率管G极电压	<0.7V	查LM339的13脚是否为0V，若是则查Q9	
LM339的11脚电压		D7、R36、CPU的22脚电压	
LM339的10脚电压	>4.75V	R31、C11	
LM339的9脚电压	4.1V且略高于8脚	过低则查Z3、C19、R24、R27，过高则查R29	
LM339的8脚电压	3.9V且略低于9脚	过低则查R23，过高则查R26	
LM339的6脚电压	应低于7脚电压	R29	
LM339的14脚电压	高电平	R30	
LM339的2脚电压		过低查R46、C14、D19，测5脚电压应高于4脚	
CPU的25脚电压	0.2~0.6V	炉面传感器及插头，过高则查R47，过低则查EC11	
CPU的26脚电压		功率管传感器及插头，过高则查R44，过低则查EC10	
CN6两端电压	18±2V	如电压正常，查风扇；如电压异常，查Q10、R49	按开关键开机，不放锅具

图6-40　美的C21－RK2101型电磁炉IGBT驱动电路

三十四、海尔C21－H2201型电磁炉功率调不上去，无法提高加热温度

图文解说：此类故障应重点检查电流检知电路，具体主要检测电阻器VR1、R2是否正常，相关电路如图6-41所示。确诊后更换损坏的电阻器即可排除故障。

※知识链接※　该机电流取样电路如有元器件损坏，主要故障表现为功率调不上去或功率过高等。

三十五、海尔C21－H3301型电磁炉功率不可调，无法调节加热温度

图文解说：此类故障应重点检查电流检知电路，具体主要检测主板上调节电流的电位器VR1是否正常，相关电路如图6-42所示。确诊后更换损坏的VR1即可排除故障。

※知识链接※　电位器VR1用来调节功率，调节时改变了取样分压值，通过比较器，改变了占空比，从而改变了加热功率。该电位器出厂时已调节好，一般情况下不需要再调节，特别是不能开机调节，以免烧坏元器件。

三十六、海尔CH2003型电磁炉间歇性加热

图文解说：此类故障应重点检查浪涌保护电路，具体主要检测电阻器R606是否正常，相关电路如图6-43所示。确诊后更换R606即可排除故障。

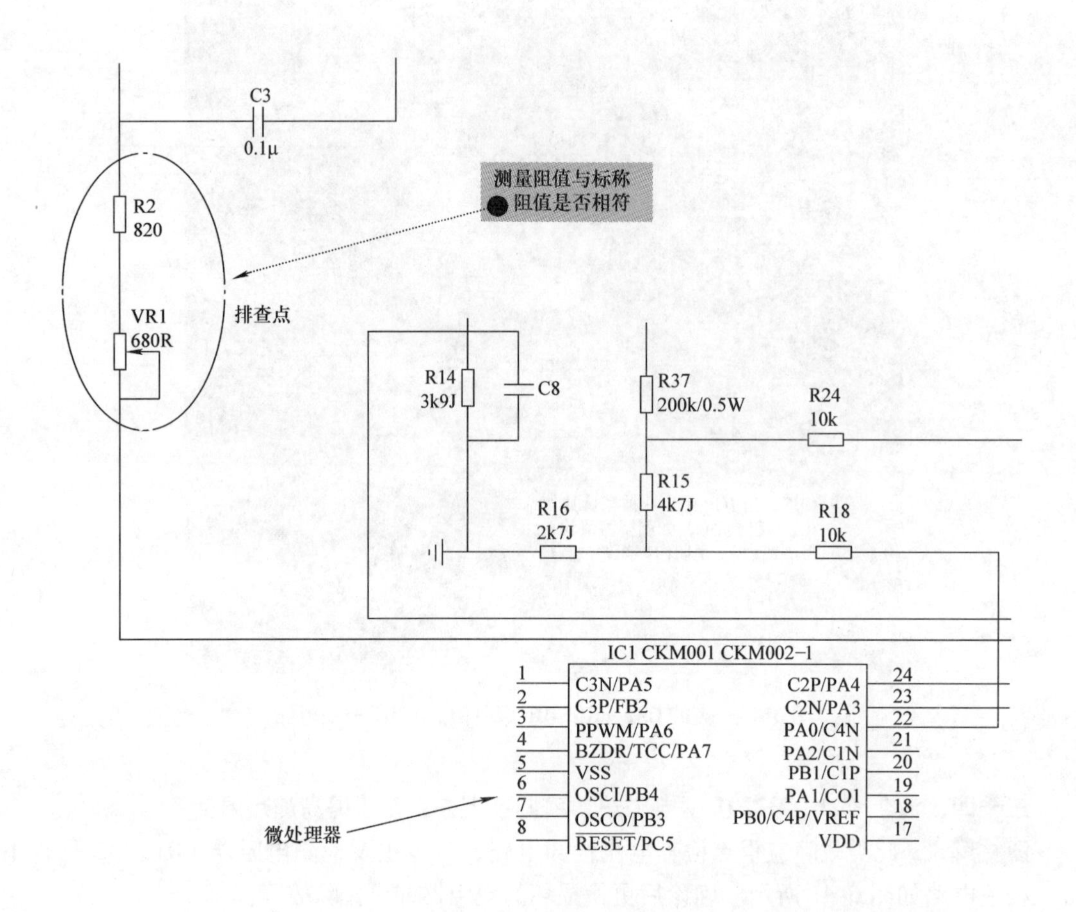

图 6-41 海尔 C21 – H2201 型电磁炉电流检知电路电阻器 VR1、R2 相关电路

※知识链接※ 该机浪涌保护电路起作用或者电流检测电路检测不到电流均会出现间歇性加热故障，此时如果将电阻器 R604 断开后不会间歇加热，则是浪涌保护电路故障，反之，应检查电流检知电路是否存在元器件。

三十七、东芝 088 系列电磁炉以最高火力档工作时，频繁出现间歇性暂停加热的现象

图文解说： 此类故障应重点检查主电源电路，具体主要检测电容器 C15 的电容量是否不足，相关电路如图 6-44 所示。“确诊”后将 C15（1 ~2μF）更换为 3.3μF/AC 250V 规格的电容器即可排除故障。

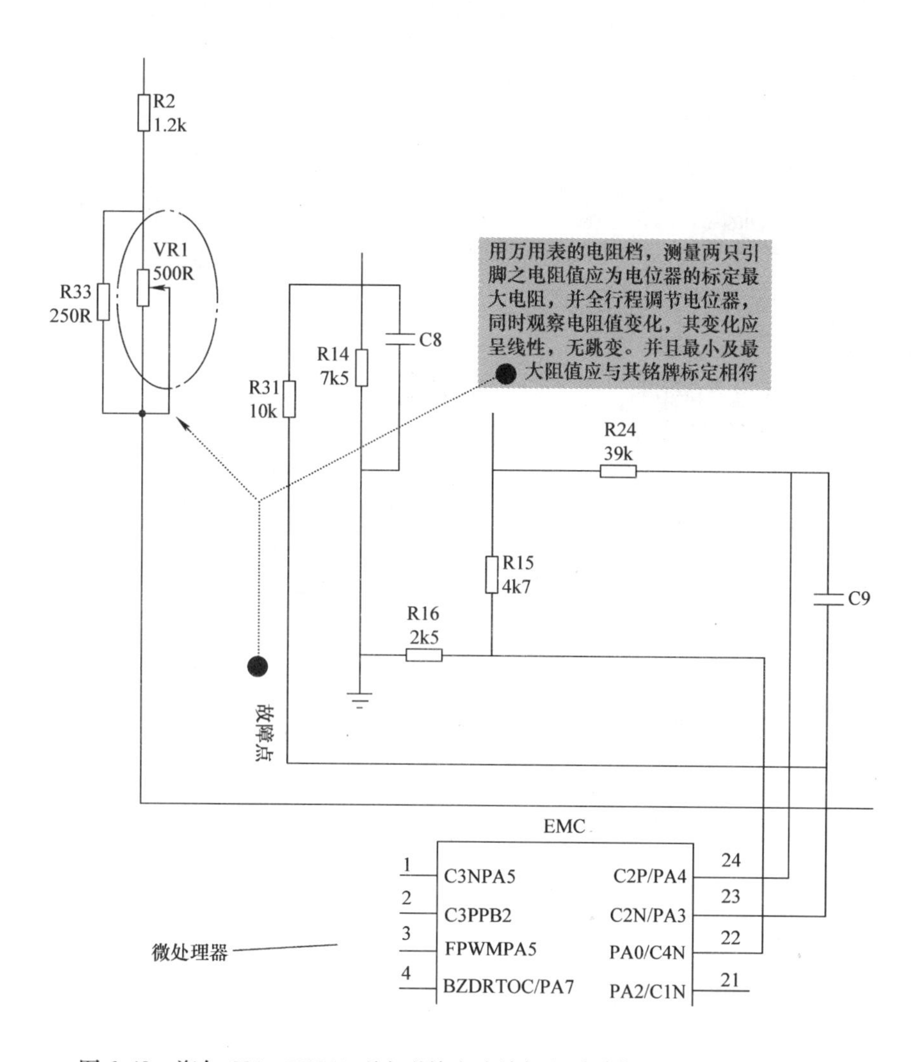

图 6-42　海尔 C21－H3301 型电磁炉电流检知电路电位器（RV1 相关电路）

※知识链接※　东芝 088 系列电磁炉主电源电路工作原理如下：

1）AC220V、50/60Hz 电源经熔丝 FUSE，经电流互感器至桥式整流器 DB，产生的脉动直流电压经扼流线圈提供给主电路使用。

2）AC1、AC2 两端电压除送至辅助电源使用外，另外还送至 D3、D4 整流得到脉动直流电压做检测用。

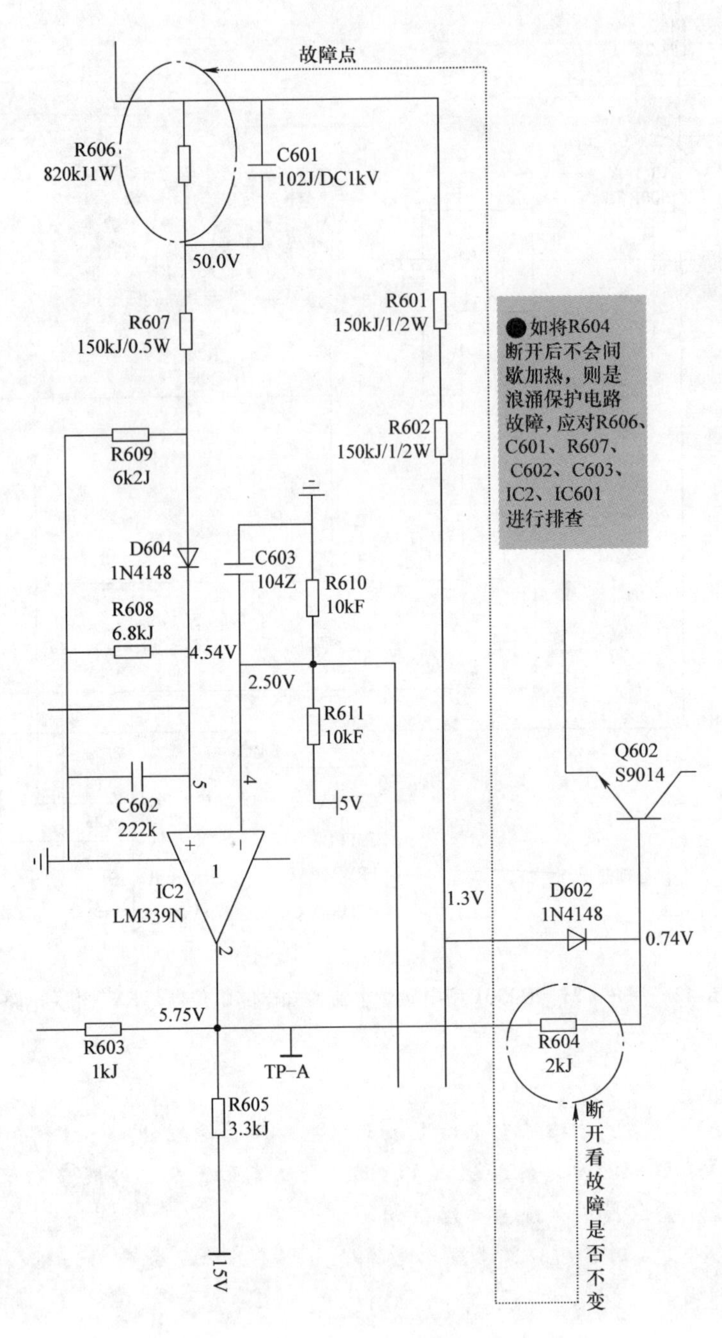

图 6-43　海尔 CH2003 型电磁炉浪涌保护电路

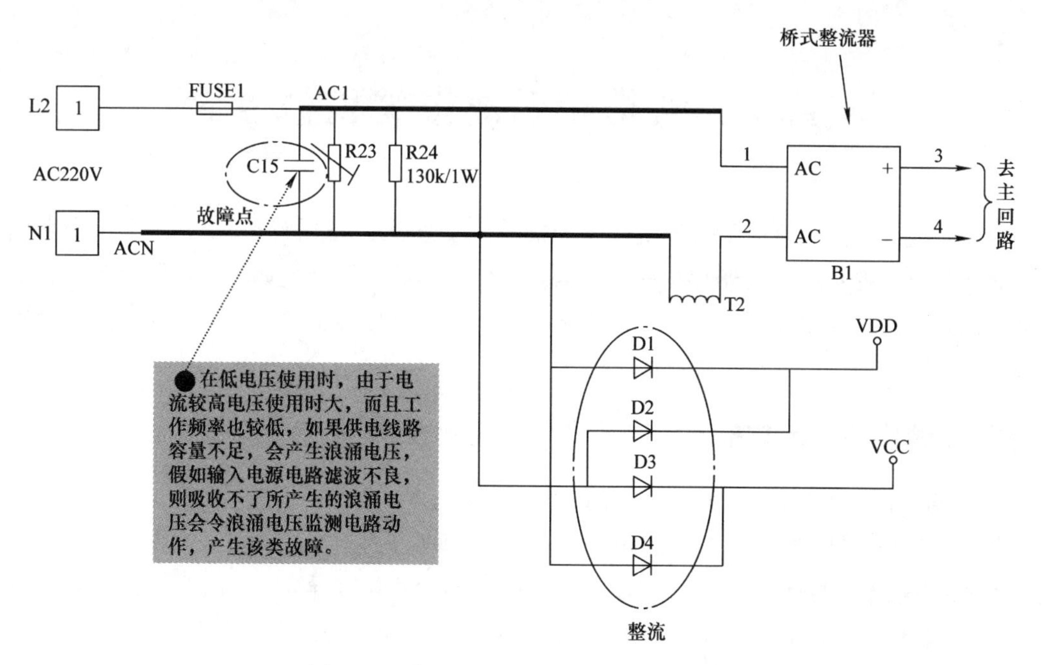

图6-44　东芝088系列电磁炉主电源电路

问诊7　电磁炉无故报警检修专题

电磁炉内部电路出现故障会通过蜂鸣器报警，或通过发光二极管或显示屏显示数字或符号的故障代码，提示用户机器存在故障，需要暂停使用或维修。例如：使用锅具不当、检锅异常、内部温度检测电阻器异常、散热风扇异常、电网电压异常等，均会造成电磁炉无故报警或显示故障代码。

※Q1　检修电磁炉无故报警的方法和技能有哪些?

1. 检修电磁炉开机后自动关机并报警的方法?

此类故障通常是电磁炉内部的300V、18V和5V电压基本正常，造成自动关机是因内部某保护电路元器件出现异常，使加到CPU的检测电压异常，CPU检测到异常检测电压后，内部保护电路动作输出关机保护信号。排除该类故障可按以下操作方法进行检修：

1）首先检查交流输入电压检测电路是否存在元器件损坏。该电路如果发生异常，会导致加到CPU的市电输入电压检测取样电压大于或小于正常范围，CPU检测到此电压不正常，误认为交流输入电压大于260V或小于160V，内部保护电路动作。

2）检查功率管温度检测电路是否存在元器件损坏。该电路如果发生异常，会导致加到CPU的功率管温度检测电压大于或小于正常值，CPU检测到此异常电压，误认为功率管温度大于设定值，内部保护电路动作。

3）检查温度检测电路是否存在元器件损坏。该电路发生异常，会导致加到CPU的锅具温度检测电压大于或小于正常值，CPU检测到此异常电压，误认为炉面温度大于设定值，内部保护电路动作，输出关机信号。

2. 检修电磁炉无故报警并显示故障代码的技巧

电磁炉出现故障报警并显示故障代码，主要是因检锅电路、高低压保护电路、IGBT锅底温度检测电路、电流检测回路和控制板存在故障所致。由于机器能提供代码提示，故与其他故障相比维修要方便得多，可按以下步骤迅速排除故障。

（1）确定故障代码含义

电磁炉根据不同厂家、机型对应的故障代码都不相同，出厂时厂家会在产品的说明书上加以说明。当电磁炉出现无故报警并显示故障代码时，首先应查看显示代码内容，然后对比故障机代码含义，按照代码含义查找故障所在。

（2）在故障代码含义范围内排查故障

确定故障代码含义后，应按照代码含义范围排查故障。例如：当故障范围锁定在检锅电路和高、低压保护电路时，应重点排查故障所在电路中的大功率电阻器是否正常；当故障范围锁定在IGBT锅底温度检测电路和电流检测电路时，应重点检查对应的热敏电阻器有无变质和断路；当故障范围锁定在控制板电路时，应重点检查对应的控制芯片、晶体振荡器、按键电阻器是否损坏等。

（3）有显示故障代码但无故障代码资料的检修步骤

上面介绍的是知道故障机型及故障代码的具体含义，直接检查相关电路的检修方法，如果有说明书，可以根据故障代码来查找故障部位的损坏元器件，但大多数时候都是在没有故障代码对照的情况下进行维修，此时根本不可能知道故障代码含义。对于有故障代码显示，但无故障代码资料，可按以下操作步骤进行检修：

1）首先检查电网电压检测电路是否正常，如果电网电压检测电路异常，则说明故障为市电线路及市电取样电路。

2）如果电网电压检测电路正常，则检查炉面温度检测电路是否正常，具体主要检测热敏电阻器及其分压电阻器是否损坏。

3）如果温度检测电路正常，则说明故障为IGBT温度检测电路，重点排查热敏电阻及其分压电阻是否损坏。

※Q2　检修电磁炉无故报警的常见故障部位和注意事项有哪些？

1. 检修IGBT温度检测电路无故报警的常见故障部位和注意事项

检修IGBT温度检测电路无故报警的常见故障部位和注意事项如图7-1所示。该电路中的IGBT温度检测热敏电阻器失效、开路、击穿，0.1μF电容器漏电、击穿以及CPU芯片损坏均导致电磁炉上电开机显示散热器传感器异常，并故障代码。

另外，当风扇损坏或风扇控制电路发生故障也会造成IGBT过热保护，电磁炉控制板显示故障代码。

2. 检修锅具温度检测电路无故报警的常见故障部位和注意事项

检修锅具温度检测电路无故报警的常见故障部位和注意事项如图7-2所示。该电路中的锅具温度检测热敏电阻器失效、开路、击穿，0.1μF电容器漏电、击穿以及CPU芯片损坏均导致电磁炉上电开机显示主传感器异常故障代码。

特别需要注意的是，电磁炉主板“地”及金属部位带电，故障检修时人体不能直接接触。国内绝大多数电磁炉的IGBT C极与背部金属片相通，为增加散热不设置绝缘片，金属片通常直接固定于散热板，故散热板电压值高达1200V，与IGBT C极电压值相同；炉盘线圈等的300V供电由桥式整流滤波电路对交流220V电压整流而得，其“地”与220V有连接关系，属于“热地”带电，又由于该“地”没有进行隔离，导致与其他低压直流电相通。

※知识链接※　加热锅具锅底的温度通过电磁炉面板传到紧贴在其下的热敏电阻器，锅具热敏电阻器与R1并联后与R2分压输出TEMP_ MAIN信号，CPU通过TEMP_ MAIN电压的变化间接检测锅具的温度变化，从而做出相应的动作。

3. 检修电网电压检测电路无故报警的常见故障部位和注意事项

检修电网电压检测电路无故报警的常见故障部位和注意事项如图7-3所示。该电路中的

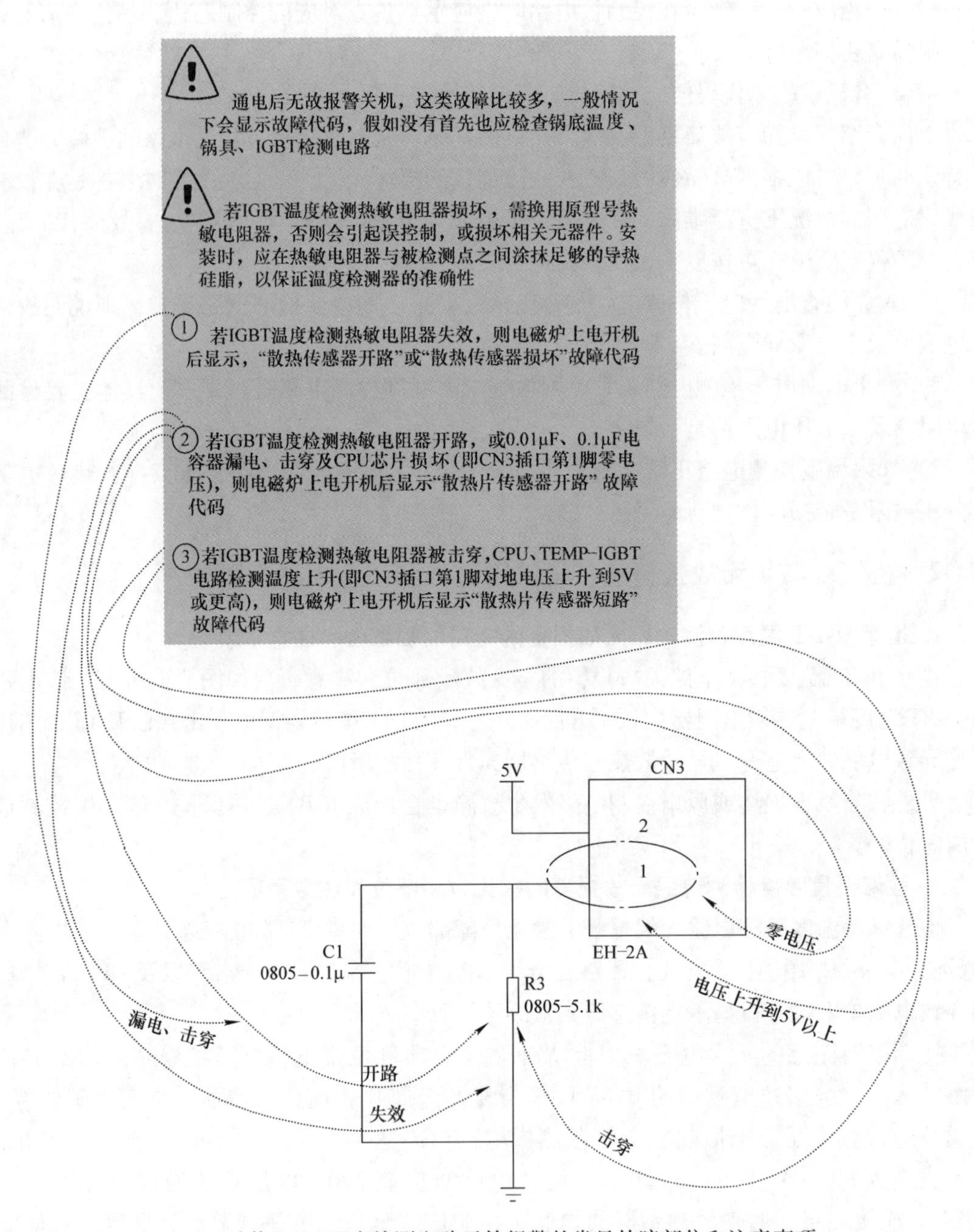

图 7-1　检修 IGBT 温度检测电路无故报警的常见故障部位和注意事项

整流二极管开路损坏、取样电阻器变值，会造成电磁炉显示“低压保护”或“高压保护”故障代码。

另外，如果电磁炉控制板上 CPU（VIN）电路漏电、整流桥损坏、及 CPU 损坏，导致电压检测电路取样电压升高，则电磁炉显示“高压保护”故障代码。

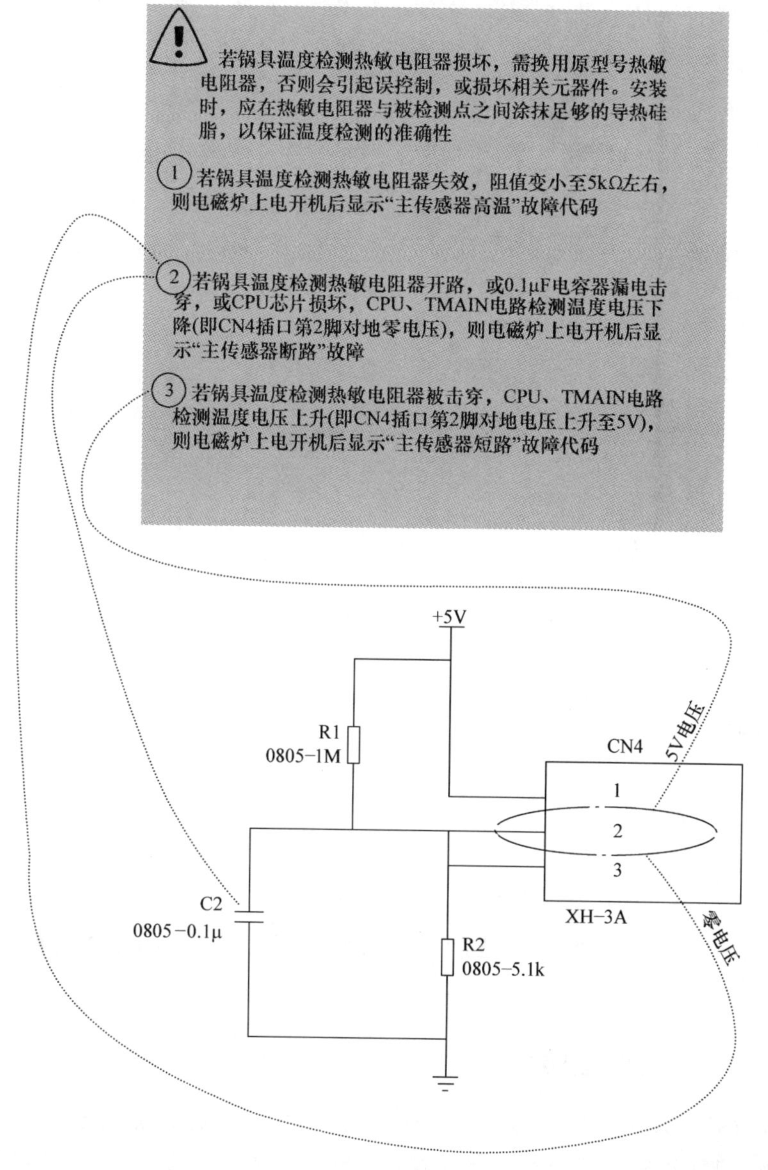

图 7-2　检修锅具温度检测电路无故报警的常见故障部位和注意事项

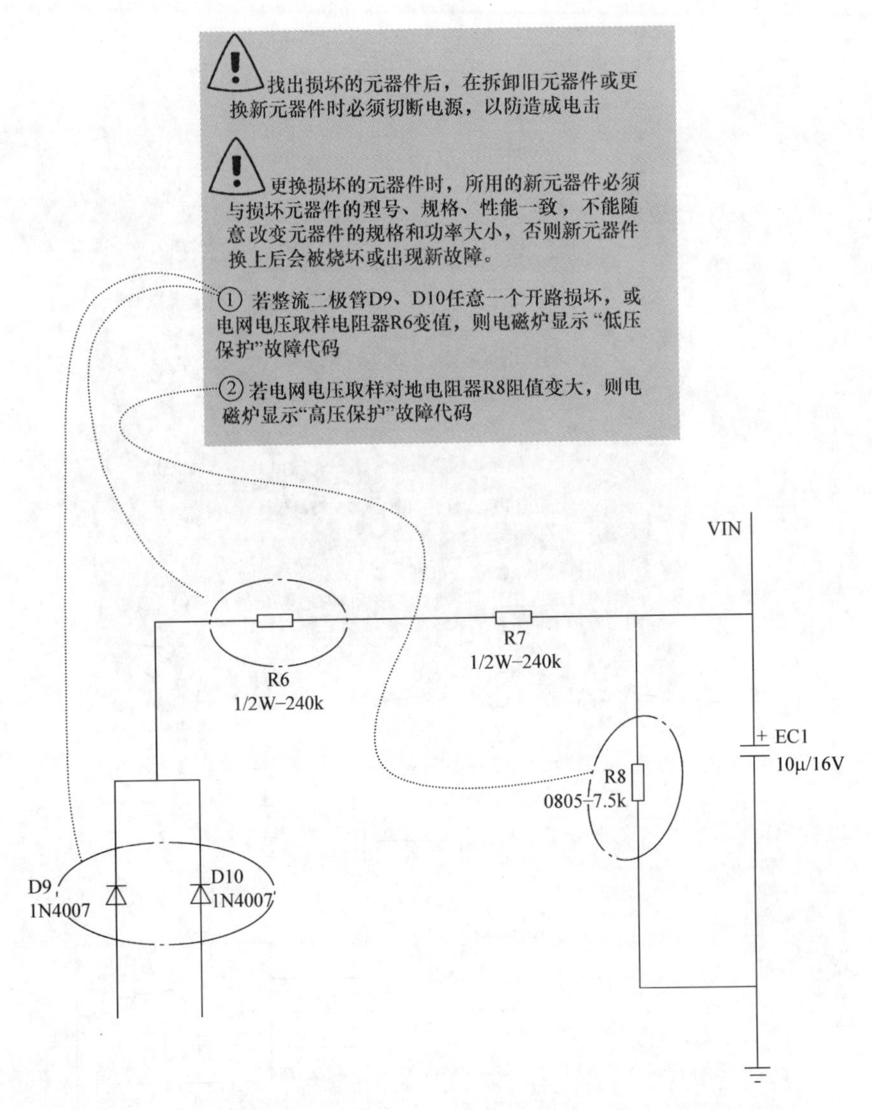

图 7-3　检修电网电压检测电路无故报警的常见故障部位和注意事项

※Q3　电磁炉无故报警故障检修实例

一、永尚 YS2－5KM－D 型商用电磁炉开低档正常，高档加热几分钟就报警停机

图文解说：此类故障应重点检查风扇控制电路，具体主要检测驱动晶体管 S8050 是否损坏，相关电路如图 7-4 所示。确诊后更换损坏的 S8050 即可排除故障。

※知识链接※　该机使用了 3 台散热风扇：一台 220V 的装在炉子的后面，通电即转；另两台受 MCU 控制，共用一个 S8050 驱动，用于线盘和功率管及桥堆散热。S8050 驱动管烧毁，会导致两台散热风扇不转，造成机器过热保护，从而造成此类故障。出现该故障是该机的通病，维修时应作为重要检测点。

S8050 驱动管可采用 C3807 代换。

图7-4　永尚 YS2－5KM－D 型商用电磁炉风扇控制电路截图

二、万利达 MC18－C10 型电磁炉通电后蜂鸣器长鸣不止

图文解说： 此类故障应重点检查 IC1 CPU 外接晶体振荡器 X1（4MHz）是否不良，相关电路如图 7-5 所示。确诊后采用同规格元件更换 IC1 的 17、18 脚外接的晶体振荡器 X1，即可排除故障。

※知识链接※　晶体振荡器在电磁炉中用于产生 CPU 的时钟信号，时钟信号也是整个电磁炉的工作核心信号。如果电磁炉没有时钟信号的输入，那么整机将无法启动工作。电磁炉常用的晶体振荡器频率有 4MHz、8MHz、16MHz、30MHz 等。晶体振荡器的封装形式有金属封装、塑料封装和环氧树脂封装。

三、万利达 MC18－C10 型电磁炉蜂鸣器长鸣后自动关机

图文解说： 此类故障应重点检查 CPU（IC1）性能是否不良，具体主要排查锅具温度检测电路及功率管温度检测电路是否正常，如均正常，而故障不变，说明 IC1 性能不良，相关电路如图 7-6 所示。确诊后更换 IC1 即可排除故障。

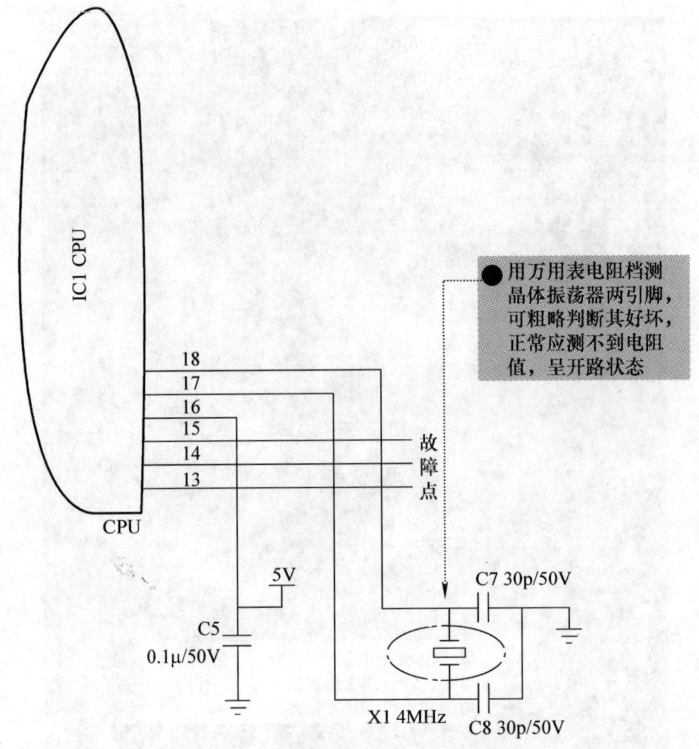

图7-5　万利达 MC18－C10 型电磁炉晶体振荡器 X1 相关电路

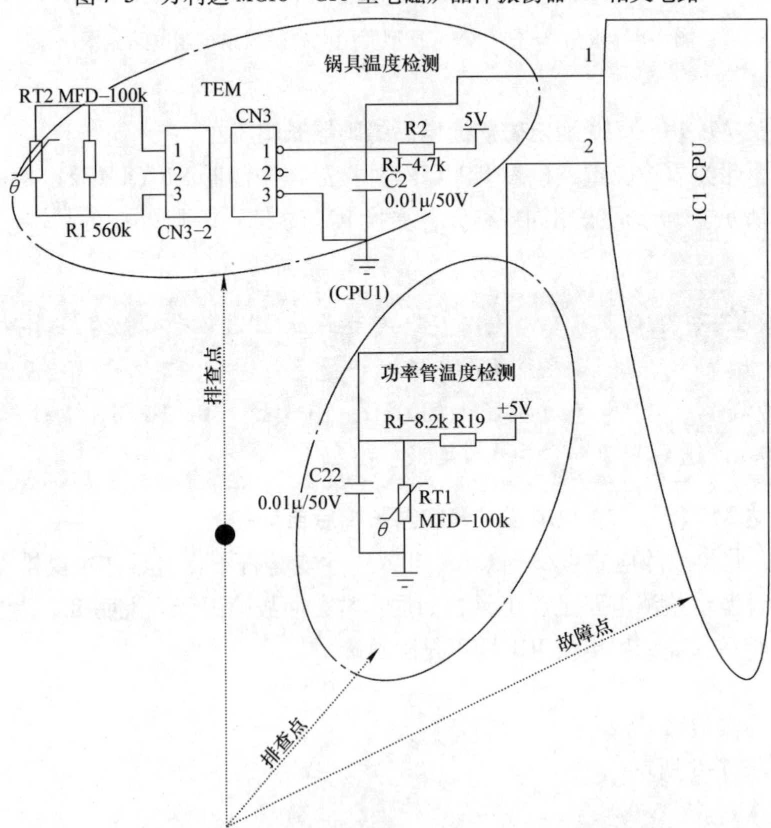

图7-6　万利达 MC18－C10 型电磁炉蜂鸣器长鸣后自动关机故障相关电路

※知识链接※　电磁炉CPU一般难以损坏，如损坏，代换时务必使用同一型号、同一版本（同主板型号）的CPU，因为其内部烧录的数据、自定义脚位均有可能不相同。

四、万利达MC18-C10型电磁炉工作一段时间后，蜂鸣器长鸣，指示灯循环闪烁

图文解说：此类故障应重点检查电压检测电路，具体主要检测电容器C14是否漏电，相关电路如图7-7所示。确诊后更换C14即可排除故障。

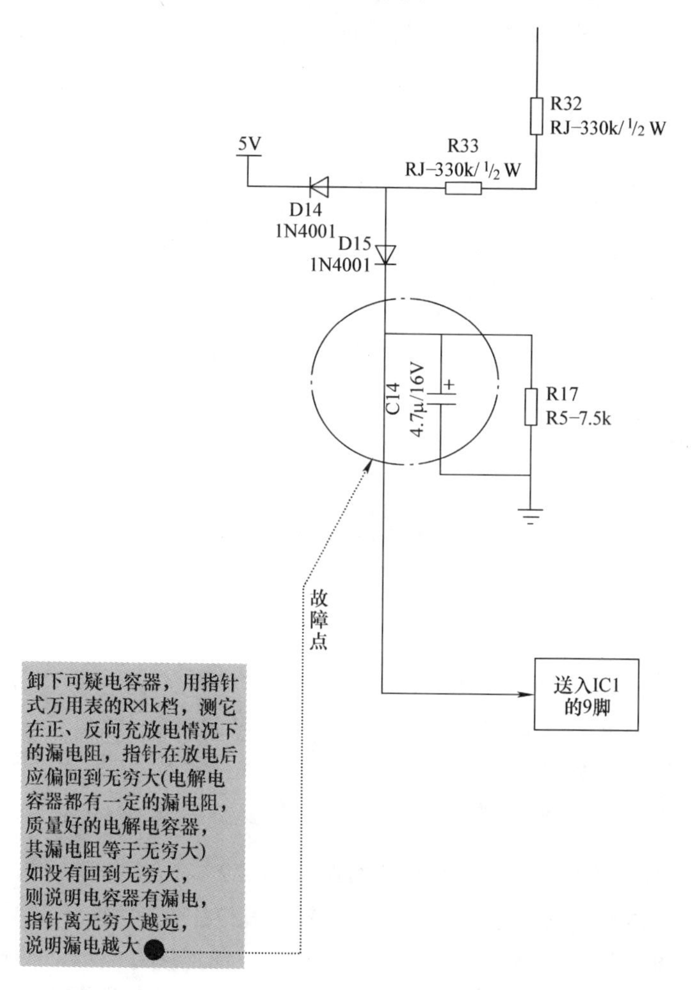

图7-7　万利达MC18-C10型电磁炉电压检测电路中电容C14相关电路

※知识链接※　电阻器R32、R33、R17阻值变大或开路，二极管D14、D15击穿或开路也会出现类似故障。

五、苏泊尔C19S06型电磁炉开机后出现“哔”的一声报警，按各操作键均无反应

图文解说：此类故障应重点检查复位电路，具体主要检测晶体管Q208（S9D15）是否不良，相关电路如图7-8所示。确认后更换Q208即可排除故障。

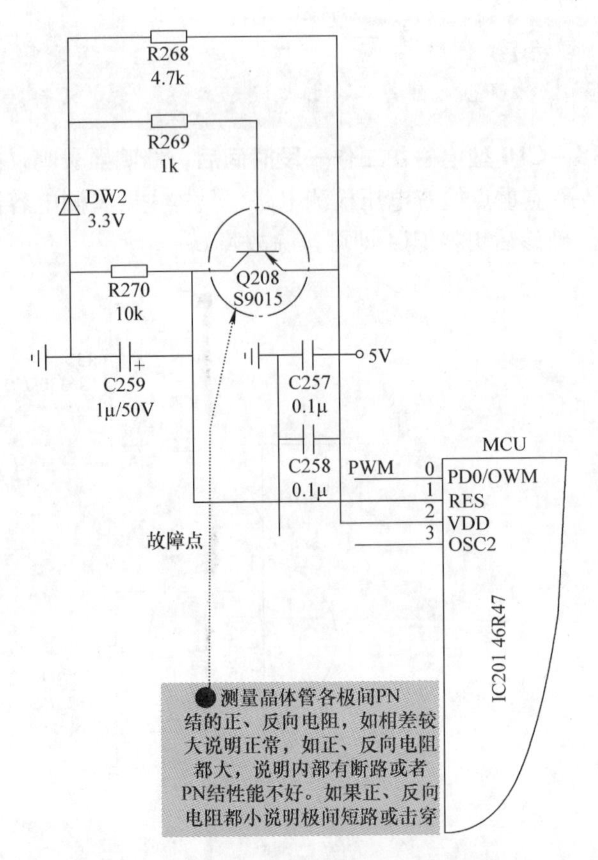

图7-8　苏泊尔C19S06型电磁炉复位电路

※知识链接※　需要指出的是，部分机型中已取消该复位电路，而是通过软件编程使用MCU片内复位，由RESET脚控制或接地。这类机型如出现故障不用考虑系统是否复位，应重点检查晶体振荡器和供电电路。

六、颜诺商用电磁炉开机报警，并显示故障代码“9”

图文解说：此类故障应重点检查机心保护装置，具体主要检测三相输入电源是否因接触不良存在断相，该机电路原理如图7-9所示。确诊后重新连接好电源即可排除故障。

※知识链接※　该机电路具有以下13种保护装置，用来保护机心正常工作：

1）低压保护。当机心输入电压低于270V（三相电源）时，机心数码管显示“7”并闪烁，蜂鸣器同时跟着闪烁发出声音，机心进入低压保护。

2）高压保护。当机心输入电压高于472V（三相电源）时，机心数码管显示“8”并闪烁，蜂鸣器同时跟着闪烁发出声音，机心进入高压保护。

3）无锅保护。当面板上没有放金属器皿时，机心数码管显示“E”并闪烁，线盘停止加热，蜂鸣器响报警声。

4）断相保护。当三相输入电源有一相没有电压或者一相电压过低时，机心数码管显示“9”并闪烁，蜂鸣器同时发出声音，机心进入断相保护。

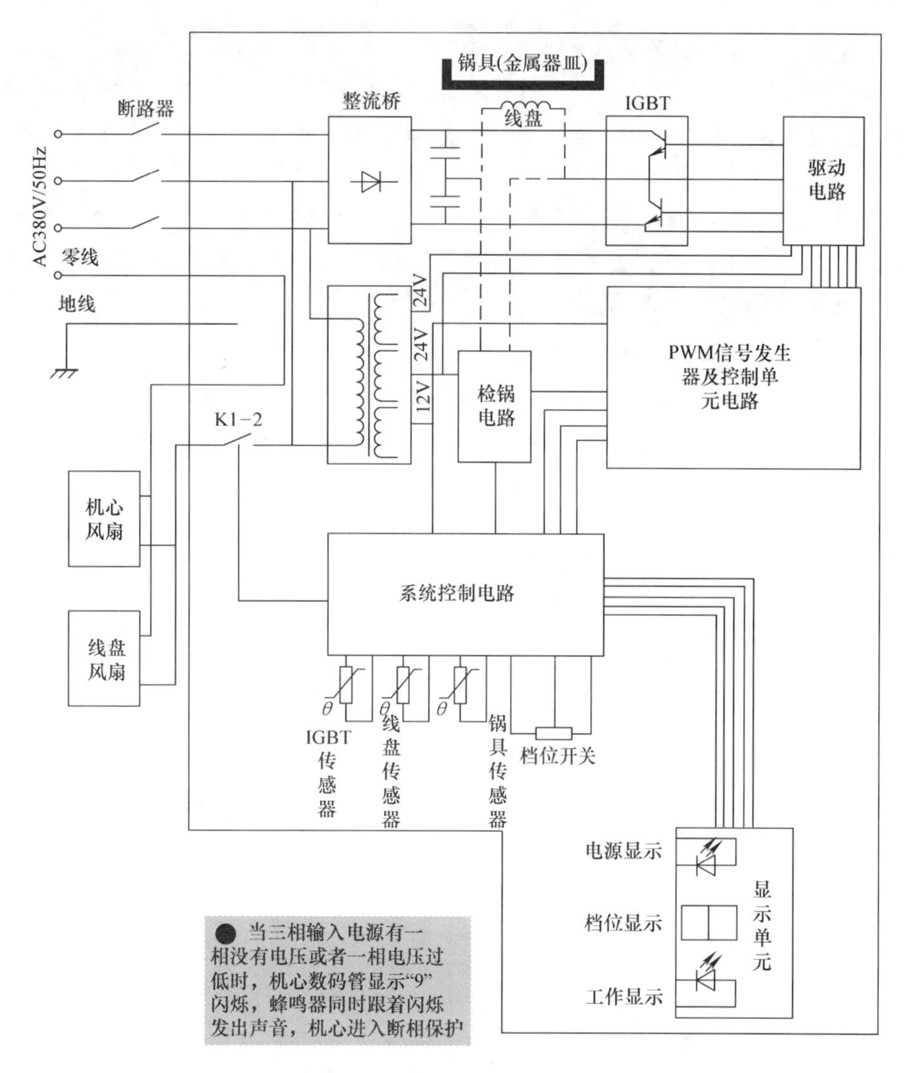

图7-9 颜诺商用电磁炉电路原理

5）IGBT模块过热保护。加热线盘磁距没有调试好或机心散热风机进、出风口被堵时，机心数码显示“F”并闪烁，蜂鸣器同时发出声音，机心进入IGBT过热保护。

6）线盘过热保护。加热线盘风扇散热不良时，机心数码管显示“C”并闪烁，蜂鸣器同时发出声音，机心进入线盘过热保护。

7）线盘短路及开路保护。当机心输出线盘短路或者开路时，机心停止加热，机心数码管显示“E”并闪烁，蜂鸣器同时闪烁发出声音，机心进入无锅保护。

8）防水防潮保护。电磁炉机心及线盘在生产过程中已做过防水处理，若不小心使水进入线盘，把水清理干净，电磁炉机心即可恢复正常工作。

9）浪涌保护。当供电电源出现浪涌电压时，电磁灶机心立即停止加热，浪涌电压消失2s后，电磁炉恢复正常工作。

10）干烧保护。当锅具干烧达到温度点时，电磁炉锅具温度传感器动作，电磁炉停止加热，机心数码管显示“C”并闪烁，蜂鸣器同时发出声音，机心进入线盘过热保护。

11）过电流保护。当机心工作电流超过机心的额定电流时，电磁灶自动减小功率或暂时停止加热。

12）漏电保护。当电磁炉检测到产品漏电时，电磁炉停止加热，机心无法启动。

13）防雷击保护。当受到雷击产生的高压干扰时，电磁炉暂时停止加热，雷击过后电磁炉自动恢复正常工作。

七、格兰仕 C20－F8Y 型电磁炉开机显示故障代码“E9”

图文解说：此类故障应重点检查温度检测电路，具体主要检测功率管热敏电阻器 RT201 是否正常，相关电路如图 7-10 所示。确认后更换 RT201 即可排除故障。

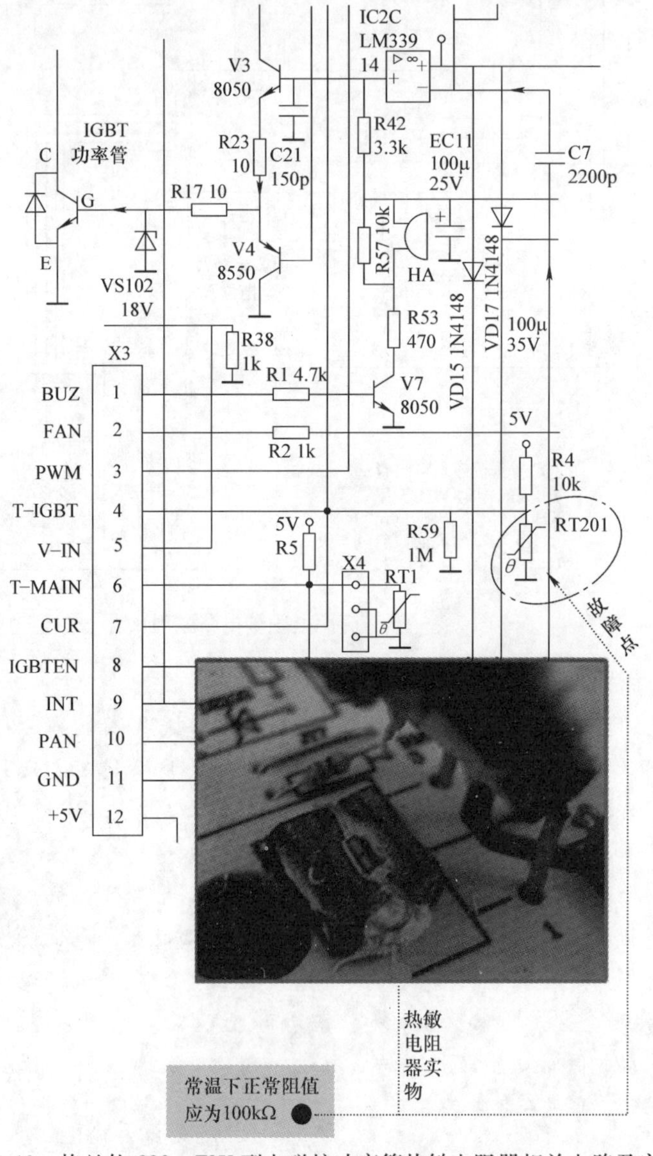

图 7-10　格兰仕 C20－F8Y 型电磁炉功率管热敏电阻器相关电路及实物

※知识链接※ 对可疑的热敏电阻，可先将其取下，用100kΩ固定电阻器代换测试，以迅速确定故障范围。

八、尚朋堂SR－CH2008W型电磁炉功率管没有击穿，但显示故障代码“E4”报警

图文解说： 此类故障应重点检查检锅脉冲电路，具体主要检测贴片晶体管Q2（3904）是否击穿短路，相关电路如图7-11所示。

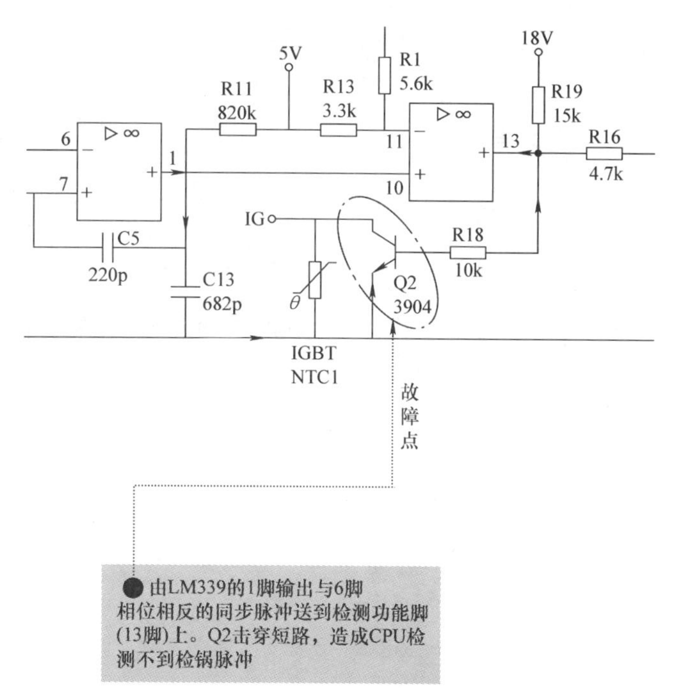

图7-11 尚朋堂SR－CH2008W型电磁炉检锅脉冲电路中Q2相关电路

※知识链接※ 尚朋堂电磁炉多采用高压脉冲检锅电路，该电路工作原理如下：

1）IGBT的C极高压脉冲经电阻分压后送到LM339内部的一放大器的反向输入脚。而同向输入脚由电源经电阻分压，输入一固定的电压，这样就构成了一个比较器。

2）在LM339的1脚输出与6脚相位相反的同步脉冲送到CPU相应的检测功能脚上。

3）CPU根据脉冲数量的多少来判断是否有合适材质的锅具。无锅具时线盘和谐振电容的自由振荡时间长，能量衰减长，在单位时间内脉冲个数小；有锅具时，由于锅具的阻尼加入，能量衰减很快，单位时间内脉冲的个数要比无锅具时多很多，这样在比较器的1脚也就输出了同步的脉冲。

九、格力GC－2046型电磁炉（4系列）开机显示故障代码“E2”

图文解说： 此类故障应重点检查灯板电路，具体主要检测灯板IC1（MC80F020－4R/0204D）3脚电压是否正常，如电压不是为0V或5V，说明电阻器R730、R102、R103，电容器C103有可能损坏，相关电路如图7-12所示。确认后更换损坏的元器件即可排除

故障。

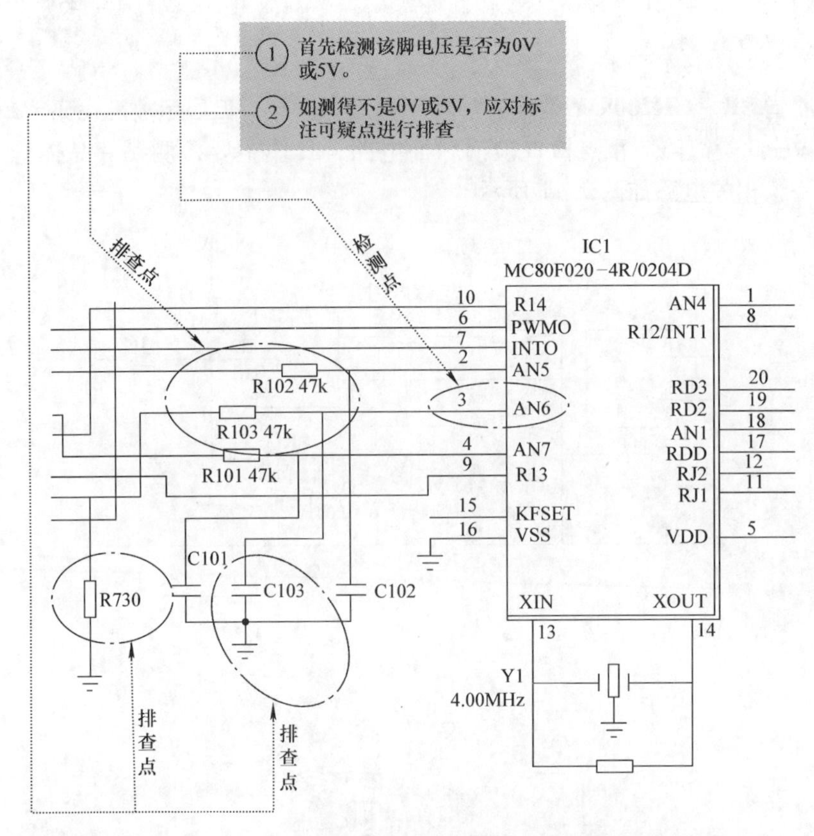

图 7-12　格力 GC-2046 型电磁炉显示故障代码“E2”时的排查点

※知识链接※　该机故障显示代码见表 7-1，供读者检修时参考，格力 4 系列电磁炉（GC-2042、GC-2043、GC-2045、GC-2046）可通用。

表 7-1　格力 4 系列电磁炉故障显示代码

故障代码	报警条件	故障原因
E0	电压为 157V ±7V	外接电压过低
E1	电压超出 273V ±7V	外接电压过高
E2	传感器阻值变为无穷大（最小大于-15℃对应阻值）	炉面传感器开、短路
E3	当炉面温度达到 260℃ ±30℃时	炉面过温保护（260℃）
E4	传感器阻值变为无穷大（最小大于-15℃对应阻值）	IGBT 温度传感器开、短路
E5	炉面温度过热保护，温度达到 140℃ ±25℃时	炉面过热保护（140℃）
E6	110℃ ±10℃	IGBT 过热保护

十、九阳JYC－21ES10型电磁炉通电即报警，数码管同时显示“— —”，且与指示灯一起随着报警声一亮一暗

图文解说：此类故障应重点检查低压电源电路，具体主要检测变压器T500是否正常，相关电路如图7-13所示。确诊后更换或重新绕制T500即可排除故障。

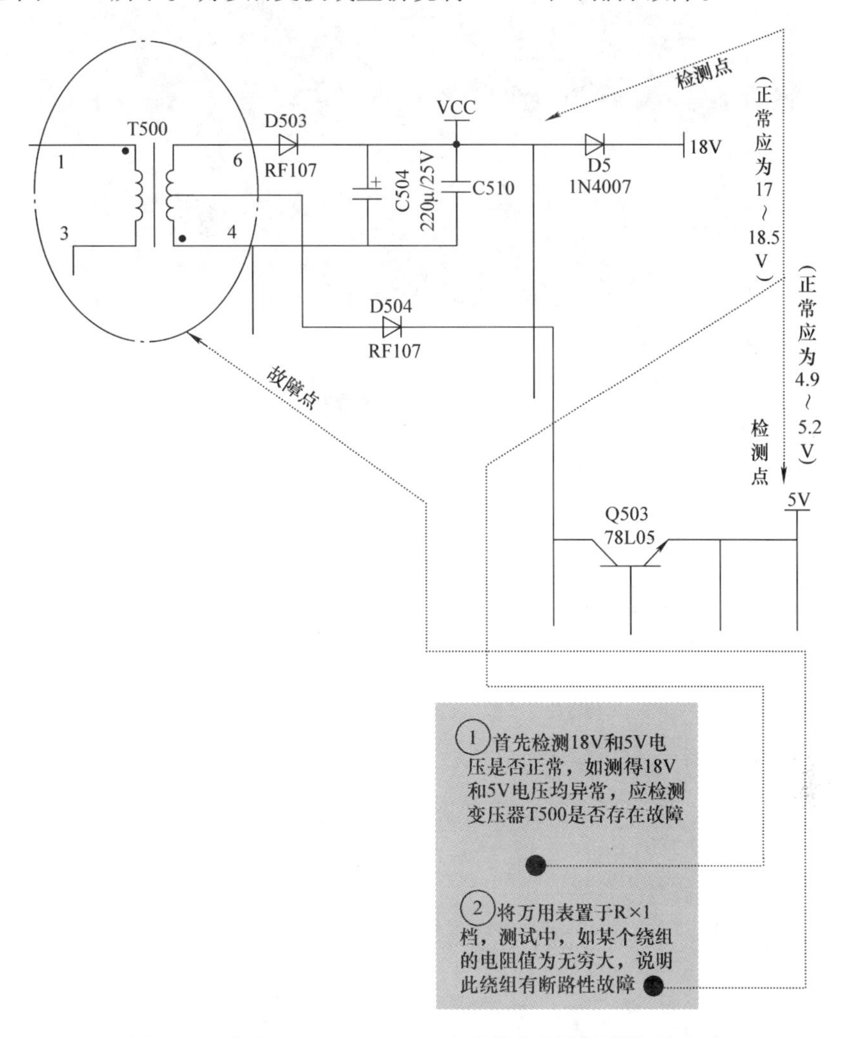

图7-13　九阳JYC－21ES10型电磁炉电源变压器相关电路

※知识链接※　该机主板型号为JYCP－21ZD1－A，如图7-14所示。

十一、九阳JYC－21ES10型电磁炉开机即显示故障代码“E0”

图文解说：此类故障应重点检查驱动电路，具体主要检测驱动管Q301（8050）是否漏电，IGBT1（IHW20T120）D－S极是否漏电，相关电路如图7-15所示。确认后更换Q301和IGBT1即可排除故障。

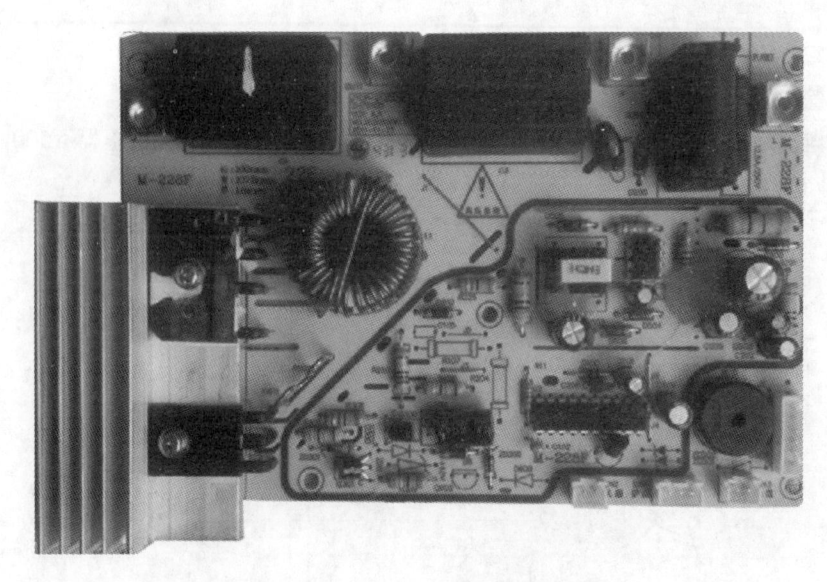

图 7-14 九阳 JYC－21ES10 型电磁炉主板

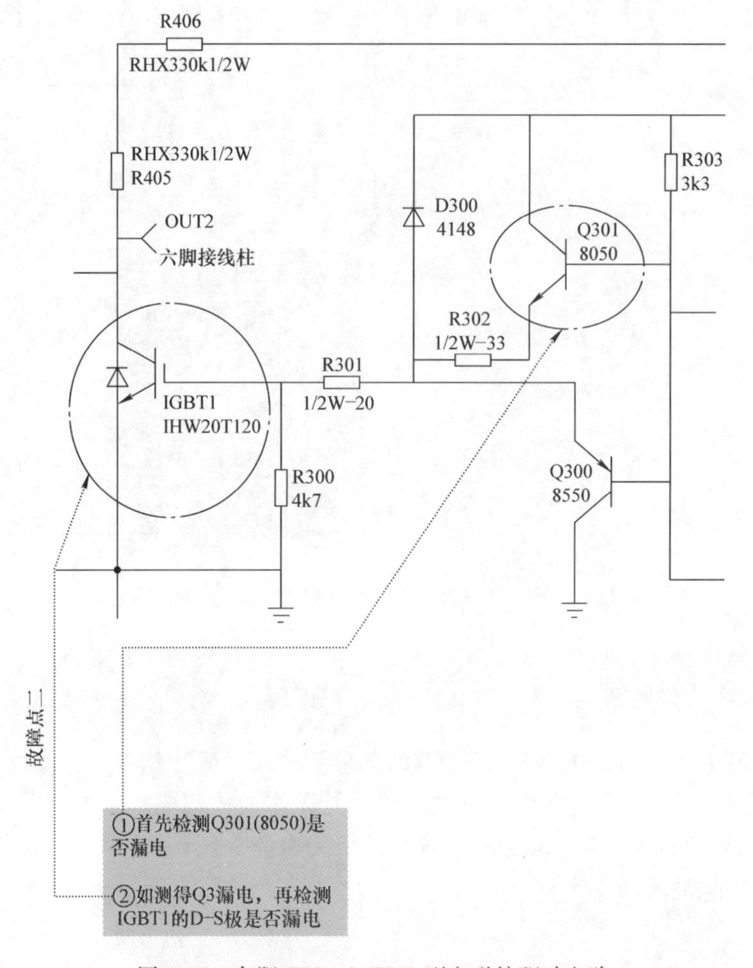

图 7-15 九阳 JYC－21ES10 型电磁炉驱动电路

※知识链接※ 检修时如发现驱动管8050漏电，说明IGBT有可能损坏。反之，如发现IGBT的D－S极漏电，应检查驱动管8050的C－E脚是否漏电。

十二、九阳JYC－19BE5型电磁炉工作一会儿后，出现故障代码“E2”

图文解说： 此类故障应重点检查是否因风扇不工作导致IGBT管过热所致，该机风扇驱动电路如图7-16所示，具体主要检测CN的3脚是否存在虚焊现象，确诊后补焊CN的3脚，风机工作正常，故障排除。

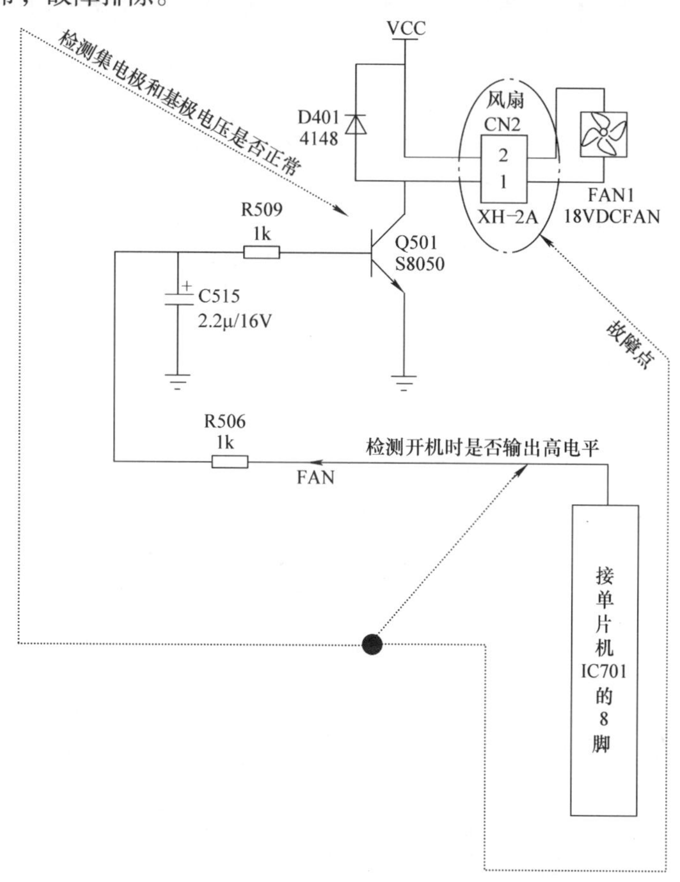

图7-16 九阳JYC－19BE5型电磁炉风扇驱动电路

※知识链接※ 该故障可按以下操作步骤进行检修：

1）首先在断电的情况下，用手摸散热片是否烫手。

2）如散热片较烫手，应检查风机驱动管Q501各引脚电压是否正常。

3）如测得集电极供电电压为18V（正常），而基极电压为0V（异常），则检查基极连接的两个电阻器R506、R509阻值是否正常。

4）如测得电阻器R506、R509均正常，则开机后测单片机IC701（MC80F020－4B/0204D）的8脚是否输出高电平（正常）。

5）仔细检查插排CN的3脚是否有虚焊现象。

6）对CN的3脚进行补焊后，风机工作正常，故障排除。

十三、九阳 JYC－21FS37 型电磁炉开机显示故障代码“E4”

图文解说：此类故障应重点检查电压检测电路，具体主要检测高、低压输入到 CPU 的端口与接地之间的瓷片电容器 C104 是否漏电，相关电路如图 7-17 所示。确认后更换 C104 即可排除故障。

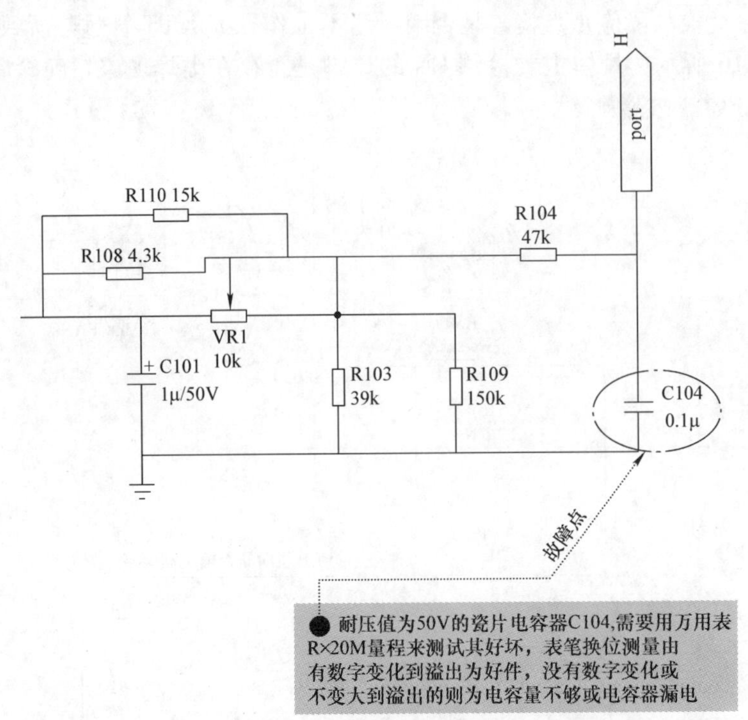

图 7-17 九阳 JYC－21FS37 型电磁炉 C104 相关电路

※知识链接※ 九阳 JYC－21FS37 型电磁炉故障代码见表 7-2，供检修时参考。

表 7-2 九阳 JYC－21FS37 型电磁炉故障代码

显示代码	代码含义	原因
无显示	插上插头时无“哔”声，所有指示灯和数码管不亮	插头是否脱落，插座是否有电，电源线是否完好，是否停电
	定温模式下温度无法控制	“煎炸”指示灯是否亮，所使用的锅底是否凹凸或中心部位凹陷
E0	使用中突然停止加热，机器连续发出短促的“哔”声	机器内部电路故障
E1	开机后机器连续发出短促的“哔”声	是否有提锅，锅具材质和大小、形状是否合适，锅具是否置于陶瓷面板中部

（续）

显示代码	代码含义	原因
E2	使用中突然停止加热，机器连续发出短促的“哔”声	四周温度是否很高，进风口、排风口是否堵塞
E3 或 E4	使用中突然停止加热，机器连续发出短促的“哔”声	电网电压是否过高或过低
E5	开机后机器连续发出短促的“哔”声	内部温度传感器是否出现开路
E6	使用中突然停止加热，机器连续发出短促的“哔”声	锅具温度是否过高，锅具是否发生干烧
E7	使用中突然停止加热，机器连续发出短促的“哔”声	线盘温度是否过高

十四、九阳 JYC－21FS37 型电磁炉加热 10min 后显示故障代码“E7”

图文解说：此类故障应重点检查风扇驱动电路，具体主要检测晶体管 Q501（SS8050）是否正常，相关电路如图 7-18 所示。确认后更换 Q501 即可排除故障。

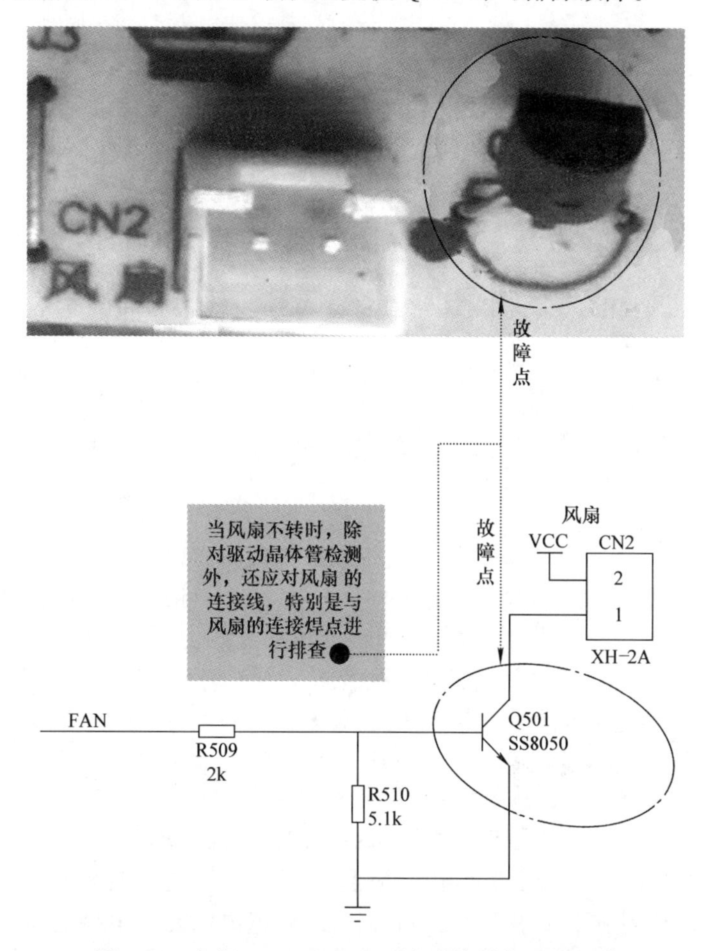

图 7-18　九阳 JYC－21FS37 型电磁炉风扇驱动电路

※知识链接※ 该机显示错误代码“E7”是线盘温度过高或者机内温度过高，应排查风扇、散热器、线盘温度传感器等。特别是检查风扇的连接线，以及与风扇的连接焊点是否脱焊。

十五、九阳 JYC－21BS5 型电磁炉一会儿加热，一会儿显示故障代码“E1”

图文解说： 此类故障应重点检查电流检测电路，具体主要检测互感器 CT1 是否断路，相关电路如图 7-19 所示。确认后更换互感器即可排除故障。

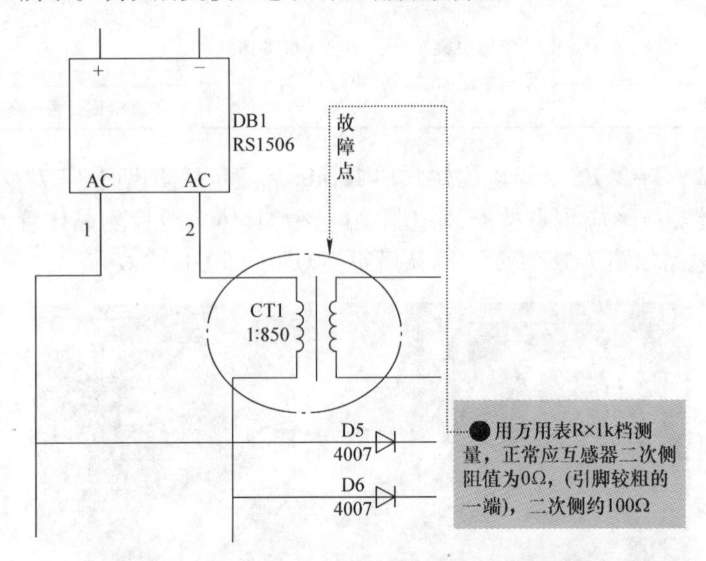

图 7-19　九阳 JYC－21BS5 型电磁炉互感器相关电路

※知识链接※ 九阳 JYC－21BS5 型电磁炉主控制板型号为 JYCP－21P，显示板型号为 JYCD－21BS5，其主控制板与 JYC－21BS3－L、JYC－20BS3、JYC－20BS2－L 可通用。

十六、九阳 JYC－21BS5 型电磁炉开机显示故障代码“E0”

图文解说： 此类故障应重点检查同步电路，具体主要检测电阻器 R20（1W、330kΩ）是否失效，相关电路如图 7-20 所示。确认后更换电阻器 R20 即可排除故障。

※知识链接※ 电阻器 R20 对阻值要求非常严格，更换时阻值必须一致。如手中没有相同阻值的电阻器，也可采用两个 165kΩ 电阻器串联代换。

十七、九阳 JYC－21CS21 型电磁炉开机显示故障代码“E3”

图文解说： 此类故障应重点检查电压检测电路，具体主要检测电阻器 R202（0805、13kΩ）是否不良，相关电路如图 7-21 所示。确认后把电阻器 R202 换成 20kΩ 的可调电位器，并调节至适当的电阻值即可排除故障。

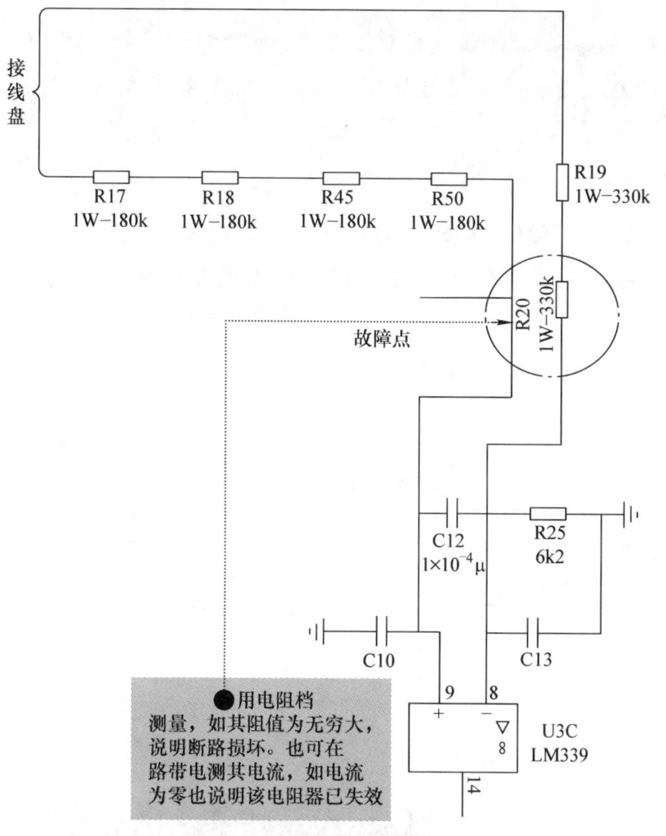

图7-20　九阳JYC-21BS5型电磁炉电阻R20相关电路

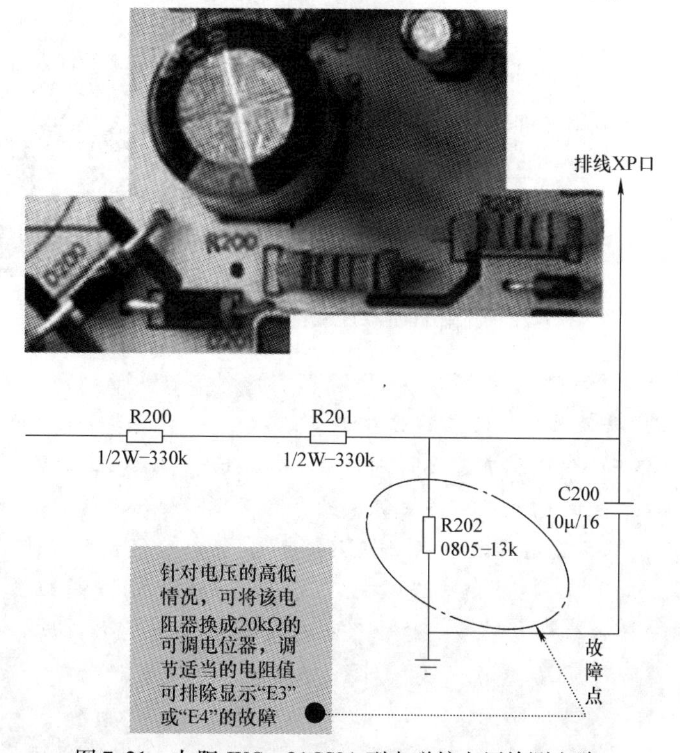

图7-21　九阳JYC-21CS21型电磁炉电压检测电路

※知识链接※ 该机电压检测电路的工作原理如下：

1）AC220V 经二极管整流，经电阻器 R200、R201 降压，再经电阻器 R202 接地分压后经电解电容器 C200 滤波，最后送入微处理器。

2）微处理器通过判断此电压来检测市电电压正常与否，及市电电压值。

十八、九阳 JYC-21CS21 型电磁炉开机显示故障代码“E0”

图文解说：此类故障应重点检查振荡电路，具体主要检测耦合电容器 C403 是否正常，相关电路如图 7-22 所示。确认后更换 C403 即可排除故障。

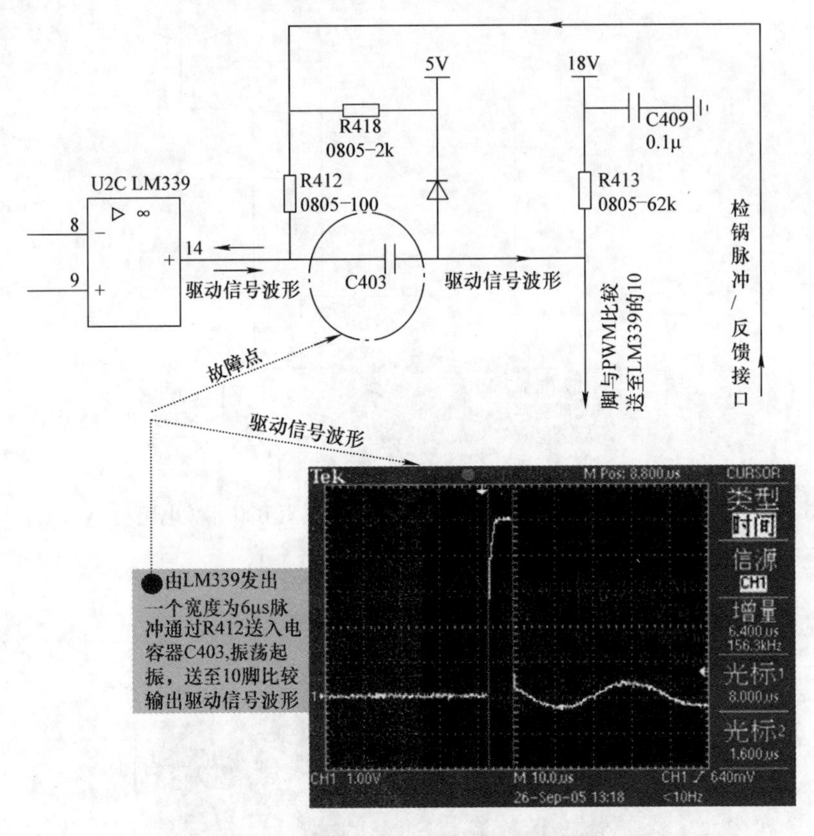

图 7-22 九阳 JYC-21CS21 型电磁炉振荡电路

※知识链接※ 该机振荡电路工作原理如下：

1）根据 LM339 的 14 脚脉冲变化，通过 C403 耦合（电阻器、电容器、二极管组成了锯齿波产生回路），来回充放电，产生锯齿波，送至 LM339 的 10 脚，此脉冲变化与 14 脚的脉冲变化同步，从而使驱动波形驱动 IGBT 导通/截止和线盘电压波形相同步。

2）另一端通过电阻器 R412 耦合送入 LM339 作为检锅信号反馈端。

3）检锅反馈端又作检锅试验脉冲输出，由微处理器发出一个宽度为 6μs 的脉冲通过 R412 送入电容器 C403，振荡起振，送入到 LM339 的 10 脚与 PWM 比较，输出驱动信号波形。

十九、九阳 JYC－21ES55C 型电磁炉通电开机显示故障代码“E4”

图文解说： 此类故障应重点检查电压检测电路，具体主要检测取样检测电阻 R201（1MΩ/1W）是否开路，相关电路如图 7-23 所示。确认后更换 R201 即可排除故障。

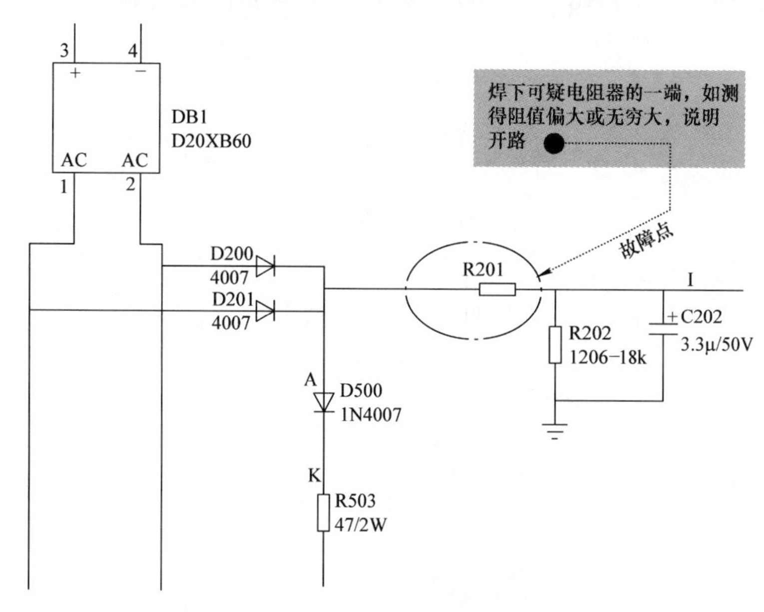

图 7-23　九阳 JYC－21ES55C 型电磁炉电压取样检测电阻 R201 相关电路

※知识链接※　九阳 JYC－21ES55C 型电磁炉故障代码见表 7-3，供检修时参考。

表 7-3　九阳 JYC－21ES55C 型电磁炉故障代码

<table>
<tr><th>故障代码</th><th>故障现象</th><th>原因</th></tr>
<tr><td>无显示</td><td>插上插头时无“哔”声，所有指示灯和显示屏均不亮</td><td>插头是否脱落，插座是否有电，电源线是否完好</td></tr>
<tr><td>E0</td><td>使用中突然停止加热，电磁炉连续发出短促的“哔”声</td><td>电磁炉内部电路故障，需要拆机检修</td></tr>
<tr><td>E1</td><td>开机后电磁炉连续发出短促的“哔”声</td><td>是否有提锅，锅具材质大小、形状是否合适，锅具是否置于微晶面板中部</td></tr>
<tr><td>E2</td><td>使用中突然停止加热，电磁炉连续发出短促的“哔”声</td><td>四周温度是否很高，进风口、排风口是否阻塞</td></tr>
<tr><td>E3 或 E4</td><td></td><td>电网电压是否过高或过低</td></tr>
<tr><td>E5</td><td>开机后电磁炉连续发出短促的“哔”声</td><td rowspan="2">面板温度传感器开路</td></tr>
<tr><td>E6</td><td rowspan="2">使用中突然停止加热，电磁炉连接发出短促的“哔”声</td></tr>
<tr><td>E7</td><td>线盘温度过高</td></tr>
<tr><td>E8</td><td>按下按键后开不了机或机器不启动，机器连续发出短促的“哔”声</td><td>按键时间是否过长，内部是否潮湿或有脏物</td></tr>
</table>

二十、东芝088系列电磁炉插入电源，加热2min后显示故障代码“E4”

图文解说: 此类故障应重点检查IGBT温度检测电路，具体主要检测安装在散热器的传感器TH（即负温系数热敏电阻器）是否开路，相关电路如图7-24所示。确认后更换TH即可排除故障。

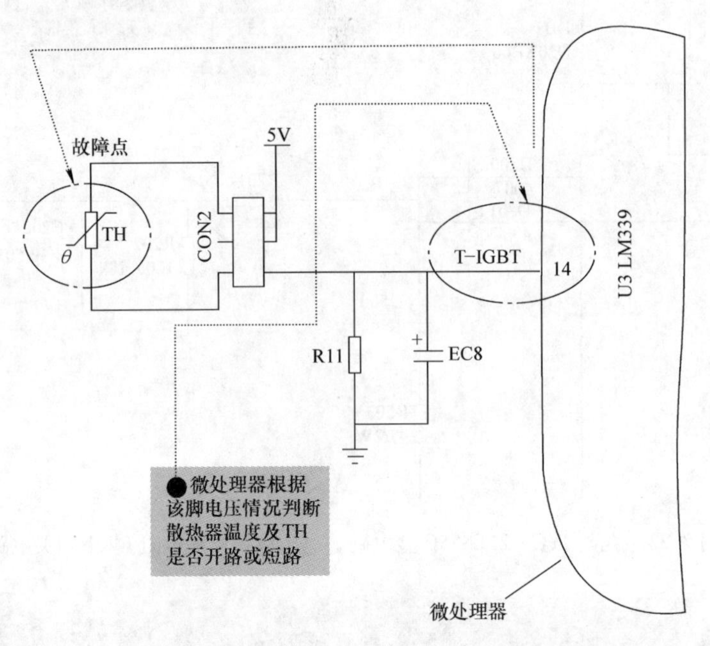

图7-24　东芝088系列电磁炉温度检测电路

※知识链接※　东芝088系列电磁炉故障代码见表7-4，供检修时参考。

表7-4　东芝088系列电磁炉故障代码

显示代码	代码含义
F12	电压过低
F11	电压过高
F01	炉面传感器开路
F03	炉面传感器短路
F07	IGBT传感器开路
F09	IGBT传感器短路
关机	长时间烹调
	锅空烧
	炉面温度过高
C10	通气口堵塞
C4	炉面电阻器感应不到温度

二十一、东芝088系列电磁炉插入电源，加热2min后显示故障代码“E2”

图文解说： 此类故障应重点检查锅底温度监测电路，具体主要检测安装在微晶玻璃板底的锅传感器（即负温系数热敏电阻器）是否开路，相关电路如图7-25所示。确认后更换负温系数热敏电阻器即可排除故障。

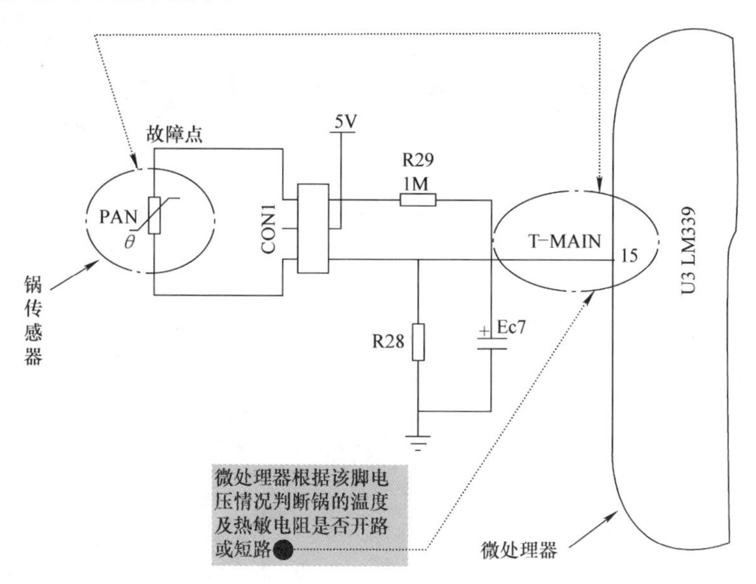

图7-25 东芝088系列电磁炉锅底温度监测电路

※知识链接※ 东芝088系列电磁炉主板各测试点电压值见表7-5，供维修检测时参考。

表7-5 东芝088系列电磁炉主板各测试点电压值

测试点	标准电压/V	备注
OUT2	>305	待机测试（不接入线盘，接入电源后不按任何键）
18V	DC18±1	
5V	5±0.1	
Q1G极	<0.5	
V16	>4.7	
V点（VA/D）	2.35±0.1	
V6	1.2±0.1	
V7	0.65±0.1	
V1	0.7±0.1	
EC7正极	2.5±0.05	
EC8正极	2.5±0.05	
IGBT－G极	间隔出现幅度5V、16.8μs的脉冲	动检（不接入线盘，接入电源后按开机键）
CON4两端	18±1	

二十二、海尔 CH2003 型电磁炉开机后数码管立即显示故障代码“E8”

图文解说： 此类故障应重点检查 IGBT 温度检测电路，具体主要检测 C721 是否短路，相关电路如图 7-26 所示。确认后更换 C721 即可排除故障。

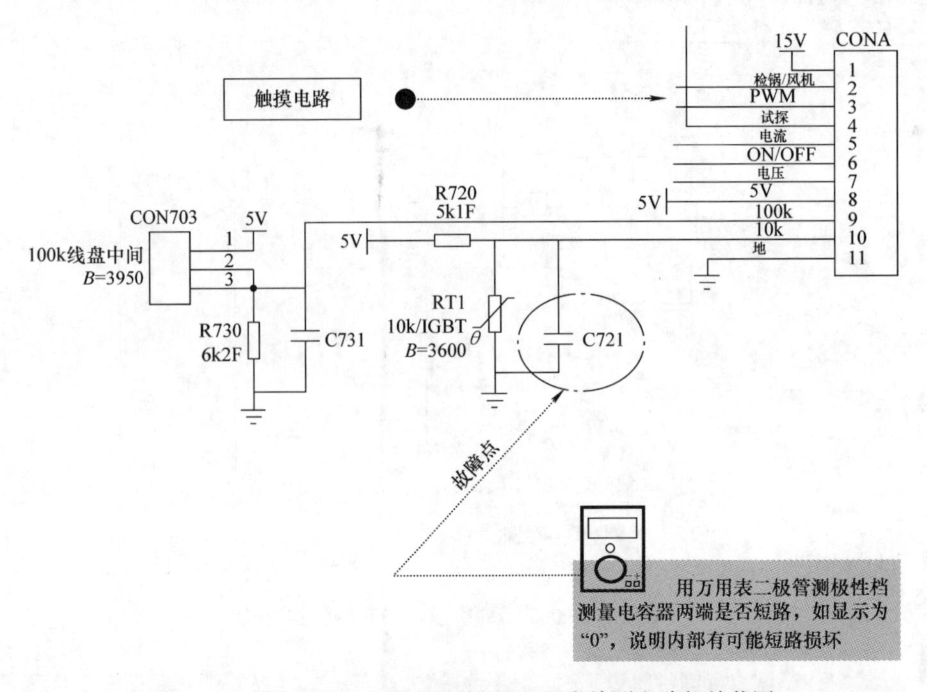

图 7-26 海尔 CH2003 型电磁炉 IGBT 温度检测电路相关截图

※知识链接※ 该机 IGBT 温度检测电路由 CPU（LM339）的 1 脚控制，正常时电压应为 3.3V 左右（环境温度 25℃时），如测得该脚电压异常，应对 IGBT 温度检测电路中的电阻器 RT1、R720、R730，电容器 C721、C731，排线 CONA 等元器件进行排查。

二十三、海尔 CH2010/01 型电磁炉开机显示故障代码“E5”

图文解说： 此类故障应重点检查 IGBT 温度、炉面温度检知电路，具体主要检测 IGBT 热敏电阻器 RT1 是否正常，相关电路如图 7-27 所示。确认后更换 RT1 即可排除故障。

※知识链接※ 该故障可按如图 7-28 所示流程进行检修。海尔 CH2010/01 型与海尔 CH2010/02 型电磁炉主板电路原理基本相同，故障的检修方法可相互参照。两种型号电磁炉故障代码见表 7-6，供检修时参考。

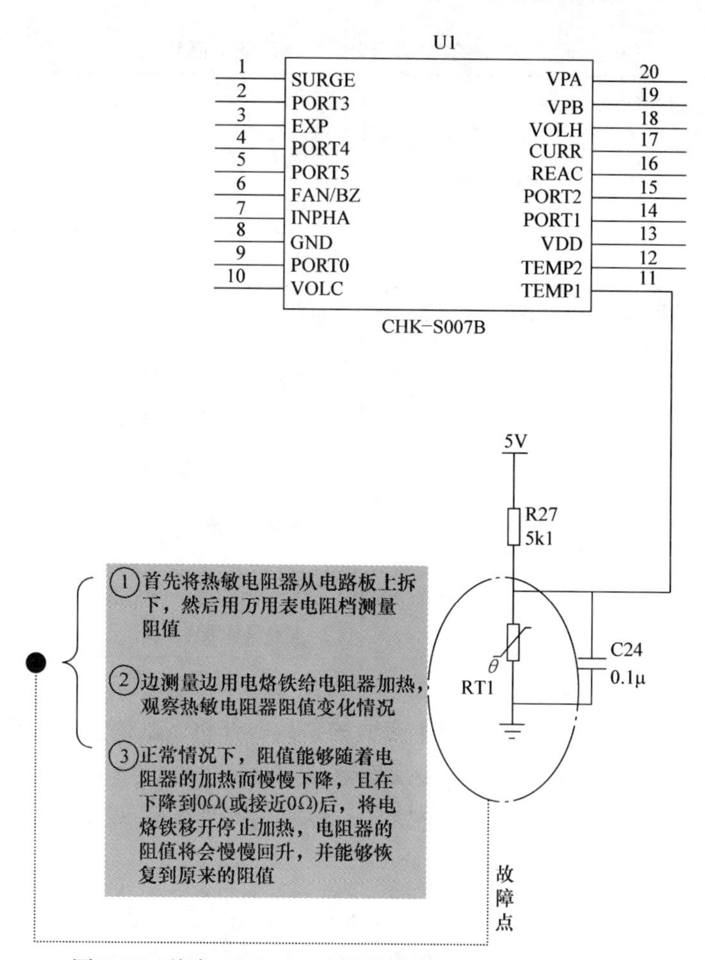

图 7-27　海尔 CH2010/01 型电磁炉 IGBT 温度检知电路

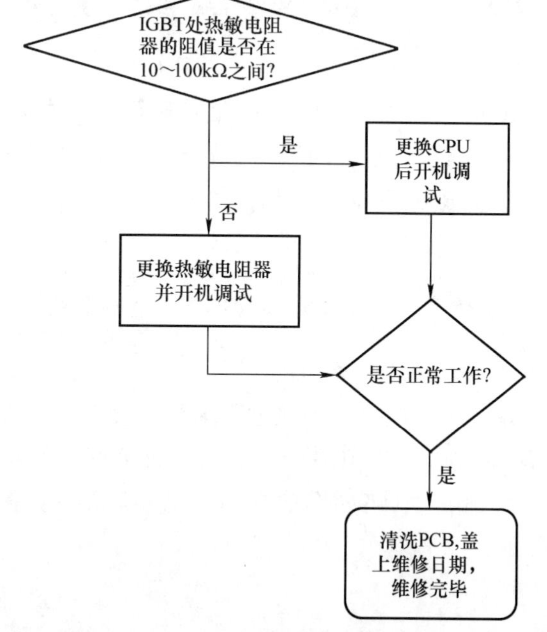

图 7-28　海尔 CH2010/01 型电磁炉开机显示故障代码“E5”时的检修流程

表 7-6 海尔 CH2010 系列电磁炉故障代码

故障代码	代码含义
E0	IGBT 高温保护
E1	无锅
E2	电压过低
E3	电压过高
E6	干烧保护、炉面过热保护
E7	IGBT 处温度传感器开路
E8	IGBT 温度传感器短路
E9	炉面温度传感器开路
EE	炉面温度传感器短路
E10	炉面温度传感器失效

二十四、海尔 CH2003 型电磁炉放了合适的锅具，开机后数码管显示故障代码“E1”

图文解说：此类故障应重点检查同步反馈电路，具体主要检测 IC2（LM339）的 14 脚同步反馈信号是否正常，晶体管 Q402 是否损坏，相关电路如图 7-29 所示。确认后更换 Q402 即可排除故障。

※知识链接※ 检测主板重点测试点电压时，特别注意表笔不要与被测量点附近的点短路，反之极易损坏元器件，扩大故障范围，同时还应注意对 CPU 的保护。该机在将加热盘从机器上拆下接通 220V 市电后电路板上各重点测试点参考电压见表 7-7，供维修时参考。

二十五、海尔 CH2003 型电磁炉开机约 5min 后数码管显示故障代码“E0”

图文解说：此类故障应重点检查是否因风扇不转或转速较低导致 IGBT 过热保护，具体主要检测风扇驱动电路电阻器 R404、R405，晶体管 Q401 是否正常，相关电路如图 7-30 所示。确认后更换损坏的电阻器或晶体管即可排除故障。

※知识链接※ 当散热风扇入风口或出风口有杂物堵住，造成 IGBT 散热不良也会出现类似故障，此时清除杂物即可。

二十六、海尔 C21－H2201 型电磁炉加热过程中显示故障代码“E7”

图文解说：此类故障应重点检查 IGBT 温度、炉面温度检知电路，具体主要检测电阻器 RT1、R28 是否正常，相关电路如图 7-31 所示。确认后更换损坏的元器件即可排除故障。

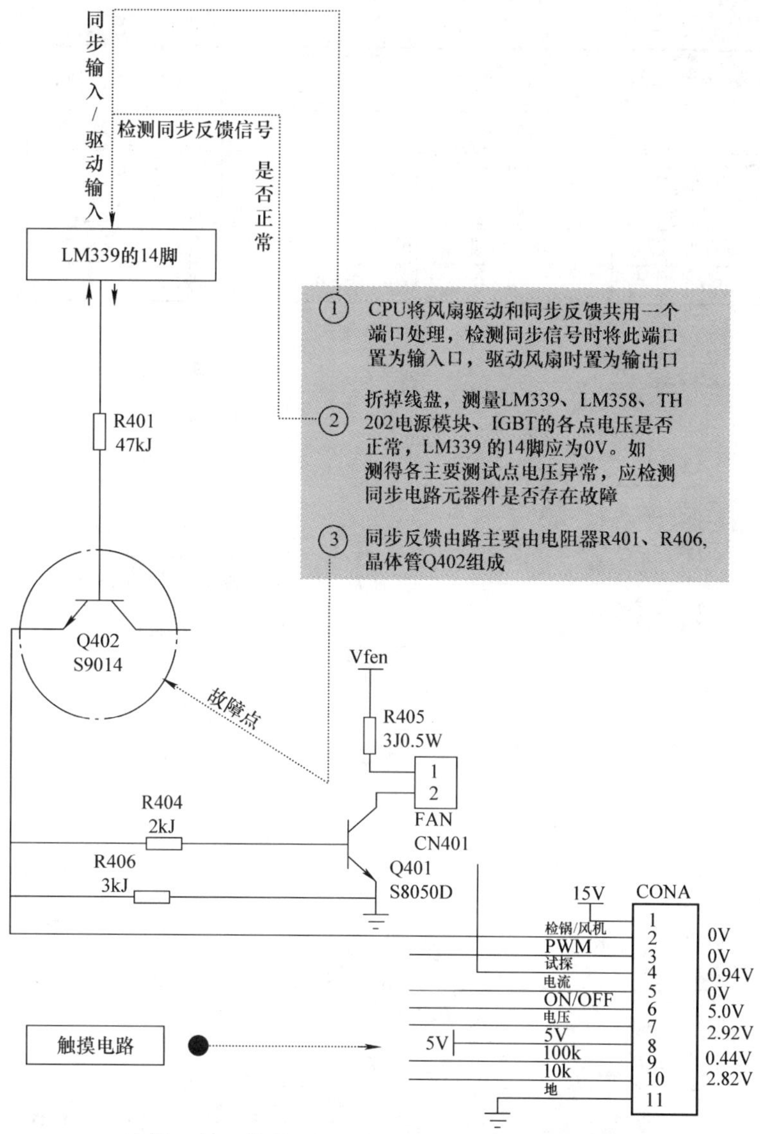

图 7-29　海尔 CH2003 型电磁炉同步反馈电路

表 7-7　海尔 CH2003 型电磁炉电路各重点测试点参考电压

测试点	IC2（LM339）的 1 脚	IC2 的 2 脚	IC2 的 3 脚	IC2 的 4 脚	IC2 的 5 脚
电压值/V	0	5.5	16.2	2.5	4.5
测试点	IC2 的 6 脚	IC2 的 7 脚	IC2 的 8 脚	IC2 的 9 脚	IC2 的 10 脚
电压值/V	0	2.45	3.4	0	4.9
测试点	IC2 的 11 脚	IC2 的 12 脚	IC2 的 13 脚	IC2 的 14 脚	IC601（LM358）的 1 脚
电压值/V	0	0	0	0	0.5
测试点	IC601 的 2 脚	IC601 的 3 脚	IC601 的 4 脚	IC601 的 5 脚	IC601 的 6 脚
电压值/V	0	0	0	9	0

（续）

测试点	IC601 的 7 脚	IC601 的 8 脚	IC902（TH202）的 1 脚	IC902 的 2 脚	IC902 的 3 脚
电压值/V	0	15.6	0.05	0.16	0
测试点	IC902 的 4 脚	IC902 的 5 脚	IC902 的 6 脚	IC902 的 7 脚	IC902 的 8 脚
电压值/V	—	10.0	—	310	310
测试点	ZD903 两端	C003 两端	IGBT 的 G 极对地电压	—	—
电压值/V	5.6	310	0		

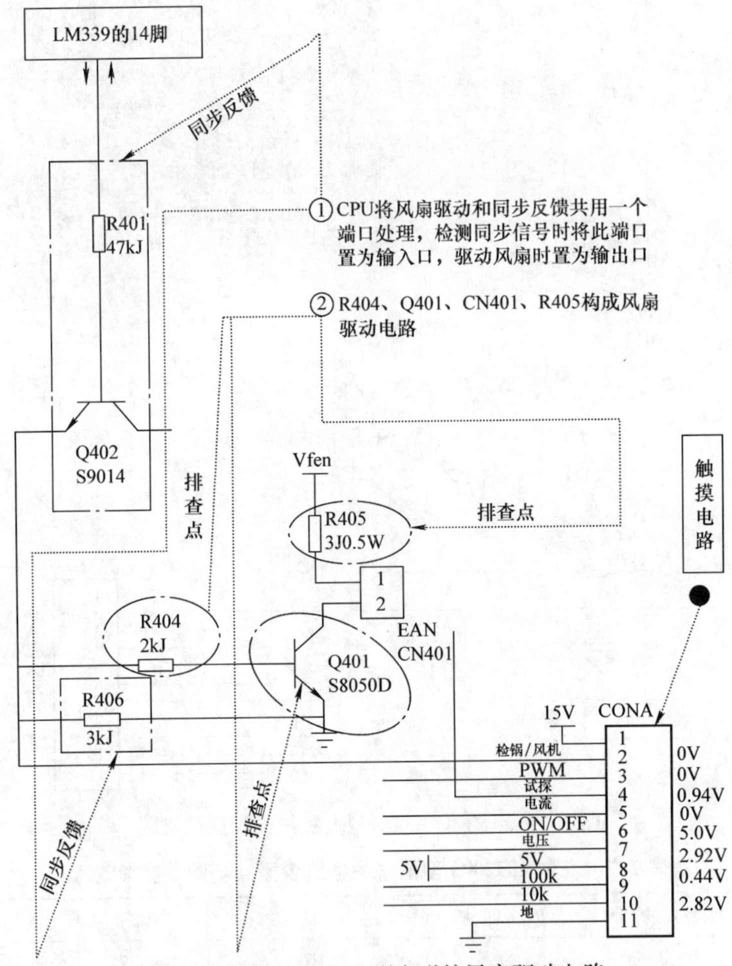

图 7-30　海尔 CH2003 型电磁炉风扇驱动电路

※知识链接※　该机 **IGBT** 温度、炉面温度检知电路如有元器件损坏，主要故障表现为电磁炉不工作伴随报警，或工作几分钟后报警等，并同时显示错误代码 **“E2”“E5”“E7”**。

二十七、海尔 CH21－H2201 型电磁炉加热过程中显示故障代码“E2”

图文解说：此类故障应重点检查风机、蜂鸣器控制部分，具体主要检查晶体管 Q2 B－E 极是否开路，相关电路如图 7-32 所示。确认后更换晶体管 Q2 即可排除故障。

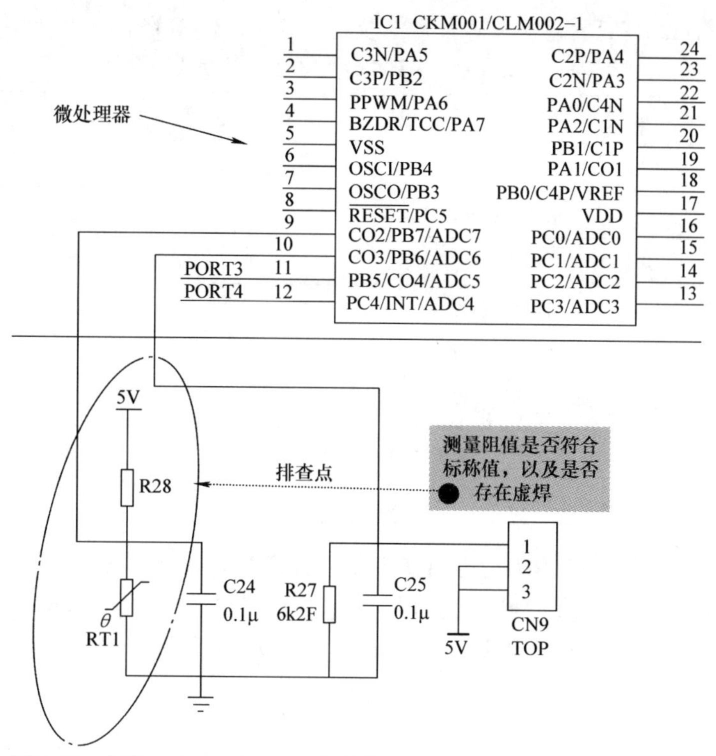

图7-31　海尔C21－H2201型电磁炉IGBT温度、炉面温度检知电路

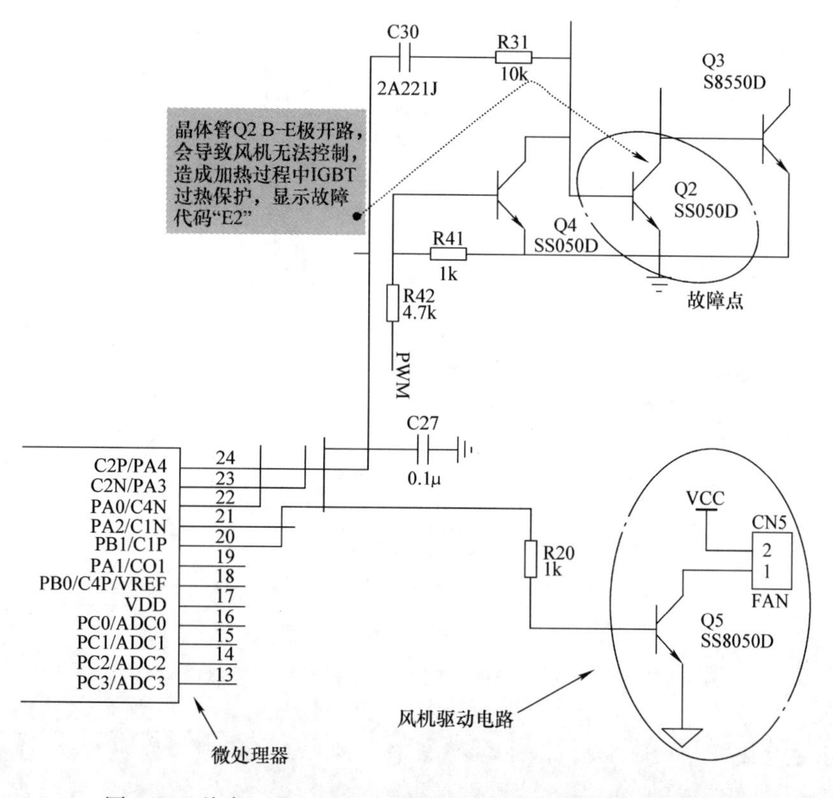

图7-32　海尔CH21－H2201型电磁炉风机、蜂鸣器控制部分

海尔 CH21－H2201 型电磁炉故障代码含义见表 7-8，供检修时参考。

表 7-8 海尔 CH21－H2201 型电磁炉故障代码含义

显示代码	代码含义
E0	内部电路故障
E1	没放锅具，请放合适的锅具
E2	IGBT 温度过高，等一会再使用
E3	电压过高，待电压恢复后再使用
E4	电压过低，待电压恢复后再使用
E5	炉面温度传感器开路或短路
E6	IGBT 温度传感器开路或短路
E7	炉面温度过高或 NTC2 失效保护

二十八、海尔 CH21－H2201 型电磁炉开机后显示故障代码“E1”

图文解说：此类故障应重点检查同步控制电路，具体主要检测电阻器 R4、R5、R32、R37、R3、R19、R15、R17 是否正常，相关电路如图 7-33 所示。确认后更换损坏的电阻器即可排除故障。

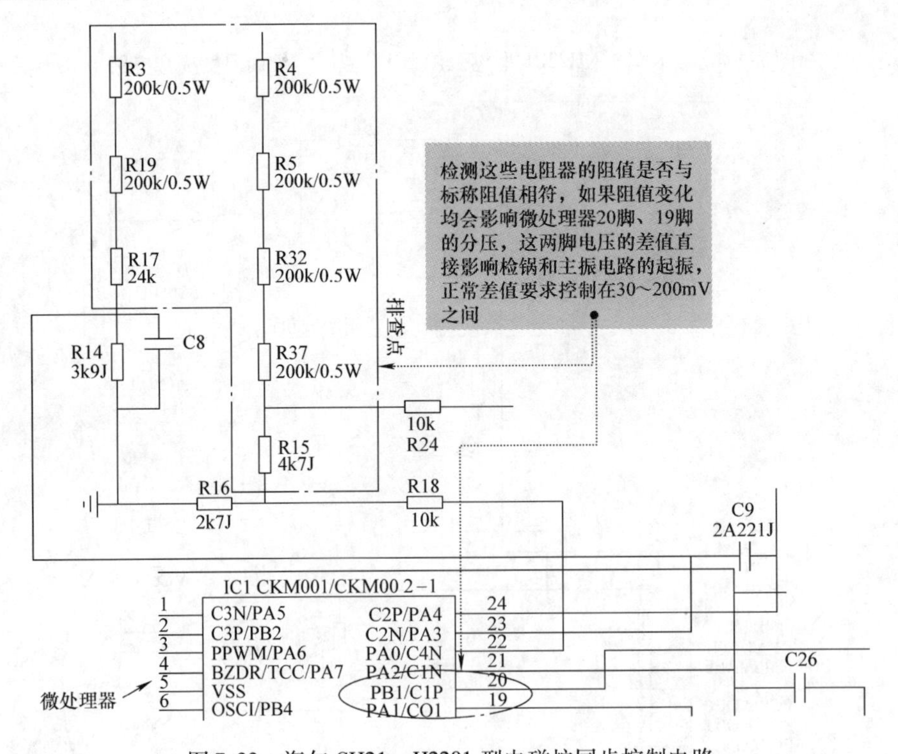

图 7-33 海尔 CH21－H2201 型电磁炉同步控制电路

※知识链接※ 该机同步控制电路如有元器件损坏，主要故障表现为电磁炉出现检锅错误（显示故障代码“E1”）和无法正常启动。

二十九、海尔 CH21－H2201 型电磁炉开机后显示故障代码“E3”

图文解说： 此类故障应重点检查电源电压检知电路，具体主要检测电阻器 R1、R29、R12 是否正常，相关电路如图 7-34 所示。确认后更换损坏的电阻器即可排除故障。

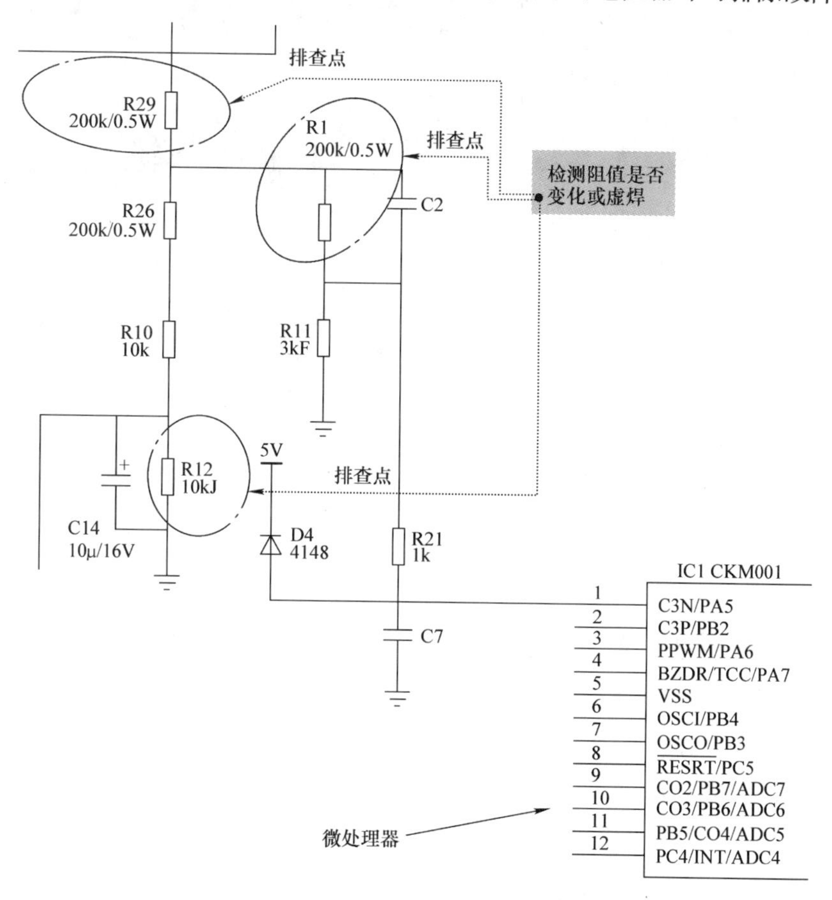

图 7-34 海尔 CH21－H2201 型电磁炉电源电压检知电路

※知识链接※ 该机电源电压检知电路元器件如损坏，主要故障表现为高、低压保护点不准确，很容易出现过电压或欠电压保护和功率过大或过小等。如出现过电压或欠电压保护和功率过大或过小故障，则会显示故障代码“E3”（电压过高）或“E4”（电压过低）。

三十、海尔 C21－H3301 型电磁炉开机后显示故障代码“E3”

图文解说： 此类故障应重点检查 IGBT 温度检知电路，具体主要检测 IGBT 处热敏电阻器 RT1 是否正常，相关电路如图 7-35 所示。确认后更换新的热敏电阻器即可排除故障。

※知识链接※ 该机显示“E3”为 IGBT 温度检测异常代码，应着重检测 IGBT 热敏电阻器是否短路或开路，以及微处理器是否不良，导致不能检测到正确的电压信号。

三十一、海尔 C21－H3301 型电磁炉开机后显示故障代码“E1”

图文解说： 此类故障应重点检查电源电压检知电路，具体主要检查电阻器 R26、R29、R12 是否正常，相关电路如图 7-36 所示。确认后更换损坏的元器件即可排除故障。

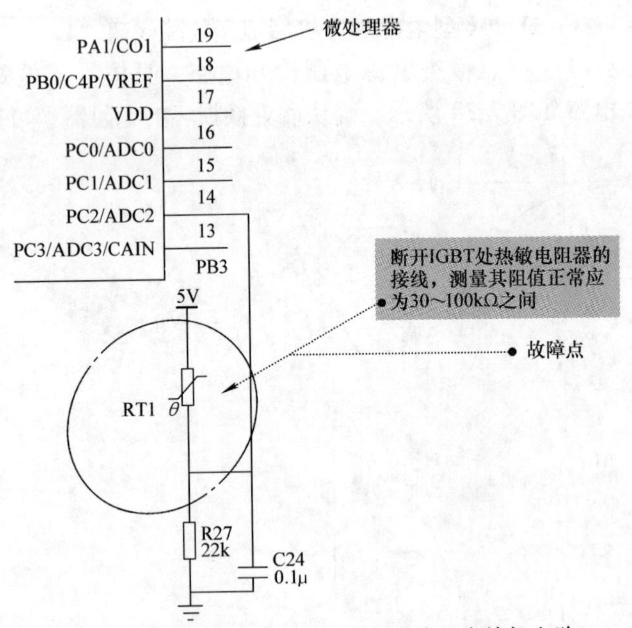

图 7-35　海尔 C21 – H3301 型电磁炉温度检知电路

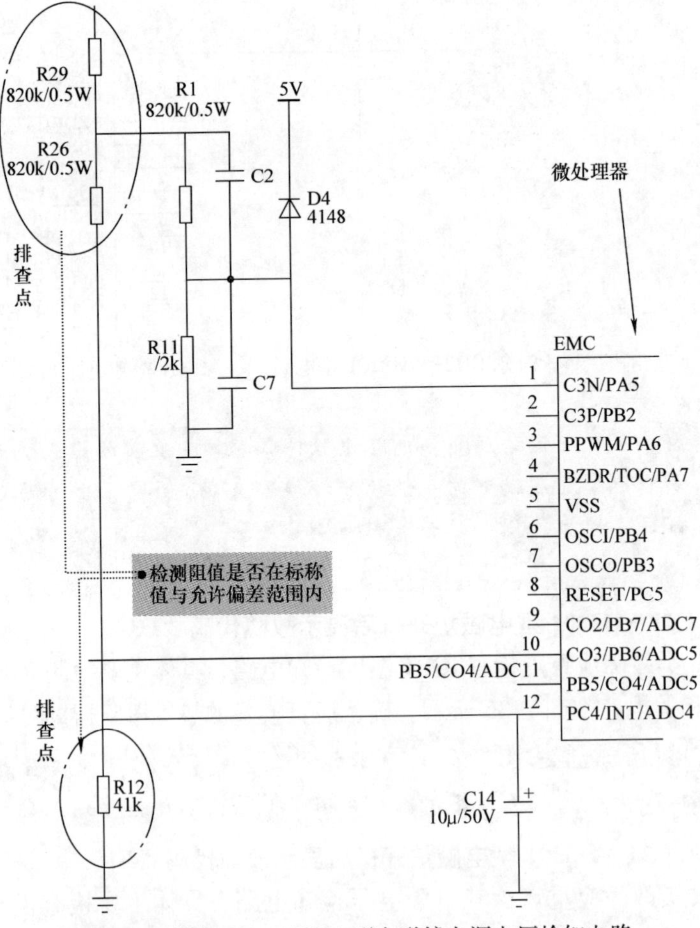

图 7-36　海尔 C21 – H3301 型电磁炉电源电压检知电路

※知识链接※　该机开机后显示“E1”或“E2”分别是欠电压和过电压保护的故障代码，且两种故障代码的检修方法相同。

三十二、美的C21－RK2101型电磁炉开机显示故障代码“E6”

图文解说：此类故障应重点检查温度检测电路，具体主要检查热敏电阻器RT2是否短路，相关电路如图7-37所示。确认后更换损坏的RT2即可排除故障。

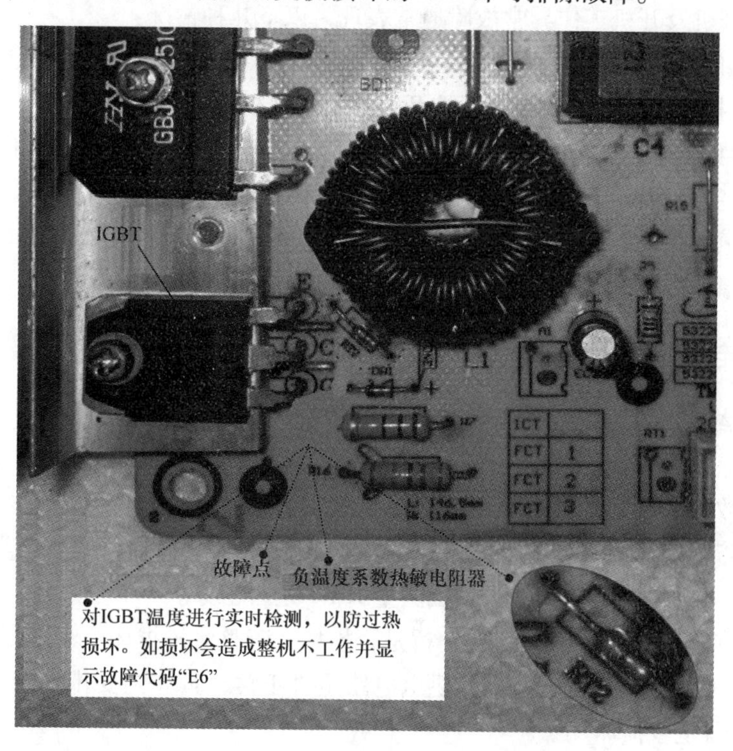

图7-37　美的C21－RK2101型电磁炉温度检测电路

美的C21－RK2101型电磁炉故障代码见表7-9，供检修时参考。

表7-9　美的C21－RK2101型电磁炉故障代码

<table>
<tr><th>代码</th><th>代码含义</th><th>备　注</th></tr>
<tr><td>E6</td><td>炉内温度过高保护</td><td>电磁炉内部温度过高，等温度下降后按“开/关”键可正常加热</td></tr>
<tr><td>E3</td><td rowspan="2">灶面板温度过高保护</td><td rowspan="2">灶面板温度过高，等温度下降后按“开/关”键可正常加热</td></tr>
<tr><td>EA</td></tr>
<tr><td>E7</td><td rowspan="2">电压过高或过低保护</td><td rowspan="2">待供电电压正常后，可自行恢复加热</td></tr>
<tr><td>E8</td></tr>
<tr><td>E1</td><td rowspan="5">电磁炉内部传感器异常保护</td><td rowspan="5">电磁炉使用环境温度过低会自动保护，重新开机或对产品简单预热后，可自动恢复正常工作</td></tr>
<tr><td>E2</td></tr>
<tr><td>E4</td></tr>
<tr><td>E5</td></tr>
<tr><td>Eb</td></tr>
</table>

问诊 8　电磁炉不开机及开机工作异常检修专题

电磁炉不开机及开机工作异常故障通常表现为以下几种情况：

1）通电无任何反应。

2）通电后指示灯亮，自检正常，按开关键不能开机。

3）通电后指示灯亮，但听不到蜂鸣器响声，风扇不转（即不自检），不开机。

4）通电后能自检，指示灯全亮，但按开关键不能开机。

电磁炉电源电路、CPU 复位电路、晶体振荡电路、键控电路等存在故障，均会导致电磁炉出现上述不开机故障。

※Q1　检修电磁炉不开机及开机工作异常的方法和技能有哪些？

1. 检修熔丝熔断，但 IGBT 正常的方法

此类故障应先查看熔丝管损坏情况，若熔丝管爆裂或熔丝发黑、熔断，表明高压供电电路有严重短路故障；若熔丝管中熔丝常规性熔断，通常表明电路不存在短路性故障，仅存在一般过电流故障，这时应重点检查 LC 振荡及同步比较电路。具体可按以下步骤操作：

1）首先用万用表电阻档或二极管档测量 IGBT 是否击穿。

2）若 IGBT 正常，则检测整流桥全桥是否损坏，若整流桥损坏应予以更换。

3）若整流全桥正常，则检查高压供电电路是否正常，具体主要排查谐波吸收电容器及 300V 滤波电容器是否损坏。

4）若高压供电正常，则检查同步比较电路，具体主要排查降压电阻器及双运算放大器是否损坏。

5）若同步比较电路正常，则说明故障为 LC 振荡电路存在元器件损坏，更换损坏的元器件即可排除故障。

2. 检修通电无任何反应，所有面板上指示灯均不亮的方法

电磁炉在接通市电后，只有在单片机的 5V 供电、复位及时钟振荡均正常的情况下，单片机才会运行相关程序，对市电、锅具、热敏电阻等进行检测。指示灯板不亮，说明无 5V 工作电压，此故障需首先检查市电输入、市电输入线路。具体检修操作可按以下步骤进行：

1）首先检查市电输入是否正常，具体主要检查市电输入线路是否良好。

2）若市电输入正常，则检查熔丝管是否熔断，若熔丝管熔断，则查看熔丝管为常规性熔断还是短路性故障所致，若为短路性故障，则重点检查供电电路、LC 振荡电路、同步电路是否存在严重短路故障。

3）若熔丝管正常，则检查 5V 供电是否正常，具体主要排查辅助电源电路是否存在元器件损坏。

4）若 5V 供电正常，则检查单片机复位端电压是否正常，具体主要排查复位电路是否存在元器件损坏。

5）若单片机复位端电压正常，则检查晶体振荡器电路是否正常，具体主要排查晶体振荡器及外围元器件是否损坏。

6）若上述部位均正常，则说明故障有可能为单片机本身不良，可采用代换单片机的方法排除故障。

3. 电磁炉通电后按面板键无任何反应的检修技巧

电磁炉通电按面板键无任何反应时，可按以下操作步骤修复：

1）首先上电，查看指示灯是否能显示，若指示灯能显示，则检查面板按键、CPU芯片引脚及IC（如74HC164）是否存在故障。

2）若上电时无任何反应，则检查熔丝管、整流桥、IGBT、压敏电阻器等是否损坏。

3）若熔丝管、整流桥、IGBT、压敏电阻器等均正常，则检查传感器、散热器、线盘及其端子等之间是否有打火痕迹，机器内部是否进过水。

4）若传感器、散热器、线盘等均无异常，则检测连接排线等接插件是否不良。

5）若排线良好，则检查电源5V、18V电压是否正常。

6）若电源电压异常，则故障多因开关电源损坏所致。

4. 检修电磁炉熔丝管正常但不通电的技巧

电磁炉熔丝管正常，但不通电，多为开关电源损坏所致（用电源变压器的电源则损坏概率较小）。其常见原因和检修方法如下：

1）开关电源IC损坏。电磁炉的电源IC损坏后一时难以购买到原型号的，这时也可改用电源变压器代替开关电源。一般开关电源只有两组电压输出：一组为DC 15～18V；另一组为DC 10～12V，变压为5V供CPU工作。代换时，卸下原IC，找一个功率合适，且有两组交流输出的变压器，一组8V左右，另一组13～15V，再装上两只桥堆即可。

2）开关电源二次侧两个脉冲整流二极管损坏。通常任意其中一只脉冲整流二极管损坏，会导致电磁炉不通电故障，检测并确诊后更换损坏的整流二极管即可。

3）开关电源采用开关管的。开关管为常用元器件，容易买到，确诊后更换损坏的开关管即可。

4）还有部分电磁炉是由于主板或面板受潮、漏电导致不通电。检修此类故障，只需用无水酒精清洗主板或面板，用电吹风吹干即可。

※Q2　检修电磁炉不开机及开机工作异常的常见部位和注意事项有哪些？

1. 检修市电输入电路不开机及开机工作异常的常见部位和注意事项

检修市电输入电路不开机及开机工作异常的常见部位和注意事项如图8-1所示。该电路中的熔丝管、压敏电阻器损坏会导致电磁炉出现不开机故障。实际维修中，熔丝管常规性损坏的概率比较小，主要是因IGBT、整流桥堆击穿等造成机内严重短路所致。

2. 检修电源供电电路不开机及开机工作异常的常见故障部位和注意事项

检修电源供电电路不开机及开机工作异常的常见故障部位和注意事项如图8-2所示。该电路5V、18V、300V三路供电电压无输出，均会导致电磁炉不开机故障。

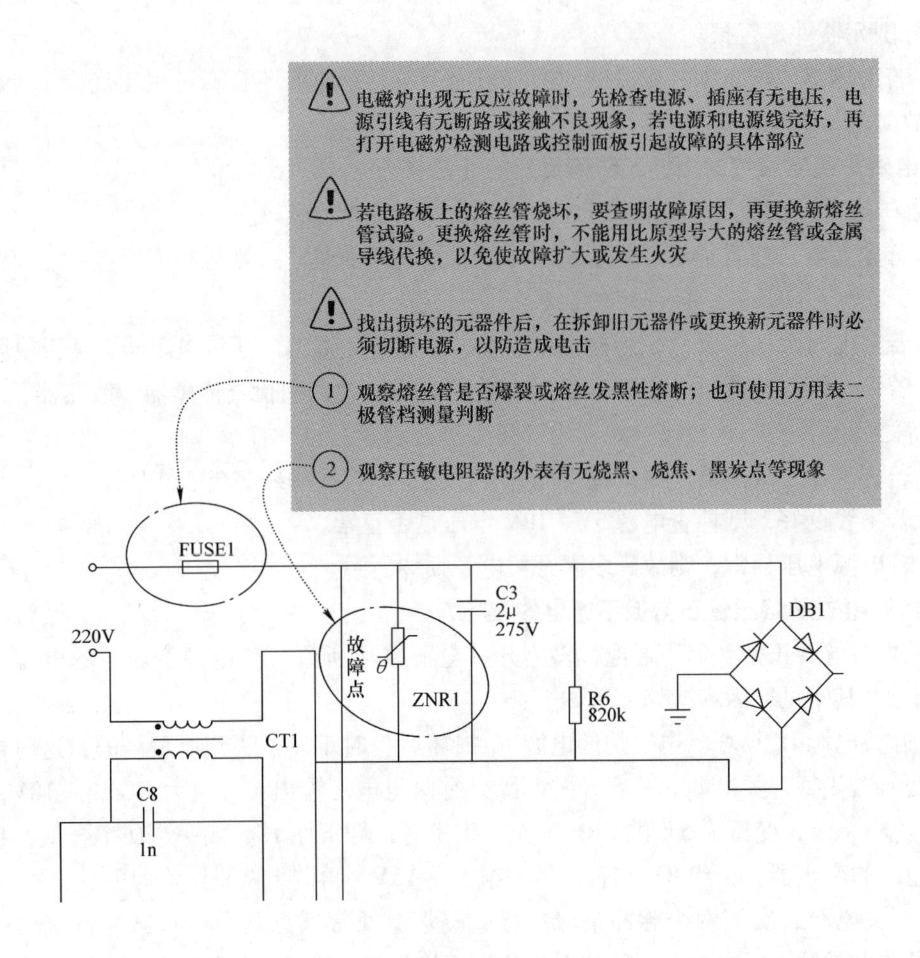

图 8-1 检修市电输入电路不开机及开机工作异常的常见部位和注意事项

3. 检修复位及晶体振荡器电路不开机及开机工作异常的常见故障部位和注意事项

检修复位及晶体振荡器电路不开机及开机工作异常的常见故障部位和注意事项如图 8-3 所示。复位电路 PNP 型晶体管性能不良，会导致电磁炉开机后出现“哔”一声，按各操作键均无反应，面板显示不正常故障。晶体振荡器不良故障表现为开机不启动，按任何键无反应。

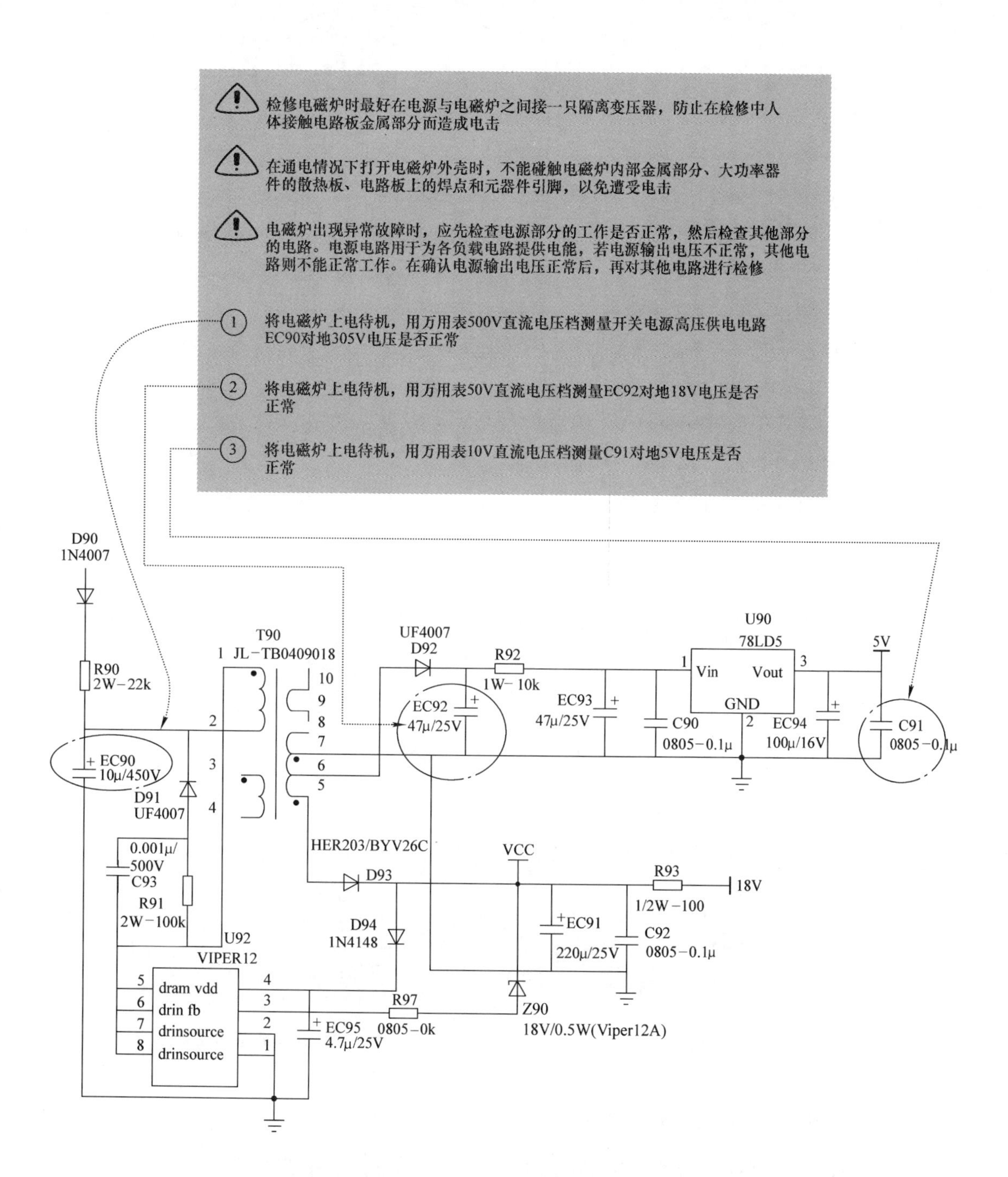

图 8-2 检修电源供电电路不开机及开机工作异常的常见故障部位和注意事项

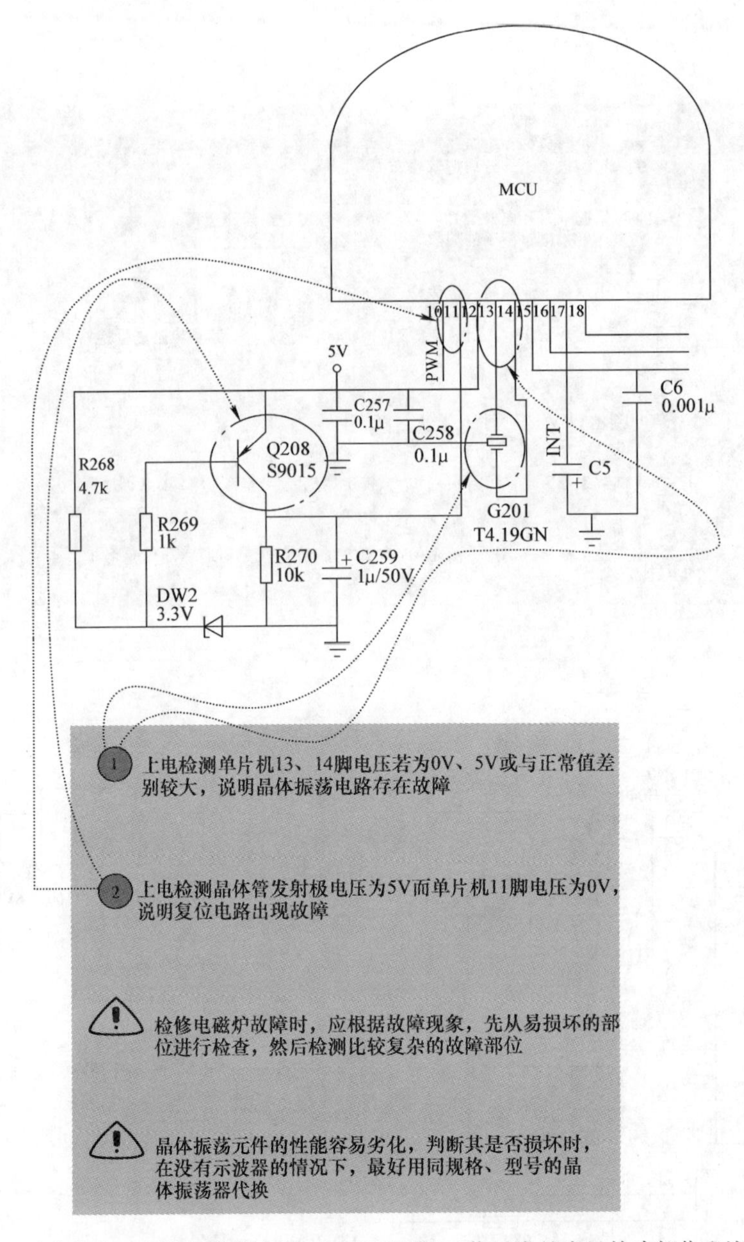

图 8-3 检修复位及晶体振荡器电路不开机及开机工作异常的常见故障部位和注意事项

※Q3 电磁炉不开机及开机工作异常故障检修实例

一、万利达 MC18－C10 型电磁炉显示屏显示内容不全，不开机

图文解说：此类故障应重点检查是否因 IC1 或 IC4 引脚周围受潮或有油污所致，相关电路如图 8-4 所示。确认后先用香蕉水将电路板上的油污清洗干净，再用吹风机将电路板吹干即可排除故障。

VIPer22ADIP 电源模块的引脚定义如图 8-5 所示，各引脚功能见表 8-1。

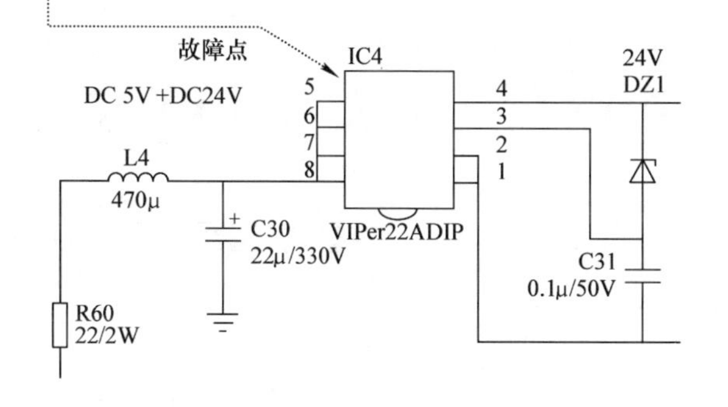

图8-4　万利达MC18-C10型电磁炉IC4（VIPer22ADIP）相关电路

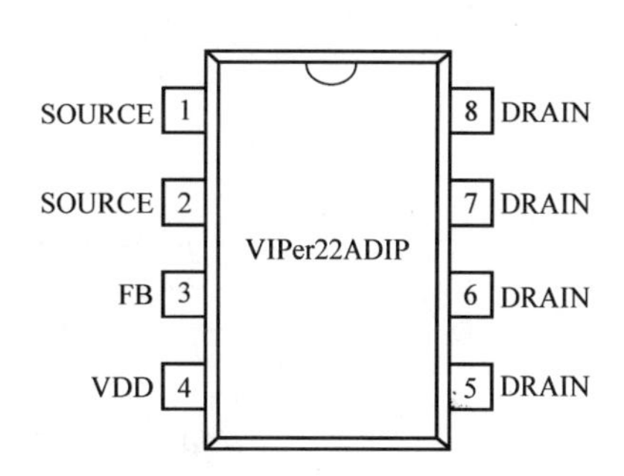

图8-5　VIPer22ADIP电源模块的引脚定义

表8-1　VIPer22ADIP电源模块的引脚功能

引脚序号	引脚名称	引脚功能
1、2	SOURCE	功率MOSFET的源和参考地
3	FB	反馈输入，有效电压范围为0～1V
4	VDD	电源的控制电路。连接到DRAIN，有两个阈值： VDD_{on}：通常为14.5V称为启动电源电压值 VDD_{OFF}：通常为8V称为停止电源电压值
5～8	DRAIN	功率MOSFET的漏极，也用于内部高压电流源在启动阶段时外部VDD的电容器充电

二、万利达MC18-C10型电磁炉开机面板显示灯全亮，但立即转为待机

图文解说： 此类故障应重点检查功率管（IKW25N120）性能是否不良，具体主要检测功率管集电极（C）与发射极（E）是否有漏电现象，相关电路如图8-6所示。确认后更换损坏的功率管即可排除故障。

※知识链接※　更换功率管时，需均匀地涂抹导热硅脂，并经过详细检查，确认无误后再通电。

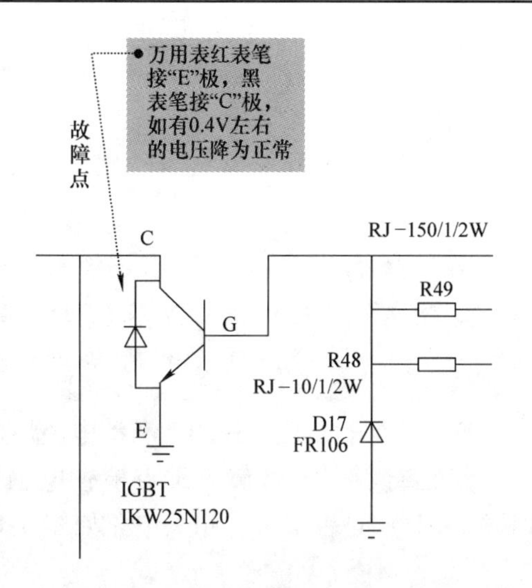

图8-6　万利达MC18-C10型电磁炉功率管

三、万利达MC18-C10型电磁炉显示屏上的字符快闪且各按键失控，开不了机

图文解说： 此类故障应重点检查5V电压产

生电路，具体主要检测稳压二极管 DZ1 是否漏电，相关电路如图 8-7 所示。确认后更换 DZ1 即可排除故障。

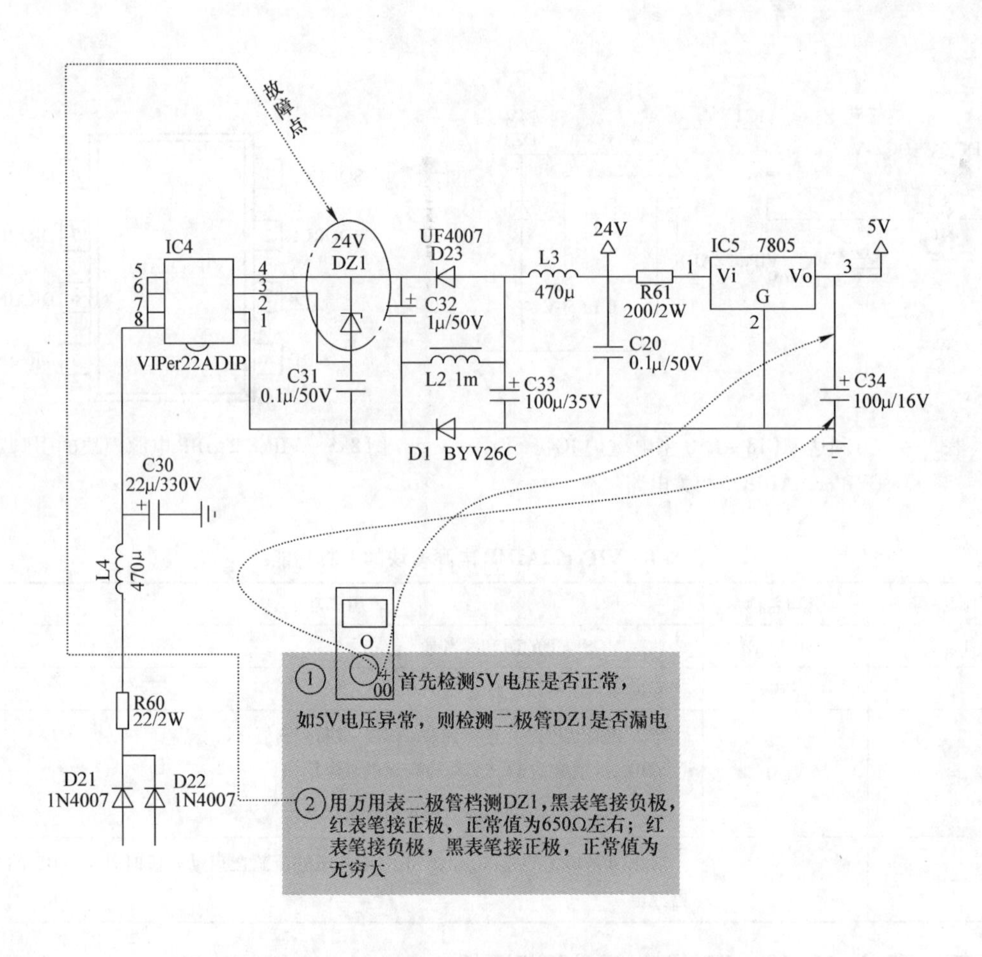

图 8-7 万利达 MC18－C10 型电磁炉 5V 产生电路

※知识链接※ 二极管 D21、D22 正向电阻变大或性能不良，电阻器 R60、R61，电感器 L2、L3、L4，电源芯片 IC4、IC5 各脚虚焊或性能不良，电容器 C30、C33、C20、C34 电容量下降，均会导致无 5V 电压而造成类似故障。

四、尚朋堂 SR－CH2008W 型电磁炉指示灯不亮，按键也不起作用

图文解说：此类故障应重点检查电脑板晶体振荡器电路，具体主要检测晶体振荡器 Y1（8MHz）是否正常，相关电路如图 8-8 所示。确认后更换 8MHz 晶体振荡器即可排除故障。

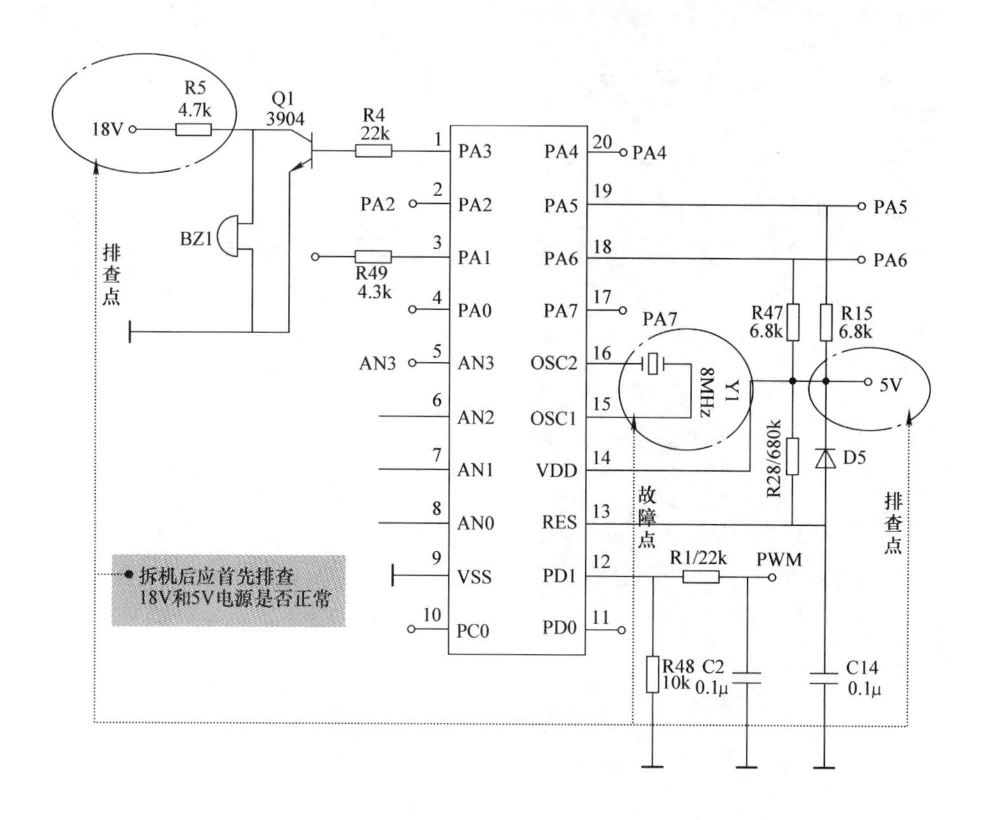

图 8-8　尚朋堂 SR－CH2008W 型电磁电脑板晶体振荡器电路

※知识链接※　该故障的检修步骤如下：

1）首先拆机检查 18V、5V 是否正常。

2）如果 18V、5V 电压正常，则测量按键是否正常。

3）如果按键均正常，则卸下晶体振荡器电路中的 8MHz 晶体振荡器，用同类型 8MHz 晶体振荡器代换，一般可排除故障。

五、苏泊尔 C21S17－B 型电磁炉数码屏显示“8888”，亮一下即灭，变成电源灯闪烁，触摸开机键或其他任何按键均无反应

图文解说：此类故障应重点检查显示板电路，具体主要检测键控电路按键 K1～K7 是否漏电，相关电路如图 8-9 所示。确诊后更换全部按键，并用无水酒精清洗电路板，待晾干后试机，一般可排除故障。

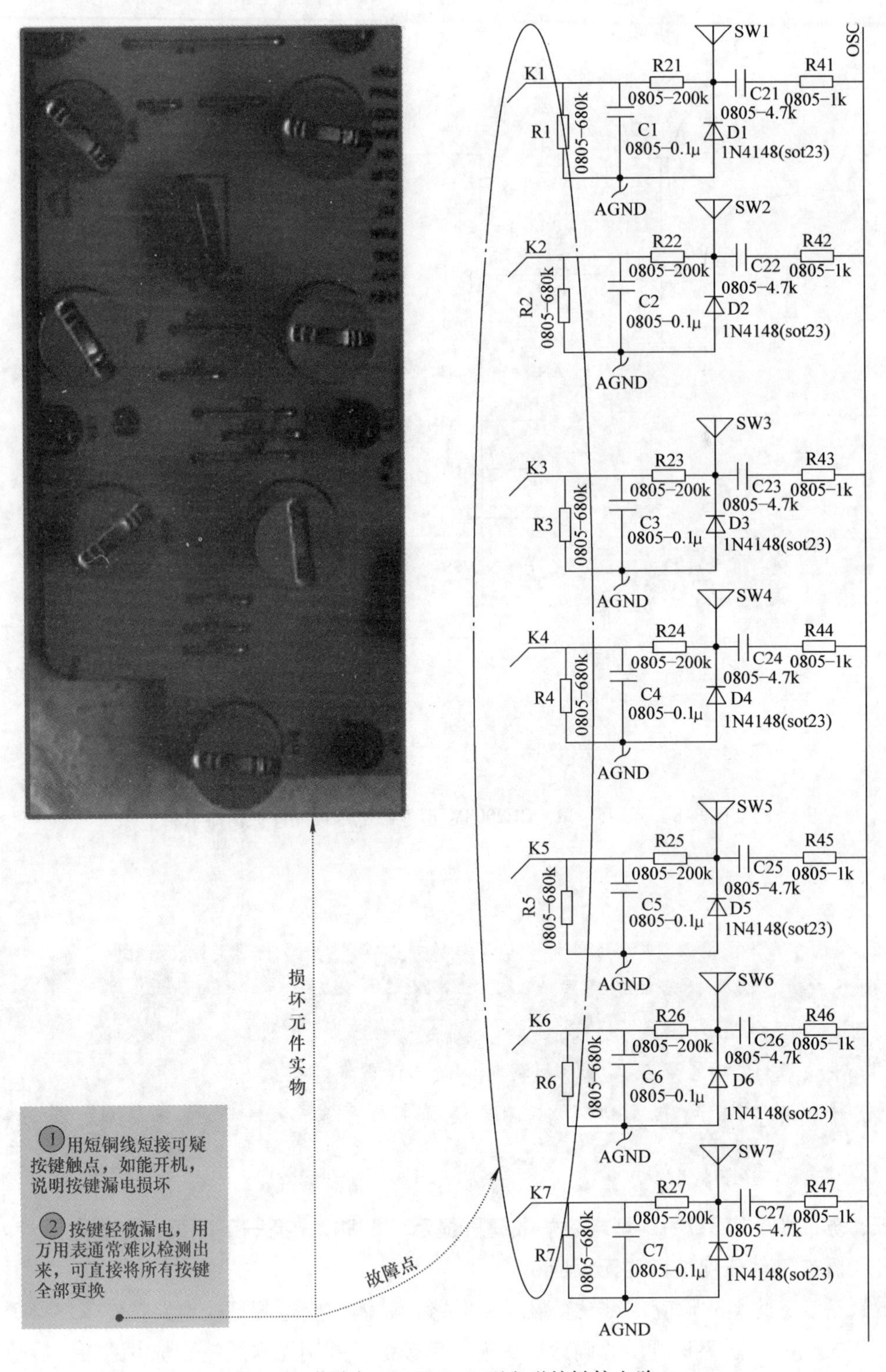

图 8-9　苏泊尔 C21S17－B 型电磁炉键控电路

※知识链接※　该机数码驱动芯片 U2（74164）损坏也会出现类似故障，相关电路如图 8-10 所示。

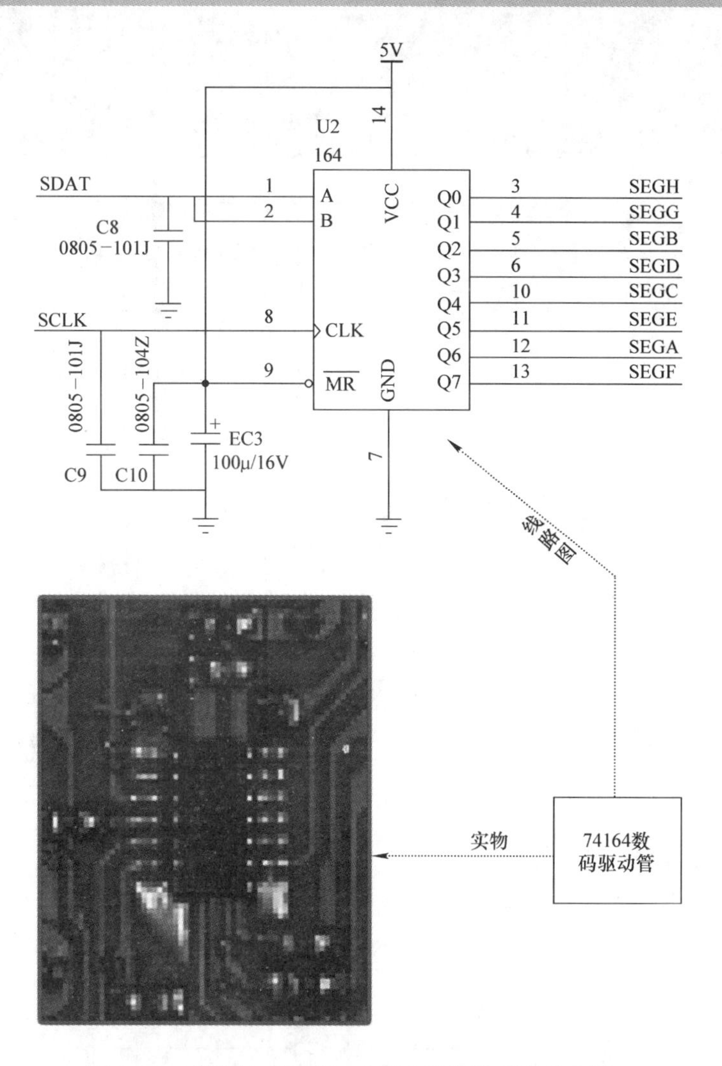

图 8-10　苏泊尔 C21S17 – B 型电磁炉数码驱动电路

六、苏泊尔 C19S08 型电磁炉插电发出“哔”声后无反应

图文解说：此类故障应重点检查显示板电路，具体主要检测 10 个按键（轻触开关）是否不良，该机显示板如图 8-11 所示。确诊后维修或全部换新轻触开关即可排除故障。

※知识链接※　这一类轻触开关按键的铁质触点容易氧化断路，使用寿命短，更换新件时应选择铜质触点的开关。

七、艾美特 CE2076H 型电磁炉不开机

图文解说：此类故障应重点检查电源电路、驱动电路、电流检测电路等相关部位，具体主要检测电源模块 IC901、高频变压器 T901、IGBT、二极管 D103、稳压管 ZD901（18V）、驱动管 S8050、电压比较器 LM339 是否损坏，相关电路如图 8-12 所示。确认后更换损坏的元器件即可排除故障。

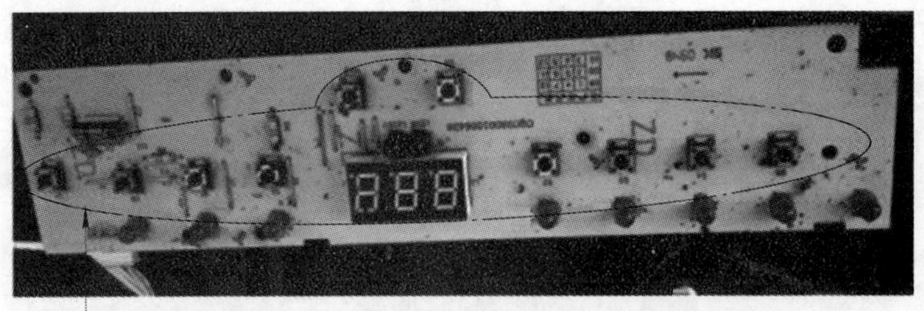

故障点

- 轻触开关多因进水或受潮氧化损坏，将其卸下，去掉上盖4个固定胶，拆开后用3000号水砂除去氧化层，清理干净后，喷上WD40万能润滑防锈剂，最后复原，即可修复

图 8-11 苏泊尔 C19S08 型电磁炉显示板

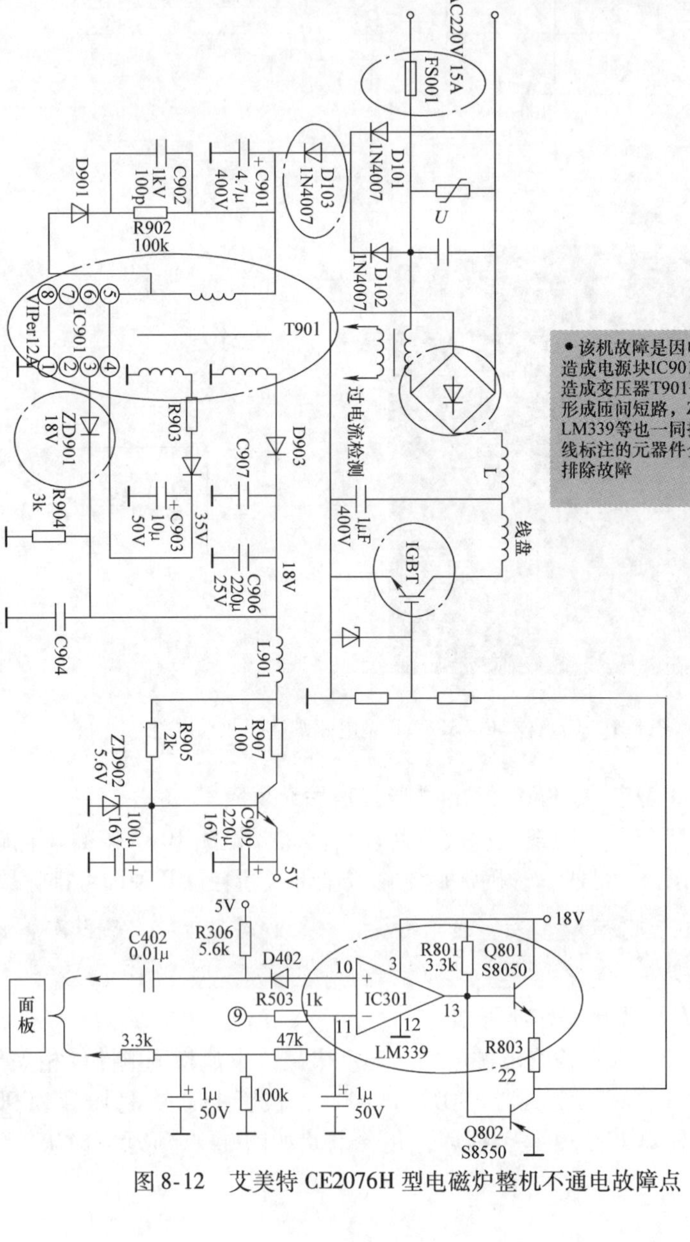

- 该机故障是因电路板进水后造成电源块IC901短路，从而造成变压器T901一次绕组发热形成匝间短路，ZD901、S8050、LM339等也一同损坏，将点画线标注的元器件全部换新即可排除故障

图 8-12 艾美特 CE2076H 型电磁炉整机不通电故障点

※知识链接※　高频变压器 T901 为难购元器件，可采用如下方法修复：

1）首先将其卸下，用吹风机加热，待胶带变软时慢慢揭开，轻轻摇动 E 形磁心，从上、下方向分别退出。

2）把最后一层 T901 一次绕组拆下，若测其直流电阻为 3.3Ω，且仔细观察有多处已露出鲜亮铜色，则应是匝间短路。

3）用相同线径漆包线重绕 T901 一次绕组，二次绕组仍用原线圈，浸漆风干后上机即可。

八、格兰仕 CH2122F 型电磁炉指示灯全亮，但不能开机

图文解说： 此类故障应重点检查控制板电路，具体主要检测是否因进水造成控制板电路元器件不能正常工作所致，该机控制板如图 8-13 所示。确诊后用无水酒精清洗控制板即可排除故障。

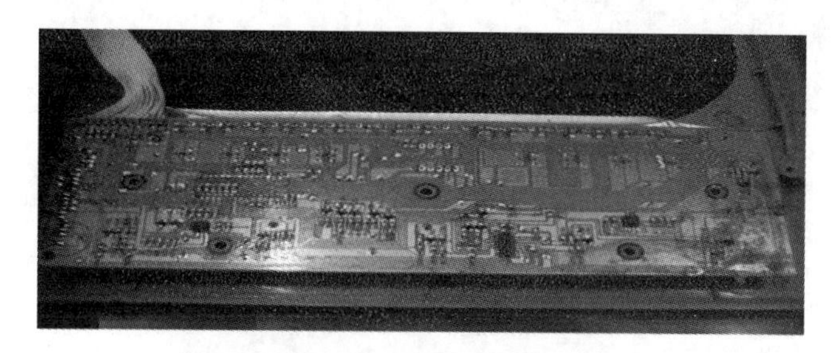

该机控制板按键采用电容触摸感应式控制，用了专用的CPU产生一定频率的电压，工作时经电容将触摸键产生的变化电压送至CPU内部，经CPU处理控制电磁炉主板上的工作状态

图 8-13　格兰仕 CH2122F 型电磁炉控制板正、反面实物

※知识链接※　若控制板电路有污点，造成 18V 电压到 CPU 供电端断路，导致 18V 电压不能到 CPU，引起 CPU 不动作处于保护状态，也会出现类似故障。处理方法是：清洗控制板，用万用表测量断路处，如断路，重新连接断路处即可。

九、格兰仕 C20－F6B 型电磁炉接通电源发出复位声音，但按键不能用，无法开机

图文解说： 此类故障应重点检查控制板电路，具体主要检测薄膜按键开关是否损坏，该机薄膜按键开关如图 8-14 所示。确认后更换薄膜按键开关即可排除故障。

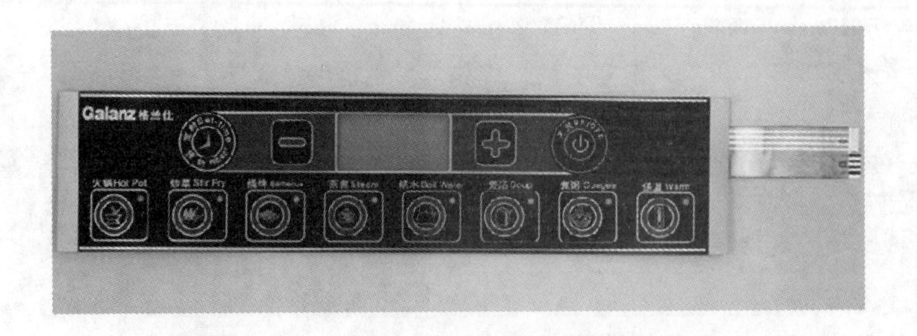

图 8-14 格兰仕 C20－F6B 型电磁炉薄膜按键开关

※知识链接※ 格兰仕 C20－F6B 型电磁炉薄膜按键开关与格兰仕 C18－F6B 型电磁炉可通用。

十、格兰仕 C20－F6B 型电磁炉通电即跳闸

图文解说： 此类故障应重点检查抗干扰滤波电路，具体主要检测电容器 C3（2μF、275V）是否漏电，相关电路如图 8-15 所示。确认后更换损坏的 C3 即可排除故障。

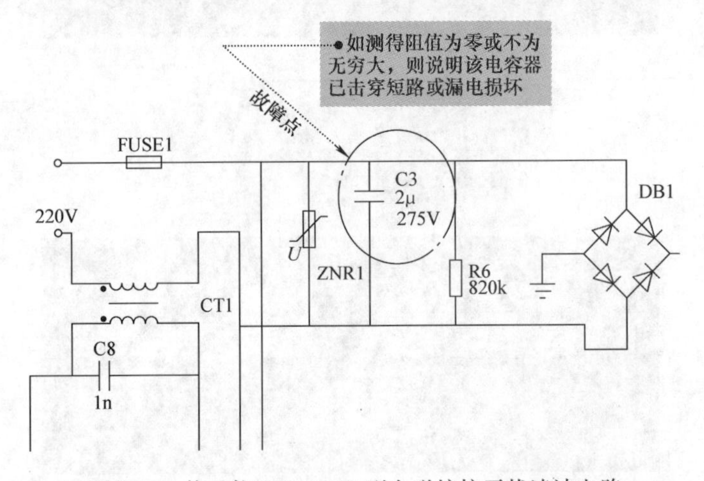

图 8-15 格兰仕 C20－F6B 型电磁炉抗干扰滤波电路

※知识链接※ 电磁炉本身就是一个干扰源，特别是在大功率电磁炉电路中，功率器件整流桥、绝缘栅双极型晶体管（IGBT）会产生大量电磁干扰信号，这些干扰信号能够影响到其他电路以及电网中其他设备的正常运行，同时也会影响到电网的用电安全。

十一、格兰仕 C20－F6B 型电磁炉通电后无反应，5V 电压正常（一）

图文解说： 此类故障应重点检查控制板电路，具体主要检测晶体振荡器 X1（8MHz）是否不良，相关电路如图 8-16 所示。确认后更换同规格晶体振荡器即可排除故障。

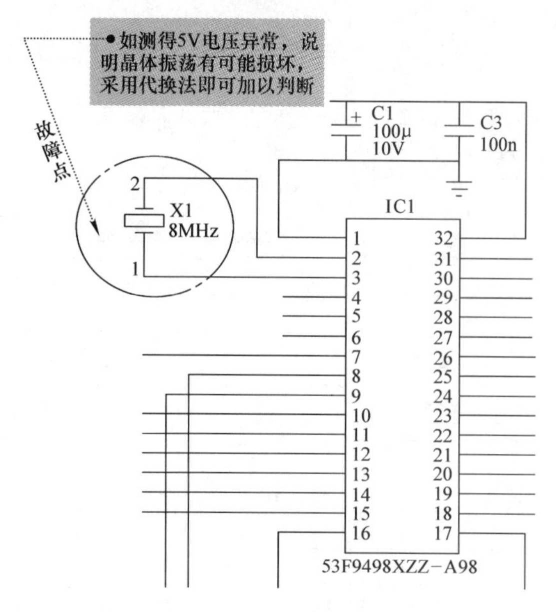

图 8-16　格兰仕 C20－F6B 型电磁炉时钟振荡相关电路

※知识链接※　格兰仕 C20－F6B 型电磁炉故障代码见表 8-2，供维修时参考。

表 8-2　格兰仕 C20－F6B 型电磁炉故障代码

故障代码	代码含义	故障点
E0	内部电路故障	电阻器 R18～R20、R31，电流互感器 CT1，EC5，C25，300V、18V、5V 电源
E1	IGBT 过热	风扇，IGBT 传感器，电阻器 R4，电容器 C4
E2	电网电压超过 250V	二极管 D8，电阻器 R10
E3	电网电压低于 270V	电阻器 R9，二极管 D3、D4，电容器 EC8、C5
E4	炉面温度传感器开路	传感器，插头 CN4
E5	炉面温度传感器短路	传感器，电阻器 R5，插头 CN3 的 TMAIN 脚，电容器 C6
E6	炉面超温或锅具干烧	
E7	IGBT 温度传感器开路	传感器
E8	IGBT 温度传感器短路	传感器，电阻器 R4，电容器 C4
E9	IGBT 过热	
每 3s 响一声	无锅	电流互感器 CT1，整流桥（D10～D13），电容器 EC5、C7

十二、格兰仕 C20－F6B 型电磁炉通电后无反应，5V 电压正常（二）

图文解说：此类故障应重点检查控制板电路，具体主要检测微处理器 IC1（53F9498XZZ－A98）内部是否损坏，相关电路如图 8-17 所示。确诊后更换微处理器 IC1 或控制板总成即可排除故障。

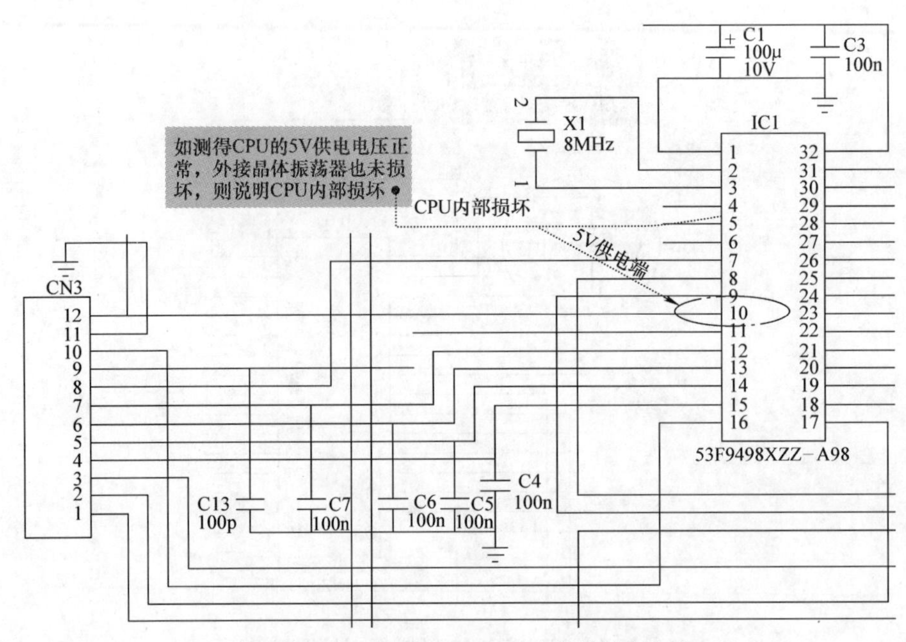

图 8-17　格兰仕 C20－F6B 型电磁炉控制电路

※知识链接※　格兰仕 C20－F6B 型电磁炉芯片测试数据见表 8-3～表 8-5，供维修检测时参考。

表 8-3　LM339 比较器测试数据

测试点（引脚）	电压值/V			测试点（引脚）	电压值/V		
	裸板	待机	无锅		裸板	待机	无锅
1 脚	0	5.2	5.2	2 脚	1.2	1.2	1.2
3 脚	18	18	18	4 脚	0	1.4	1.4
5 脚	4.2	4.2	4.2	6 脚	4.2	4.4	4.4
7 脚	0	4.6	4.6	8 脚	5	4.2	4.2
9 脚	0.4	0.45	0.45	10 脚	0.2	0.4	0.4
11 脚	1.8	2	2	12 脚	0	0	0
13 脚	4.9	5	4.9	14 脚	0	0	0

表 8-4　FSD20C 电源块测试数据

测试点（引脚）	电阻值/kΩ		电压/V
	红表笔	黑表笔	
1～3 脚	0	0	0
4 脚	0	0	0
5 脚	3.6	200	7.2
6 脚（空脚）	—	—	—
7 脚	3.4	无穷大	320
8 脚	3.4		

表 8-5　53F9498XZZ - A98 CPU 测试数据

测试点（引脚）	电压/V			测试点（引脚）	电压/V		
	待机	无锅开机	加热		待机	无锅开机	加热
1 脚	0	0	0	2 脚	2.6	2.6	2.6
3 脚	1.2	1.2	1.2	4 脚（空脚）	—	—	—
5 脚	4.4	4.4	4.4	6 脚（空脚）	—	—	—
7 脚	0	0	4.4	8 ~ 9 脚	0	0	0
10 脚	5.2	5.2	5.2	11 脚	4.9	4.9	4.9
12 脚	0.4	0.4	3	13 脚	4.4	4.4	4
14 脚	3.4	3.4	3.2	15 脚	4.4	4.4	4.2
16 脚	5.2	5.2	2	17 脚	0	4.4	4.4
18 脚	5	5	5	19 脚	0	0	0
20 脚	0	1.3	0	21 脚	0	0	0
22 脚	0	0	1.4	23 脚	0	0.5	0
24 ~ 25 脚	0	0	0	26 脚	5	5.2	5
27 脚	5	5.2	5	28 脚	0.6	0.6	3.4
29 脚	1.8	1.6	0	30 脚	1.6	1.6	1.6
31 脚	1.6	1.6	1.6	32 脚	5.2	5.2	5.2

十三、格兰仕 C20 - F6B 型电磁炉通电后无反应，5V 电压异常

图文解说： 此类故障应重点检查电源电路，具体主要检测电阻器 R103（680kΩ）是否损坏，相关电路如图 8-18 所示。确认后采用同规格 680kΩ 电阻器更换即可排除故障。

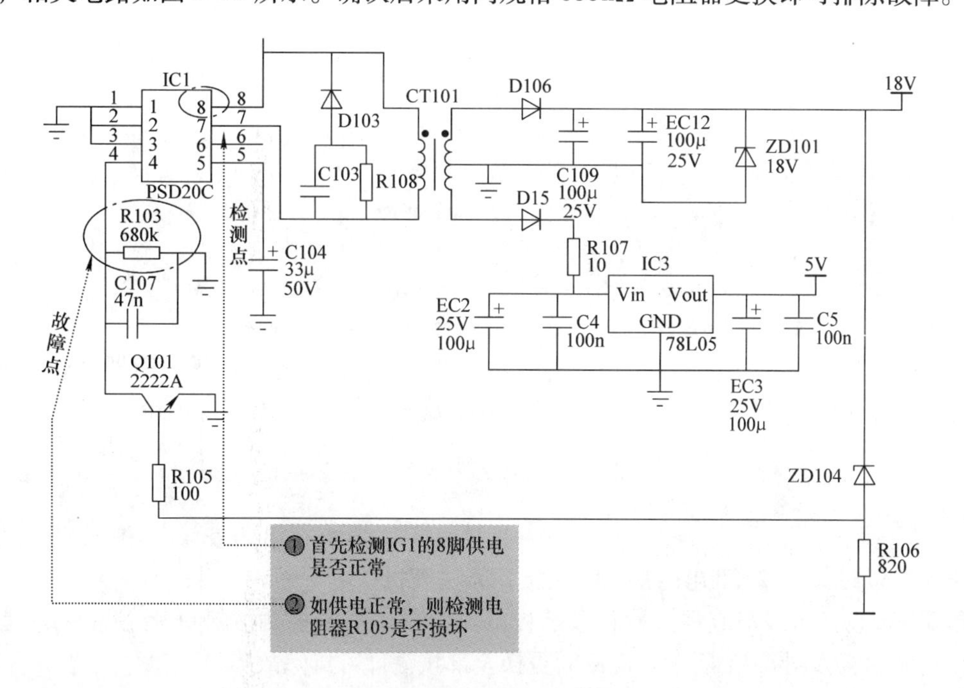

图 8-18　格兰仕 C20 - F6B 型电磁炉电源电路

※知识链接※ 当高频变压器 CT101，晶体管 Q101，二极管 ZD104、D103，电阻器 R105、R108 任意之一损坏也会出现类似故障。

十四、格兰仕 C20－F6B 型电磁炉通电后无反应，熔丝管损坏（一）

图文解说： 此类故障应重点检查市电输入及 LC 振荡电路，具体主要检测功率管是否正常，相关电路如图 8-19 所示。确认后更换相同规格功率管及熔丝管即可排除故障。

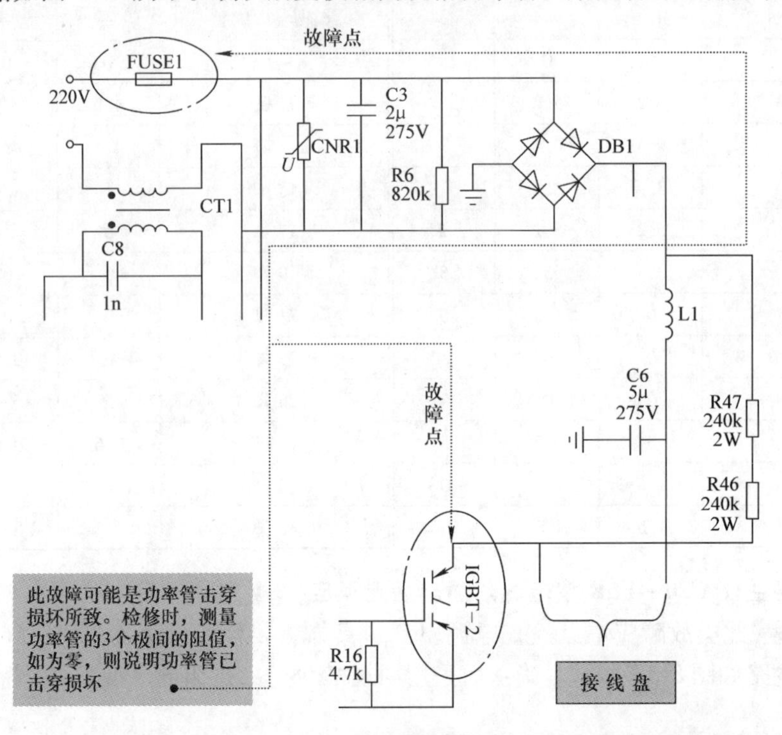

图 8-19　格兰仕 C20－F6B 型电磁炉市电输入及 LC 振荡电路

※知识链接※ 功率管损坏后，有必要先对驱动电路、高压保护电路、同步电路及 300V 滤波电容器和谐振电容器进行排查，不要盲目更换、试机，以免换上的元器件再次损坏。

十五、格兰仕 C20－F6B 型电磁炉通电后无反应，熔丝管损坏（二）

图文解说： 此类故障应重点检查市电输入电路，具体主要检测压敏电阻器 ZNR1 是否击穿，相关电路如图 8-20 所示。确认后更换 ZNR1 及熔丝管 FUSE1 即可排除故障。

※知识链接※ 压敏电阻器的作用是防止电压过高，起到限压的作用，当高电压来临时击穿，对电路起到保护作用。

十六、乐邦 LP－20 型电磁炉按键失灵，无法开机

图文解说： 此类故障应重点检查显示板电路，具体主要检测按键（轻触开关）是否损坏，该机显示板如图 8-21 所示。确诊后更换全部按键即可排除故障。

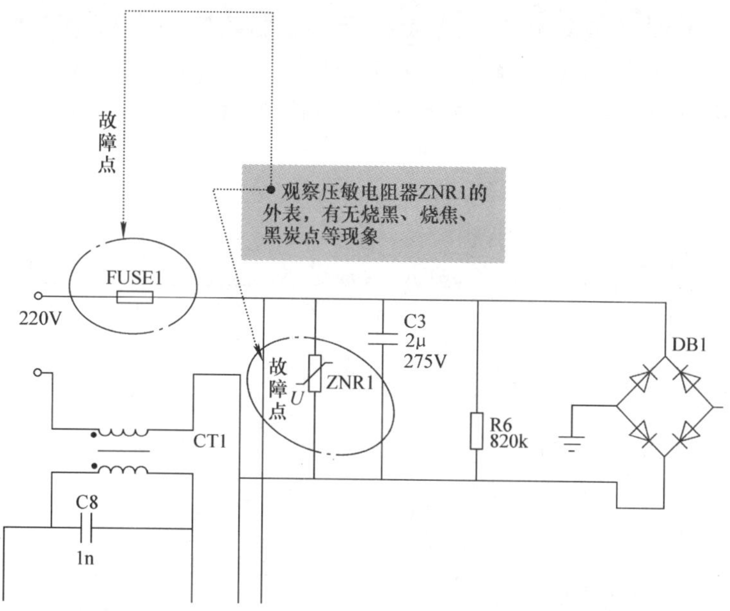

图8-20　格兰仕C20－F6B型电磁炉市电输入电路

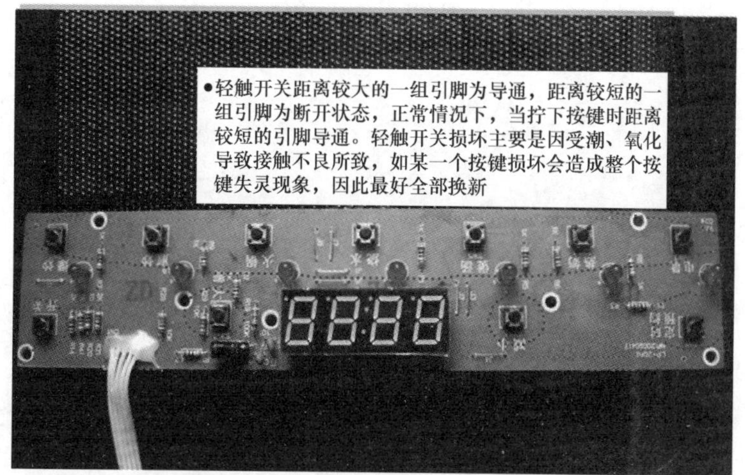

图8-21　乐邦LP－20型电磁炉显示板

※知识链接※　因氧化损坏的轻触开关，最好是拆开后用3000号水砂除去氧化层，清理干净后，喷上WD40万能润滑防锈剂，经这样处理过的按键不易再氧化，甚至比新的耐用。

十七、美的 SY191 型电磁炉无反应，LED 和发光数码管均不亮，所有按键均不起作用

图文解说： 此类故障应重点检查控制电路，具体主要检测电阻器 R23（330kΩ）是否不良，相关电路如图 8-22 所示。确诊后更换 R23 即可排除故障。

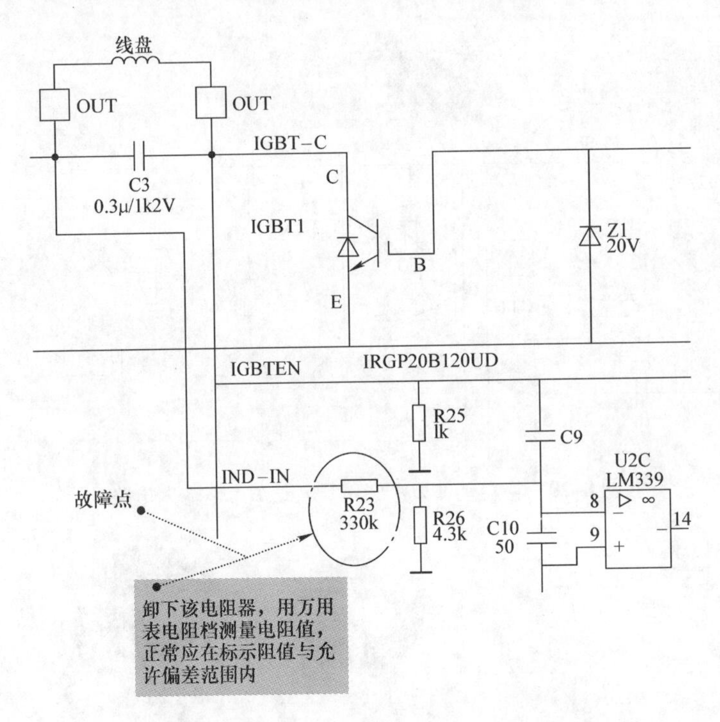

图 8-22 美的 SY191 型电磁炉控制电路电阻器 R23 相关电路

※知识链接※ 控制电路电阻器 R22、R24、R27，晶体管 Q9（S8050），集成电路 U2（LM339）不良也会出现类似故障。

十八、美的 C21 – RK2101 型电磁炉熔丝熔断

图文解说： 此类故障应重点检测电源电路。具体主要检查电源二极管 D1、D2 是否击穿，如图 8-23 所示。确认后采用 1N4007 二极管代换即可排除故障。

※知识链接※ 该机主板型号为 TM – S1 – 01 – A，主控芯片为 HIGHWAY09A。C21 – RK2101、C21 – FK2101、C21 – RK2102 型美的电磁炉的主板（TM – S1 – 01A、TM – S1 – 01A – A、TM – S1 – 01A – B、TM – S1 – 01A – E）一般情况下可互相代换。

十九、美的 C21 – RT2121 型电磁炉不亮灯，触摸无提示音，完全不能操作

图文解说： 此类故障应重点检查触控板电路，具体主要检测集成电路 SM1668 的 2 脚相连用于跳线的 0Ω 电阻器 RJ001 是否断路，相关电路如图 8-24 所示。确认后更换 RJ001 即可排除故障。

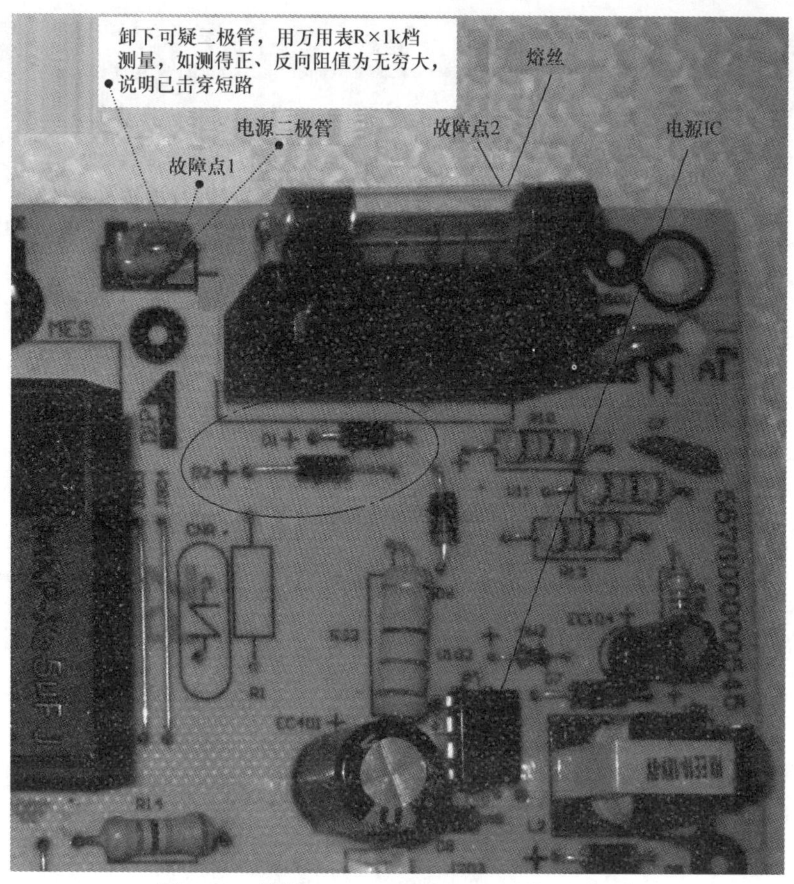

图8-23　美的C21－RK2101型电磁炉电源电路

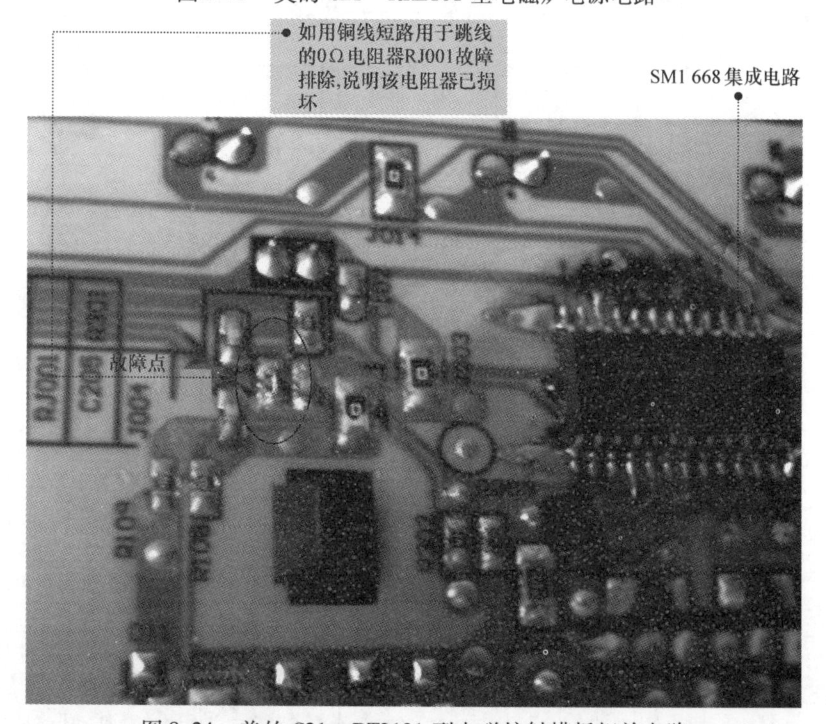

图8-24　美的C21－RT2121型电磁炉触摸板相关电路

※知识链接※ SM1668集成电路是一种带键盘扫描接口的LED驱动控制专用电路，采用SOP24、SSOP24，内部集成有MCU数字接口、数据锁存器、LED驱动、键盘扫描等电路，且在输入端口内置上拉电阻，可在应用方案中省去外部上拉电阻。集成电路SM1668内部功能框图如图8-25所示，各引脚定义及功能见表8-6，供检修时参考。

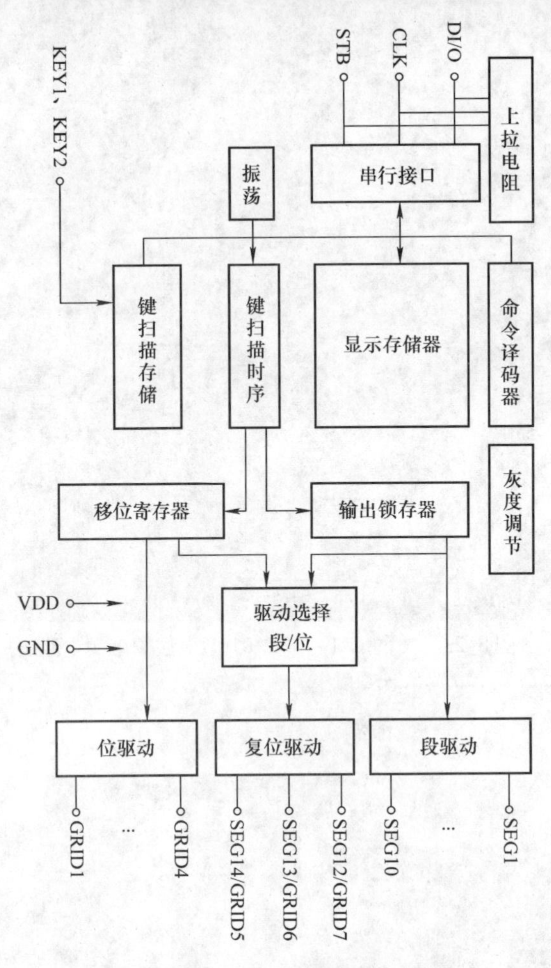

图8-25 SM1668集成电路内部功能框图

表8-6 SM1668集成电路引脚定义及功能

引脚名称（序号）	引脚定义	引脚功能（说明）
OI/O（1脚）	数据输入/输出	内置上拉电阻。在时钟下降沿输出串行数据，从低位开始；在时钟上升沿输入串行数据，从低位开始
CLK（2脚）	时钟输入	内置上拉电阻。在上升沿读取串行数据，下降沿输出数据
STB（3脚）	数据传输控制脚	内置上拉电阻。在下降沿初始化串行接口，随后等待接收指令。STB为低后的第一个字节作为接收指令，当STB为高时，CLK被忽略

（续）

引脚名称（序号）	引脚定义	引脚功能（说明）
KEY1～KEY2（4～5脚）	键扫描信号输入	键扫信号在显示周期结束后被锁存
KEG1/KS1～SEG10/KS10（7～16脚）	段输出	P管开漏输出，引脚也用于键扫描
SEG12/GRID7～SEG14/GRID5（17～19脚）	段/位输出	段/位驱动输出
VDD（6脚）	逻辑电源	5V（±10%）
GRID3～GRID4（20～21脚）	位输出	N管开漏输出
GND	逻辑地	芯片地
GRID1～GRID2（23～24脚）	位输出	N管开漏输出

※知识链接※　SM1668集成电路损坏可采用TM1668、MC2102D代换。

二十、美的C21－ST2110型电磁炉加热过程中自动“减”温，一会儿关机

图文解说：此类故障应重点检查显示板电路，具体主要检测显示板是否积留大量油污，造成漏电所致，该机显示板清洗前后对比如图8-26所示。确认后用毛刷沾上酒精清洗显示板，并用电吹风吹干即可排除故障。

图8-26　清洗受油污影响的美的C21－ST2110型电磁炉显示板

※知识链接※ 该机IGBT附近装的同步电阻器（位置一般在散热片与风扇进风口处，见图8-27）上油污过多也容易造成漏电，故障表现为断续加热或不加热。拆机后用天那水、汽油或酒精清洗一般可排除故障。

右上部为散热风扇进风口，最容易积留油污，造成漏电，导致软故障

图8-27 美的C21－ST2110型电磁炉主板受油污影响位置

二十一、美的TD－EH322T型商用电磁炉开机无反应

图文解说： 此类故障应重点检查面板控制电路，具体主要检测10档旋钮开关UR2是否失效，相关电路如图8-28所示。确认后维修或更换UR2即可排除故障。

※知识链接※ 该机旋钮开关UR2和所串电阻等，实际等同于一只带开关的步进式电位器的功能，因此，如一时找不到同型号旋钮开关，也可采用一只X形（线性）和带有开关（可关断）型轴调式27kΩ左右的电位器代换。

二十二、金肯B型（三台机心）指示灯无显示，且不能开机

图文解说： 此类故障应重点检查电源是否正常，具体主要检测电源线是否脱落，该机电气接线图及注意事项如图8-29所示。确诊后重新连接好电源线即可排除故障。

※知识链接※ 金肯商用电磁炉（B型）故障显示及检修方法见表8-7，供检修时参考。

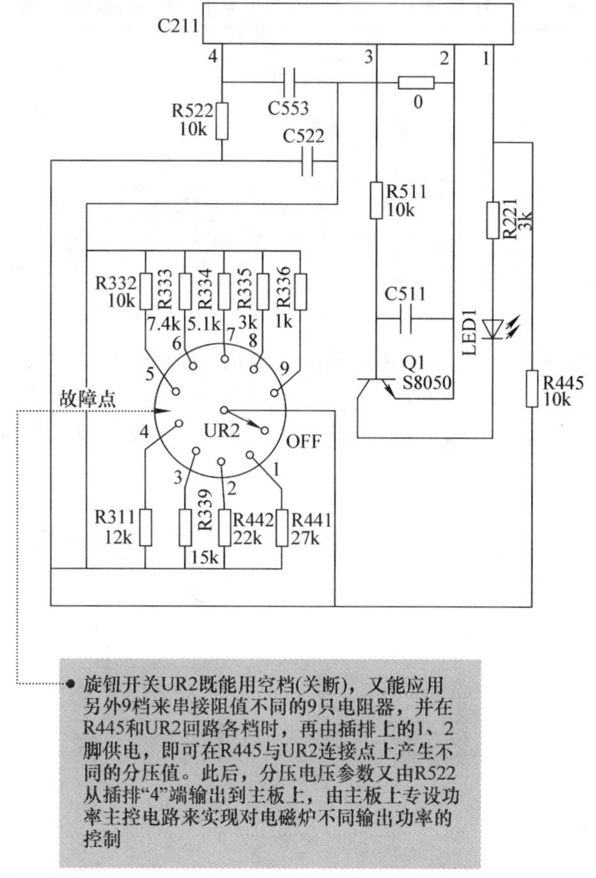

旋钮开关UR2既能用空档(关断)，又能应用另外9档来串接阻值不同的9只电阻器，并在R445和UR2回路各档时，再由插排上的1、2脚供电，即可在R445与UR2连接点上产生不同的分压值。此后，分压电压参数又由R522从插排"4"端输出到主板上，由主板上专设功率主控电路来实现对电磁炉不同输出功率的控制

图8-28　美的TD－EH322T型商用电磁炉面板旋钮开关UR2相关电路

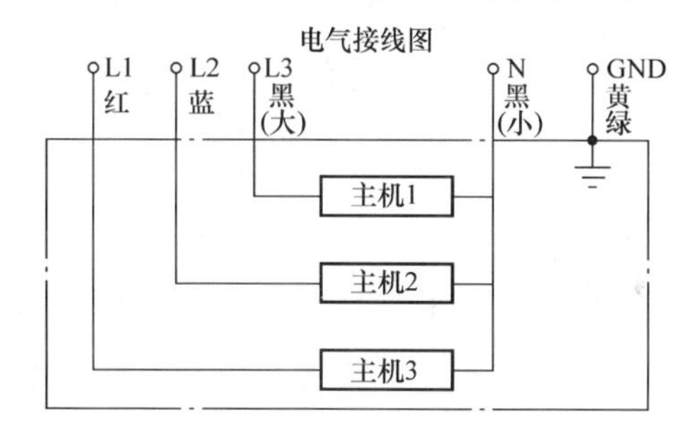

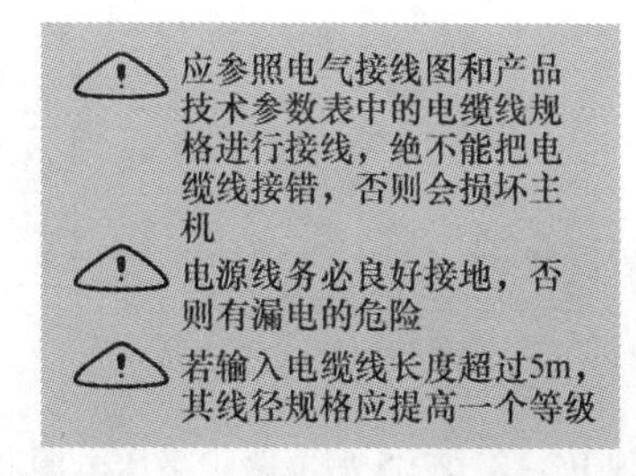

图8-29　金肯B型（三台机心）电气接线图及注意事项

表 8-7　金肯商用电磁炉（B 型）故障显示及检修方法

指示灯显示现象	显示含义（原因）	检修方法
无指示灯	没有电源、熔丝烧坏	检查电源、更换熔丝
红灯缓慢闪烁	无锅指示（无锅具或锅具不合适）	检查锅具是否为供应商提供的配套锅具
指示灯一直绿灯，不会转红灯	加热开关损坏	更换加热开关
“嘟”一声后，红绿灯交替闪烁	过热保护（IGBT 过热或炉面过热）	风扇停转、进风口阻塞
“嘟”一声后绿灯闪烁	过电压保护（电网电压过高）	检查电网电压是否过高
急促的“嘟、嘟、嘟”声	过电流保护（输出的电流过大）	检查电网是否有较大的干扰源、检查锅具是否为供应商提供的配套锅具

二十三、松桥牌 IC－KH2105 型电磁炉，蒸煮时间过长后出现不通电情况

图文解说：此类故障应重点检查高压电源和副电源电路，具体主要检测插件 CNN 内的温度熔丝（1A、150℃）是否熔断，相关电路如图 8-30 所示。确认后更换参数相同的温度熔丝即可排除故障。

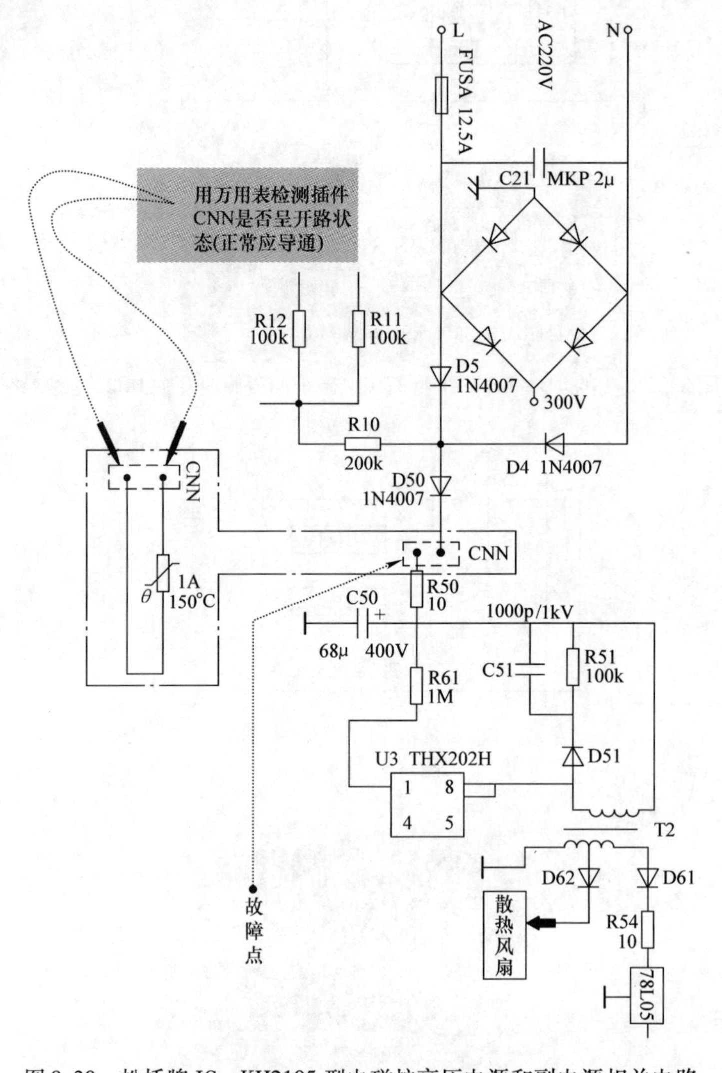

图 8-30　松桥牌 IC－KH2105 型电磁炉高压电源和副电源相关电路

※知识链接※

1）该机副电源由U3（THX202H）与开关变压器T2等元器件构成，提供本机所需的5V、18V电压。此类故障如果检测U3的8脚、C50正极和R50两端均无300V直流电压，而D50两端却有电压，则可判断故障部位应为D50与R50之间的插件CNN内部的温度熔丝。

2）该机的上盖板用的是类似于光波炉用的红外盖板，盖板内侧的四周（对应线盘的位置呈正方形的四边）有一扁金属条框，用塑料卡固定，在其内侧的左上角有一斜拉塑料板条，CNN插件就安放在塑料板条与盖板之间，并用胶固定紧贴上盖板。

二十四、富士宝IH－H215T型电磁炉自检声正常，但触摸按钮失灵

图文解说：此类故障应重点检查主板电源电路，具体主要检测与7805稳压管相接的220μF、16V滤波电容器是否不良，检修步骤示意图如图8-31所示。确认后更换220μF、16V滤波电容器即可排除故障。

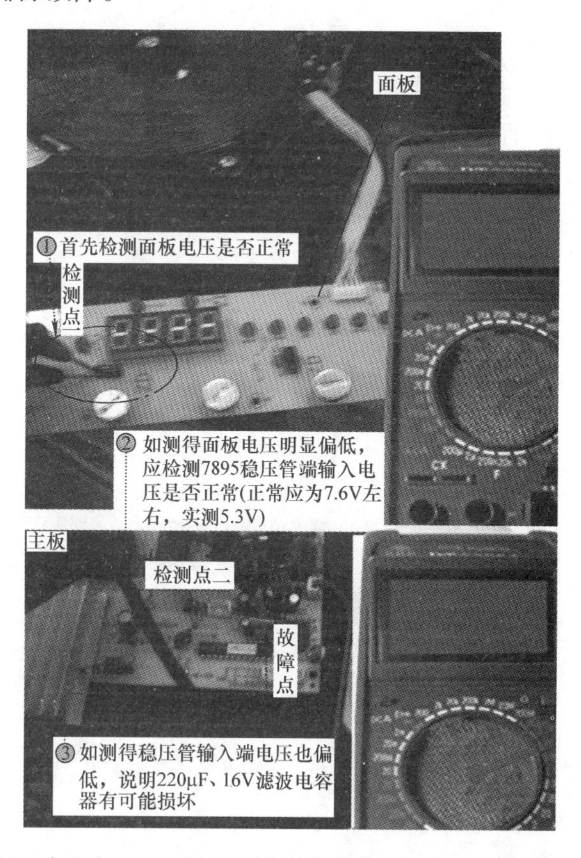

图8-31　富士宝IH－H215T型电磁炉触摸按钮失灵检修步骤示意图

※知识链接※　该机电源电路中与7805稳压管相接的220μF、16V滤波电容器不良，造成5V电压不稳定（偏低），出现自检声正常但按键失灵故障。正常情况下，实测5V电压滤波电容器输入端应为7.6V左右，输出端应为4.94V左右。

二十五、富士宝 IH－P190B 型电磁炉开机不久就死机

图文解说：此类故障应重点检查市电输入电路、整流滤波电路、高频谐振电路及门控管推挽驱动电路，具体主要检测熔丝管 FU（250V、10A）、整流桥堆 UR（D15×B60）、IGBT（SG40N150）、驱动管 VT1（8550）、VT2（8050）是否正常，相关排查点如图 8-32 所示。确认后更换上述损坏元器件即可排除故障。

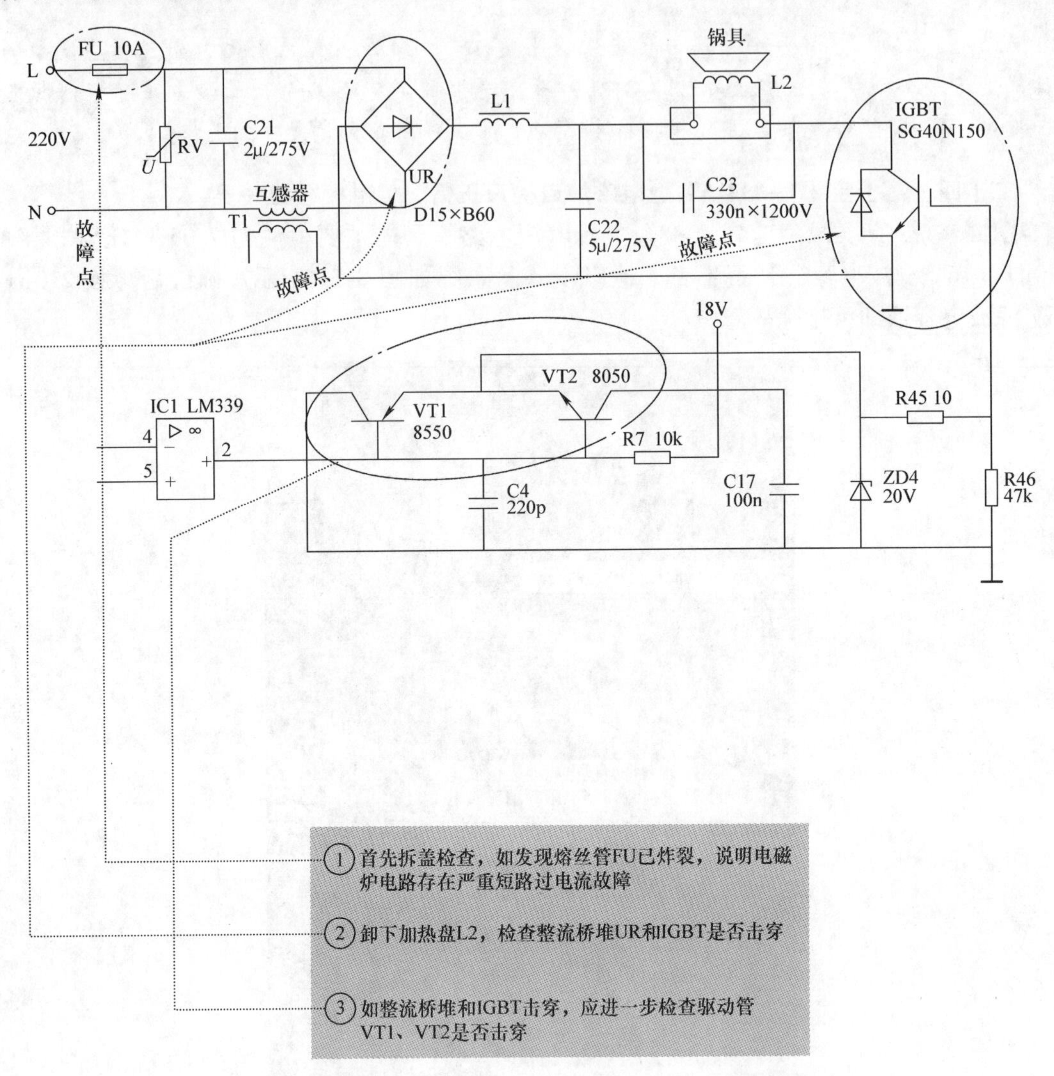

图 8-32　富士宝 IH－P190B 型电磁炉开机不久就死机故障排查点

※知识链接※　该机死机故障是由于驱动管 VT1、VT2 被击穿，造成 IGBT 的栅极（G）驱动信号过高而使其击穿，引起 UR、FU 也损坏。

二十六、富士宝 IH－P190B 型电磁炉指示灯亮，但整机不工作

图文解说：此类故障应重点检查电源电路，具体主要检测 5V 稳压管 VLT（7805）是否正常，相关电路如图 8-33 所示。确认后更换 7805 稳压管即可排除故障。

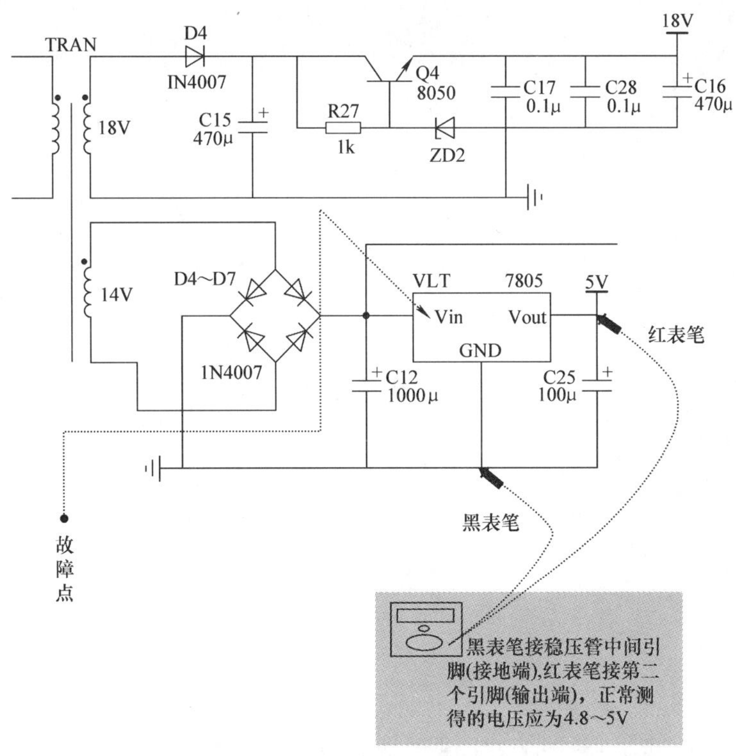

图8-33 富士宝 IH－P190B 型电磁炉电源电路中7805 稳压管相关电路

※知识链接※ 该机稳压管 VLT（7805）损坏是因电源电路、系统控制电路异常所致，故障消除后，有必要对两电路元器件进行复查。

二十七、格力 GC－2046 型电磁炉（4 系列）开机后灯板显示正常但不加热

图文解说： 此类故障应重点检查灯板电路，具体主要检测排线 J7 第 2 脚 5V 电压是否正常，灯板 IC 是否不良，如 5V 电压正常，说明灯板或灯板 IC 损坏，相关电路如图 8-34 所示。确认后更换灯板或灯板 IC，即可排除故障。

※知识链接※

1）该机灯板显示正常，但不加热故障的检修流程如图 8-35 所示。

2）实际维修中，C003 损坏造成显示正常但不加热故障，在该机型中时常出现，为该机通病。

二十八、格力 GC－16 型电磁炉开机后程序显示错乱

图文解说： 此类故障应重点检查主控电路，具体主要检测微处理器 IC1（80C49）的 2、3 脚外接的晶体振荡器是否漏电或不良，相关电路如图 8-36 所示。确认后采用 6.0kHz 晶体振荡器代换即可排除故障。

※知识链接※

1）微处理器 IC1（80C49）本身损坏，或其 4 脚外接的电容器 C3（0.1μF）性能变差或失容也会出现类似故障。微处理器 IC1（80C49）损坏概率较低，如损坏，可采用同类主控芯片 EM8049 代换。

2）格力 GC－16 型电磁炉主要元器件的代换见表 8-8，供检修时参考。

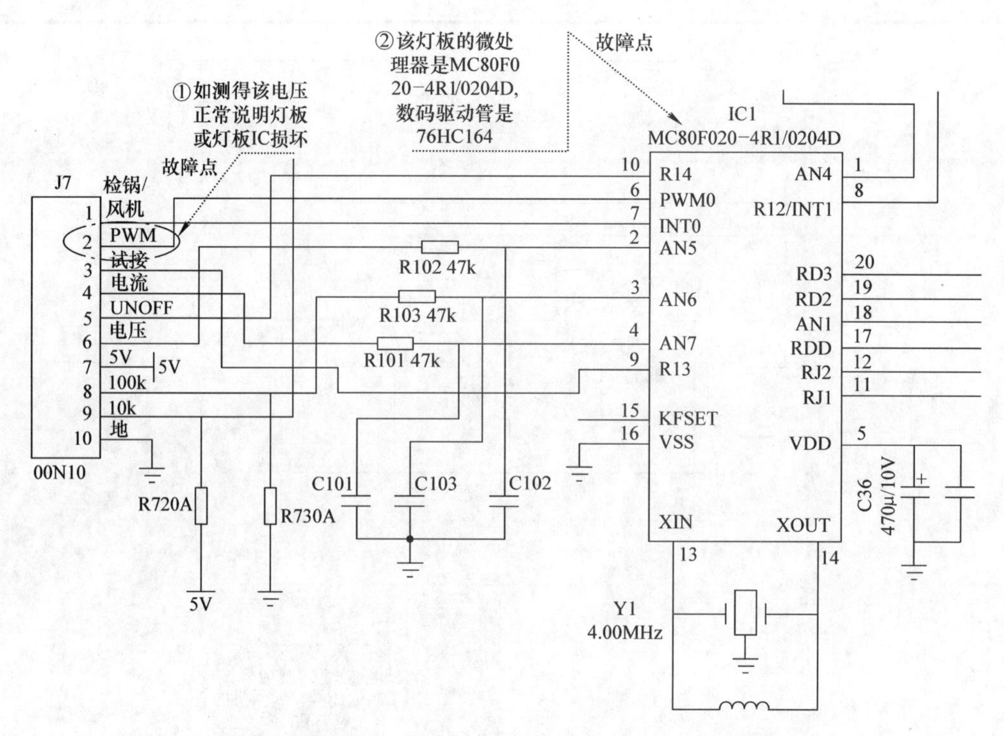

图 8-34　格力 GC－2046 型电磁炉（4 系列）灯板电路

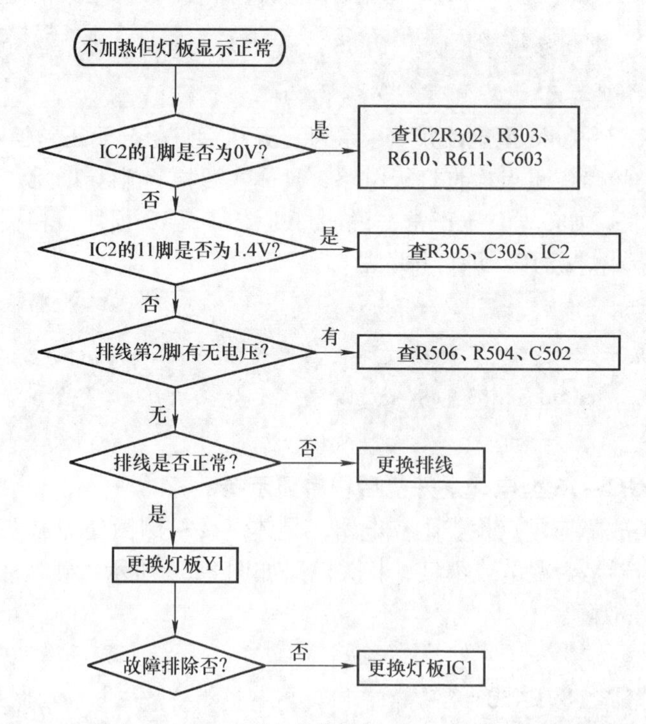

图 8-35　格力 GC－2046 型电磁炉灯板显示正常但不加热检修流程

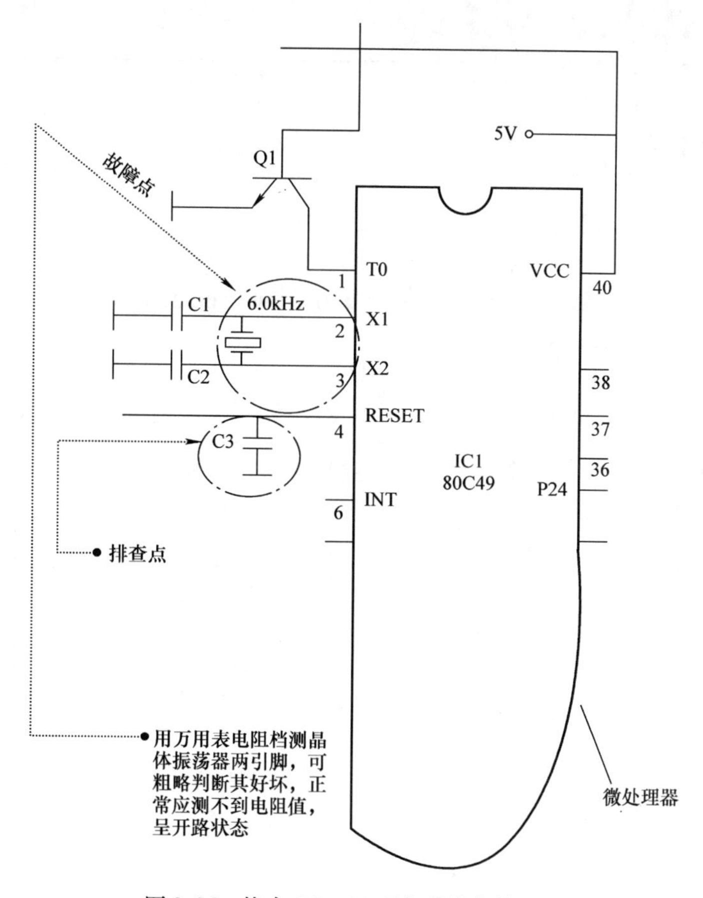

图8-36　格力GC－16型电磁炉主控电路

表8-8　格力GC－16型电磁炉主要元器件的代换

原件型号	相关参数	可代换型号	备注
IC1（80C49）	40脚双列直插封装，5V供电	EM8049	
IC2（DM7407N）		HD7407、SN7047、MC7407、N7407	
IC4（74LS145）		N74LA145	
IC5、IC6（LM339）	14脚双边排列，10V供电	AN6912、LA6339D、LM1139、LM239、LM3901、TA75339P、NJM2901D、MB4024	
IGBT（GT40T101）	BV_{CBO}≥1500V P_{CM}≥100W I_{CM}≥7A H_{FE}≥40	SEC－G40N150D、SGL40N150D、40T301	代换时须在c、e极间接反压≥1300V快恢复二极管一只
M（散热风扇）	（5W、8W）2500r/min；采用AC200V供电电动机，直流电阻值为480～510Ω；采用12V直流供电的电动机电阻值为30～40Ω	采用相应散热风扇代换；也可重新绕制	重新绕制时，应采用高强度漆包线，并做好绝缘处理，绕制圈数约为500T

（续）

原件型号	相关参数	可代换型号	备注
Q201、Q203、Q204、Q703（D667）	BV_{CBO}≥160V I_{CM}≥1.0A P_{CM}≥0.3W	2SC2383、2SC3228、2SD18123、DA88C	
Q2、Q301、Q5、Q501、Q602、Q16	NPN 型晶体管 BV_{CBO}≥60V P_{CM}≥0.5W I_{CM}≥0.1A f≥250MHz	3DG120B、3DG4312、DG945、BC546、BC547、BC582、2N2220、2N2221、2N2222	

二十九、格力 GC－2046 型电磁炉（4 系列）开机无反应

图文解说： 此类故障应重点检查整流滤波模块，具体主要检测熔丝管 FS001 是否烧断、整流桥堆 BR001 是否击穿，相关电路如图 8-37 所示。确认后更换损坏的元器件即可排除故障。

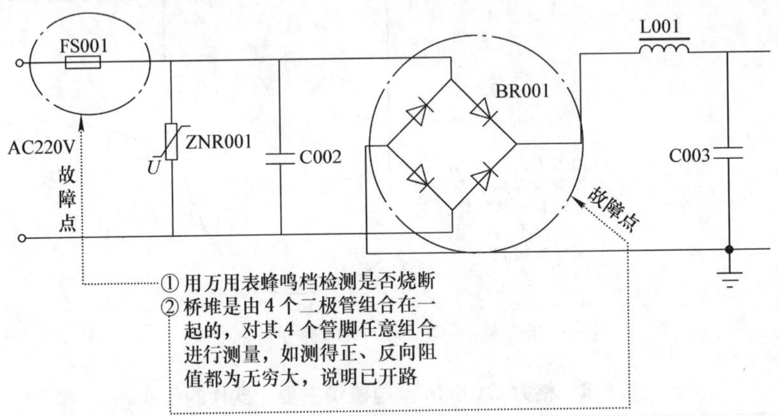

图 8-37 格力 GC－2046 型电磁炉（4 系列）整流滤波电路

※知识链接※ 整流滤波模块主要是进行 AC－DC 变换。其工作原理是：220V 交流电经整流桥堆 BR001 变换成脉冲直流电，经电感线圈 L001 和电容器 C003 滤波后输出平滑的直流电。

三十、格力 GC－16 型电磁炉开机即烧熔丝管

图文解说： 此类故障应重点检查主电源电路，具体主要检测储能电容器 C102（5μF、400V）是否击穿短路，相关电路如图 8-38 所示。确认后更换 C102 即可排除故障。

※知识链接※ 开机烧熔丝管，首先应观察熔丝烧损的严重程度，根据经验一般有两种情况：一是熔丝烧断的痕迹严重，且发黑或炸裂，表明电路中存在着严重的短路故障，应重点检测大功率高速开关管 IGBT（GT40T101）、主电源滤波电容器（储能电容器）C102（5μF、400V）、续流二极管 D01（SS53）是否击穿短路等，其中 IGBT 故障率最高；二是熔丝烧断的痕迹相对轻一些，只是烧断开一段或一定间隙。这种短路故障现象表明，故障的短路程度相对要轻一些，一般故障部位多发生在低压电源电路或相关负载电路中，应重点检测某组稳压电路中调整晶体管、稳压二极管、输入或输出端的滤波电容器等其中某一元器件有击穿短路。

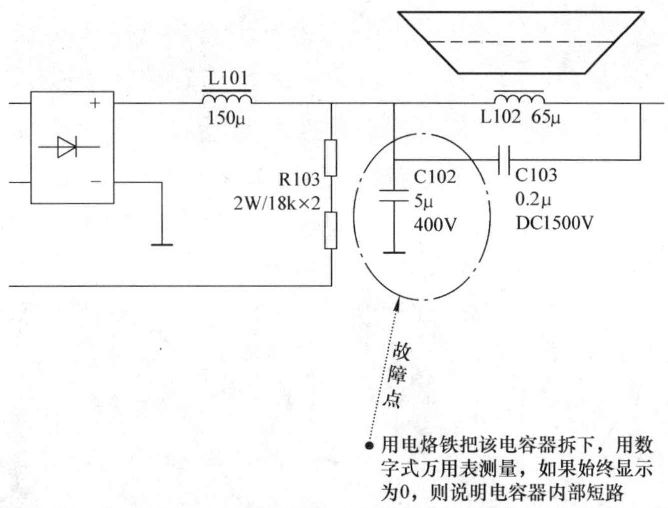

图8-38　格力GC－16型电磁炉主电源储能电容器C102相关电路

三十一、奔腾PC18D型电磁炉熔丝管完好，开机无反应

图文解说：此类故障应重点检查电源电路，具体主要检测二极管D15是否不良，相关电路如图8-39所示。确认后更换D15即可排除故障。

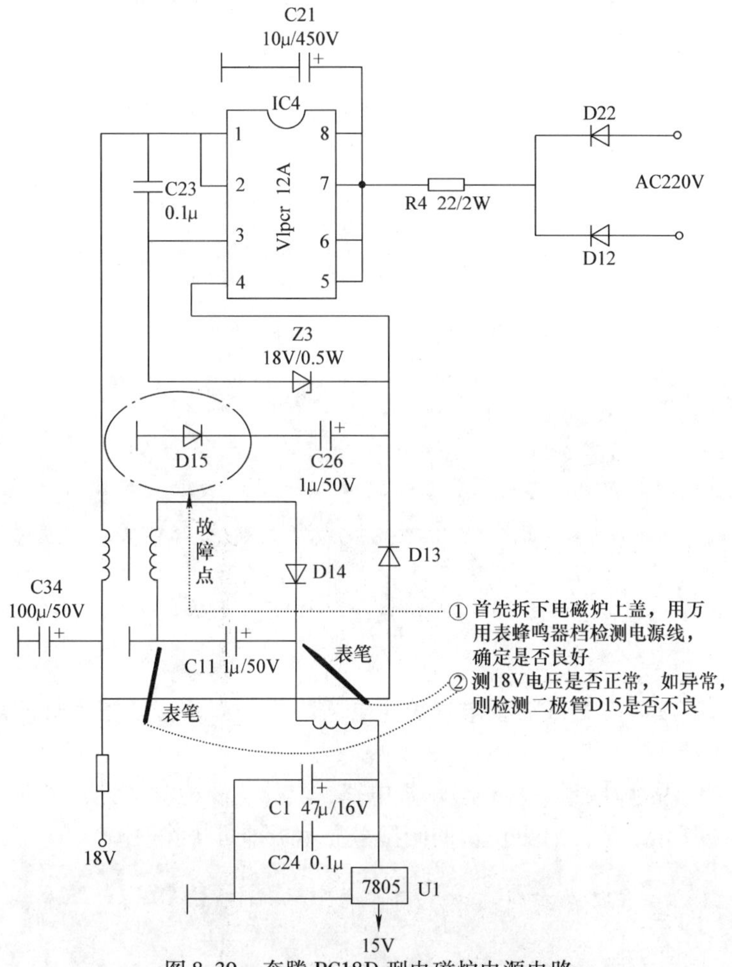

图8-39　奔腾PC18D型电磁炉电源电路

※知识链接※ 电磁炉熔丝管完好，说明机内高压部分无严重短路，应重点对低压电源部分进行检测。特别是低压控制部分元器件损坏造成无 18V、5V 电压，包括电源集成电路 VIPER 12A、三端稳压管 7805 损坏也会出现类似故障。

三十二、九阳 21GS08 型电磁炉开机后触摸面板所有指示灯全无显示，不能执行任何操作

图文解说： 此类故障应重点检查显示板电路，具体主要检测控制芯片是否损坏，显示板如图 8-40 所示。确认后更换控制芯片即可排除故障。

图 8-40　九阳 21GS08 型电磁炉显示板

※知识链接※ 该故障可从以下几个方面来判别故障部位：

1）如果开机时能听到“嘀”声，说明主板电源、复位、显示板电路 5V 电压均正常。

2）用示波器测量显示板芯片引脚上有无主板送来的方波数据波形。

3）分别检测：100μF、220μF 几个电容器的电容量是否正常；所有发光二极管是否正常；4148 二极管是否正常。

如果测试以上部位均正常，则可判断显示板控制芯片损坏，更换新的同型号显示板即可。

三十三、九阳 JYC－21ES10 型电磁炉通电“嘀”一声，全部指示灯闪烁，按开关键不开机

图文解说： 此类故障应重点检查显示板电路，具体主要检测按键扫描芯片是否损坏，相关电路如图 8-41 所示。确诊后更换新的同型号显示板即可排除故障。

※知识链接※ 该机显示板为六线排线，可与九阳 JYC－21HS10 通用，如图 8-42 所示。

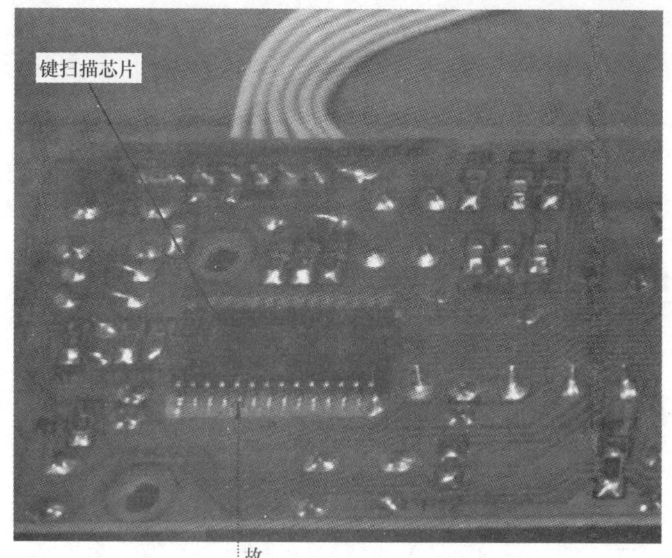

图8-41　九阳JYC－21ES10型电磁炉键扫描芯片

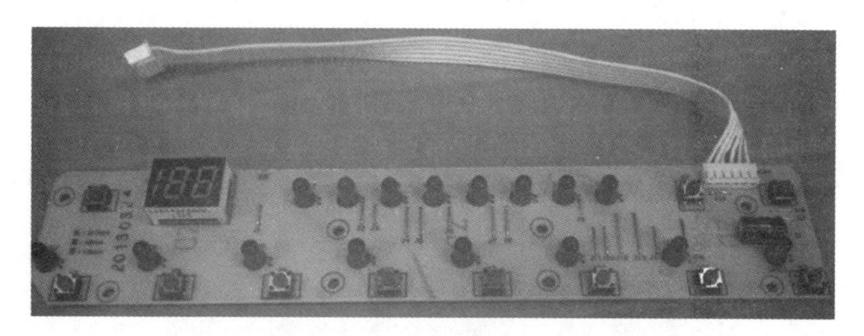

图8-42　九阳JYC－21HS10/21ES10电磁炉通用显示板

三十四、九阳JYC－19BE5－X型电磁炉不能开机

图文解说： 此类故障应重点检查显示板电路，具体主要检测按键上拉电阻R20是否断路，相关电路如图8-43所示。确认后更换R20（10kΩ）即可排除故障。

※知识链接※　该故障可按以下操作步骤进行检修：

1）首先上电检测电源电压部分是否正常。

2）检测单片机工作条件是否具备。

3）检测显示板上的按键上拉电阻R20是否断路，如测得一端有5V电压，而另一端却无电压，应脱焊下R20，如检测其阻值为无穷大，表明已断路。更换R20（10kΩ）后，故障排除。

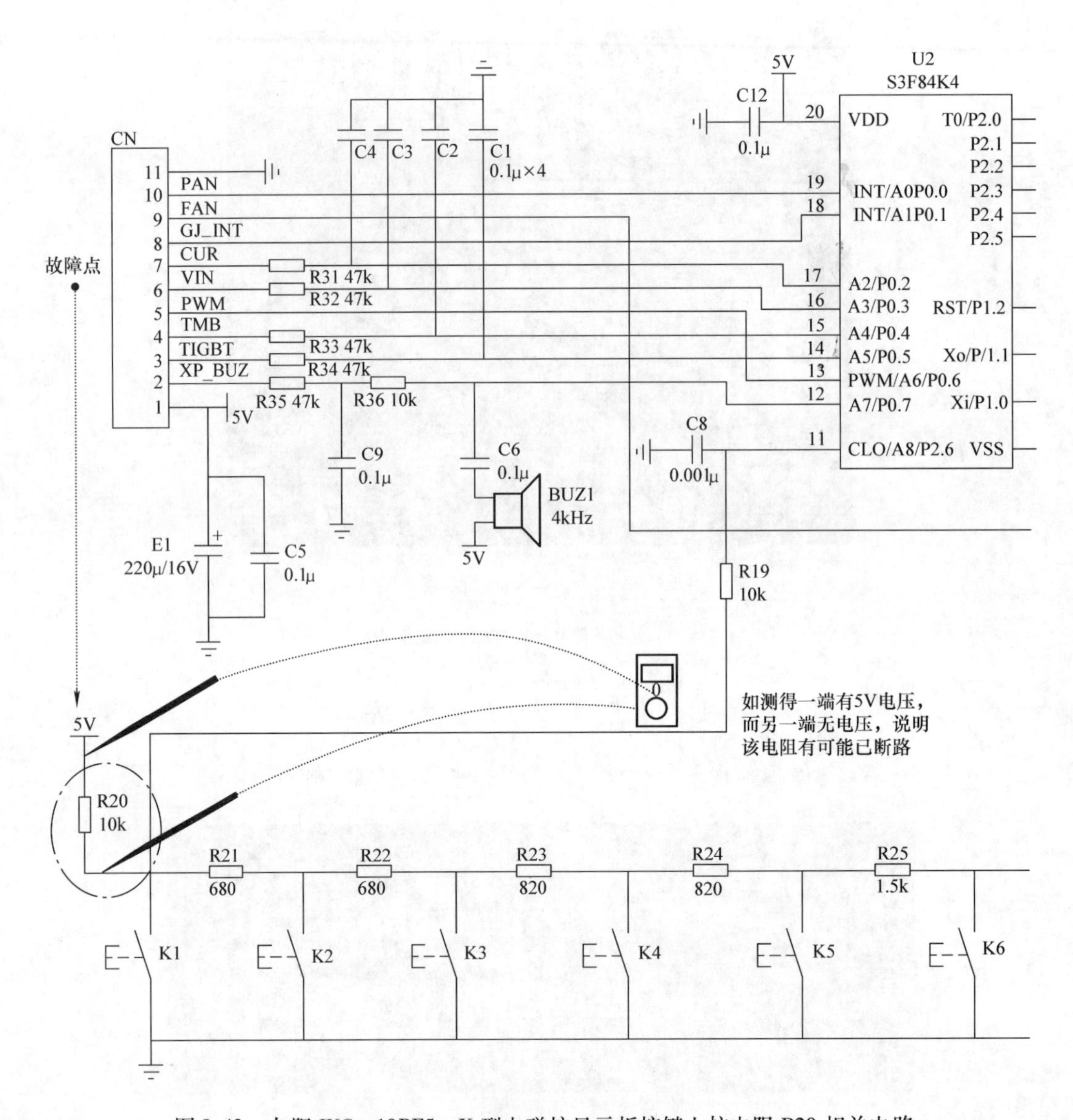

图 8-43　九阳 JYC－19BE5－X 型电磁炉显示板按键上拉电阻 R20 相关电路

三十五、九阳 JYC－21BS3 型电磁炉通电后显示板无反应

图文解说：此类故障应重点检查显示板电路，具体主要检测显示板 XL1（4MHz）晶体振荡器是否不良，相关电路如图 8-44 所示。确认后更换损坏的晶体振荡器即可排除故障。

※知识链接※

1）怀疑晶体振荡器损坏，最好直接代换来确认故障，不要带电直接测量晶体振荡器引脚电压，以免造成爆机故障。可采用示波器测量其是否起振，操作方法是：负探头接地，正探头接晶体振荡器的正端，正常情况下，示波器会有相关频率的正弦波和频率值。

2）电磁炉电路通常采用 4MHz、8MHz、10MHz、12MHz 晶体振荡器，代换的晶体振荡器型号、参数应一致，反之会影响晶体振荡器的起振和显示性。

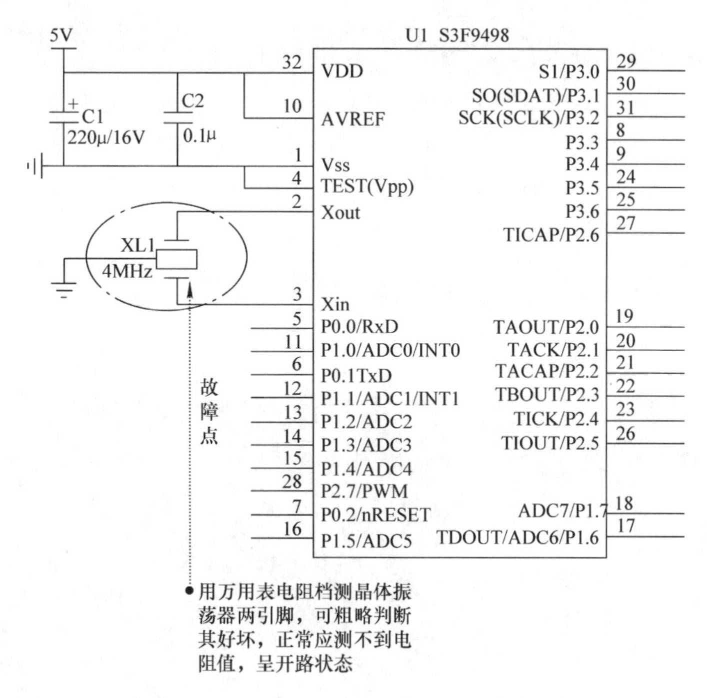

图 8-44　九阳 JYC－21BS3 型电磁炉显示板晶体振荡器相关电路

三十六、九阳 JYC－21CS21 型电磁炉通电后显示板上的灯一直亮

图文解说：此类故障应重点检查显示板电路，具体主要检测微处理器是否损坏，该机显示板微处理器如图 8-45 所示。确认后更换微处理器即可排除故障。

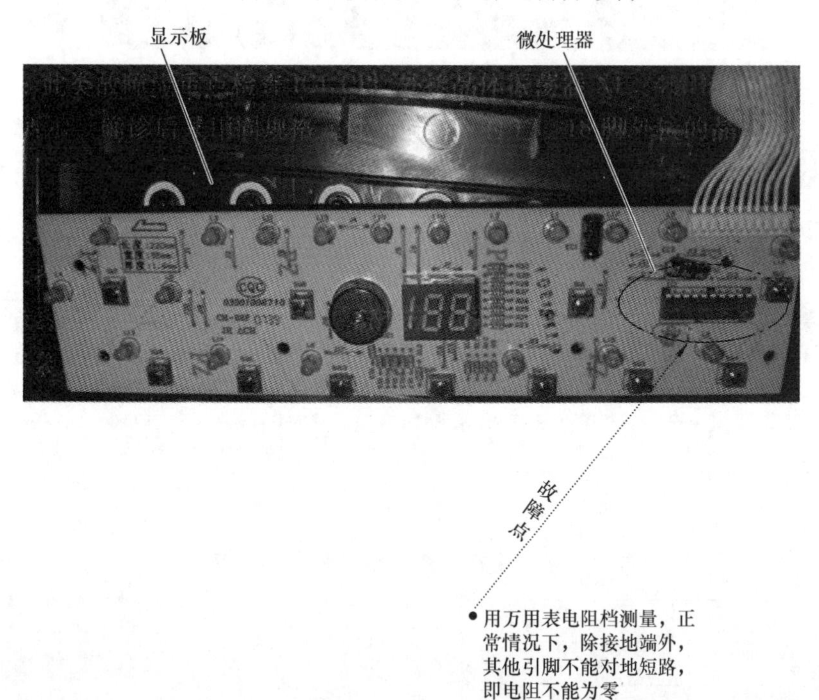

图 8-45　九阳 JYC－21CS21 型电磁炉显示板微处理器

※知识链接※ 当数码驱动芯片 74LS164 损坏也会出现类似故障。

三十七、九阳 JYC－21CS21 型电磁炉通电后显示板无反应，但 5V、18V 电压正常

图文解说： 此类故障应重点检查显示板电路，具体主要检测显示板与主板排线是否不良，该机显示板排线如图 8-46 所示。确认后重新插好或更换排线即可排除故障。

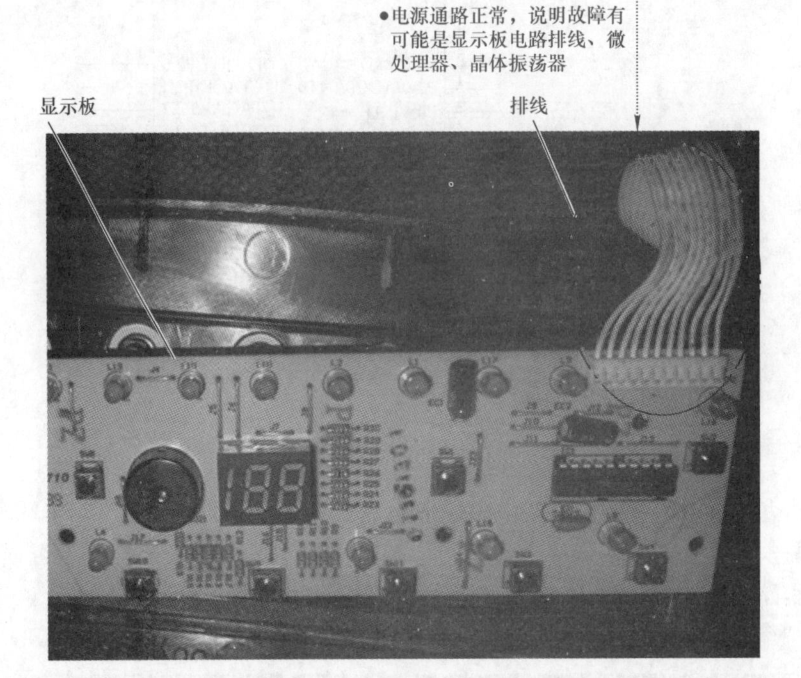

图 8-46 九阳 JYC－21CS21 型电磁炉显示板排线

※知识链接※ 九阳 JYC－21CS21 型电磁炉关键点测试数据见表 8-9，供维修检测时参考。

表 8-9 九阳 JYC－21CS21 型电磁炉关键点测试数据

测试点	电压/V	备注
CPU 的 1 脚	4.6	断开线盘待机状态电压点
CPU 的 2 脚	0.15	
CPU 的 3 脚	3.73	
CPU 的 4 脚	0.15	
CPU 的 5 脚	4.9	
CPU 的 6 脚	1.37	
CPU 的 7 脚	0	
CPU 的 8 脚	4.9	
CPU 的 9 脚	0	
CPU 的 10 脚	0.3	

（续）

测试点	电压/V	备注
CPU 的 11 脚	4.7	断开线盘待机状态电压点
CPU 的 12 脚	0.29	
CPU 的 13 脚	2.39	
CPU 的 14 脚	2.4	
CPU 的 15 脚	4.9	
CPU 的 16 脚	0	
CPU 的 17 脚	2.46	
CPU 的 18 脚	1.53	
CPU 的 19 脚	2.45	
CPU 的 20 脚		
LM339 的 1 脚	4.39	
		接上线盘（不放锅）开启功能状态电压点
LM339 的 2 脚	1.37	断开线盘待机状态电压点
		接上线盘（不放锅）开启功能状态电压点
LM339 的 3 脚	18.714	断开线盘待机状态电压点
		接上线盘（不放锅）开启功能状态电压点
LM339 的 4 脚	0	断开线盘待机状态电压点
	1.54	接上线盘（不放锅）开启功能状态电压点
LM339 的 5 脚	4.929	断开线盘待机状态电压点
		接上线盘（不放锅）开启功能状态电压点
LM339 的 6 脚	1.443	断开线盘待机状态电压点
		接上线盘（不放锅）开启功能状态电压点
LM339 的 7 脚	2.586	断开线盘待机状态电压点
		接上线盘（不放锅）开启功能状态电压点
LM339 的 8 脚	3.714	断开线盘待机状态电压点
		接上线盘（不放锅）开启功能状态电压点
LM339 的 9 脚	0.02	断开线盘待机状态电压点
	3.932	接上线盘（不放锅）开启功能状态电压点
LM339 的 10 脚	5.47	断开线盘待机状态电压点
		接上线盘（不放锅）开启功能状态电压点
LM339 的 11 脚	1.376	断开线盘待机状态电压点
		接上线盘（不放锅）开启功能状态电压点
LM339 的 12 脚	0	断开线盘待机状态电压点
		接上线盘（不放锅）开启功能状态电压点
LM339 的 13 脚	0	断开线盘待机状态电压点
		接上线盘（不放锅）开启功能状态电压点

（续）

测试点	电压/V	备注
LM339 的 14 脚	0.1	断开线盘待机状态电压点
	4.934	接上线盘（不放锅）开启功能状态电压点
排线 1（5V）	4.93	断开线盘待机状态电压点
		接上线盘（不放锅）开启功能状态电压点
排线 2（XP）	4.6~4.7	断开线盘待机状态电压点
	4.7	接上线盘（不放锅）开启功能状态电压点
排线 3（TGBT）	4.59	断开线盘待机状态电压点
		接上线盘（不放锅）开启功能状态电压点
排线 4（TMAN）	0.17	断开线盘待机状态电压点
		接上线盘（不放锅）开启功能状态电压点
排线 5（PWM）	1.49~2.4	断开线盘待机状态电压点
		接上线盘（不放锅）开启功能状态电压点
排线 6（VIN）	3.72	断开线盘待机状态电压点
		接上线盘（不放锅）开启功能状态电压点
排线 7（CUR）	0	断开线盘待机状态电压点
	2.2	接上线盘（不放锅）开启功能状态电压点
排线 8（INT）	4.8	断开线盘待机状态电压点
		接上线盘（不放锅）开启功能状态电压点
排线 9（FAN）		断开线盘待机状态电压点
		接上线盘（不放锅）开启功能状态电压点
排线 10（PAN）	4.93	断开线盘待机状态电压点
	1.9	接上线盘（不放锅）开启功能状态电压点
排线 11（GND）	0	断开线盘待机状态电压点
		接上线盘（不放锅）开启功能状态电压点

三十八、奔腾 PC18D 型电磁炉屡损功率管，不通电

图文解说：此类故障应重点检查电流检测电路，具体主要检测电解电容器 C22（22μF、25V）是否失效，相关电路如图 8-47 所示。确认后更换 C22 及 IGBT、熔丝管即可排除故障。

※知识链接※ 该机电流检测电路中的 C13 击穿，C22 损坏，R5 的阻值发生变化均会造成烧功率管和熔丝管故障。

三十九、九阳 JYC－19BE5 型电磁炉上电后无任何反应（一）

图文解说：此类故障应重点检查高压电源和 IGBT 部分，具体主要检测熔丝管 FUSE1 是否烧毁，整流桥 DB1 是否损坏，压敏电阻器 CNR1 是否击穿，重要排查如图 8-48 所示。确认后更换损坏的元器件即可排除故障。

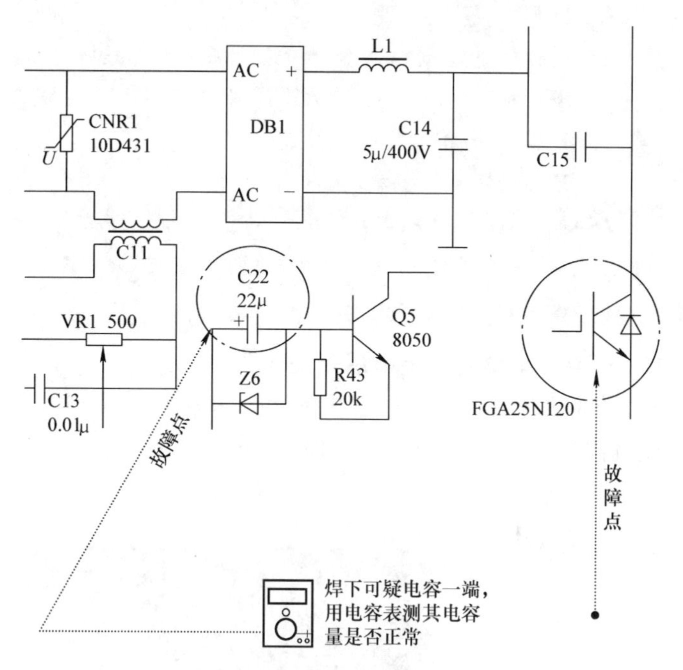

图8-47 奔腾PC18D型电磁炉电流检测电路相关电路

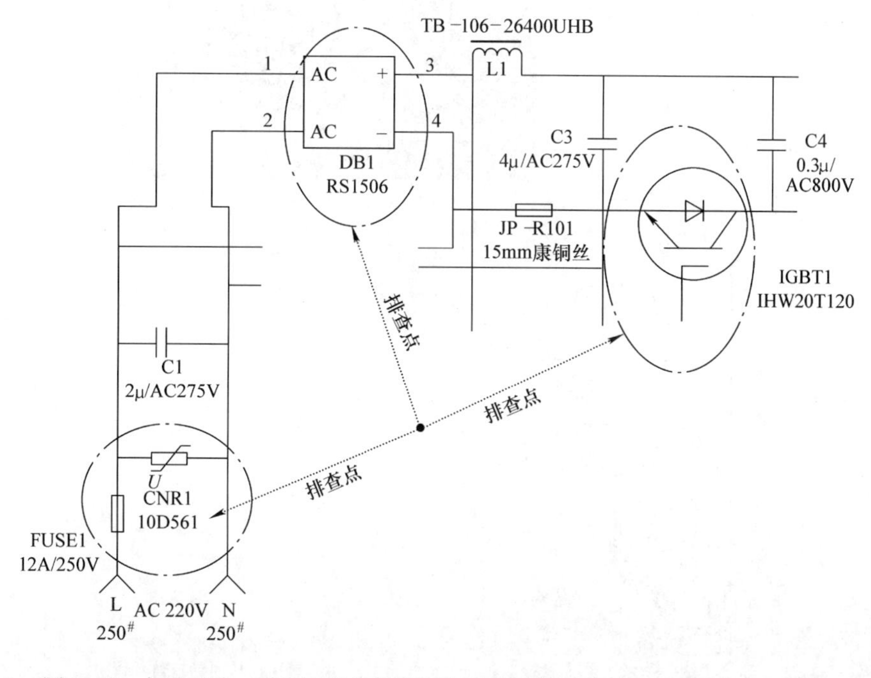

图8-48 九阳JYC－19BE5型电磁炉上电后无任何反应故障重要排查点示意图

※知识链接※ 该故障的检修可按以下步骤进行：

1）拆机检查熔丝管 FUSE2 是否烧毁。

2）在路测量 IGBT1 集电极对地电阻是否为 0Ω（若为 0Ω 表明已被击穿）。

3）在路测量整流桥 DB1 各脚的正、反向电阻（若阻值偏小，应将其焊下测量，判别是否损坏）。

4）检测压敏电阻器 CNR1 是否也击穿。

5）更换熔丝管（15A、250V）、压敏电阻器 CNR1、IGBT1 及整流桥。

6）去掉线盘后，上电测量各关键点电压及 LM339 静态电压是否正常。

7）接上线盘试机，工作正常，故障排除。

四十、九阳 JYC－19BE5 型电磁炉上电后无任何反应（二）

图文解说： 此类故障应重点检查高压电源部分，具体主要检测熔丝管 FUSE1（12A、250V）是否烧断，整流桥 DB1（RS1506）是否损坏，相关电路如图 8-49 所示。确认后更换熔丝管和整流桥即可排除故障。

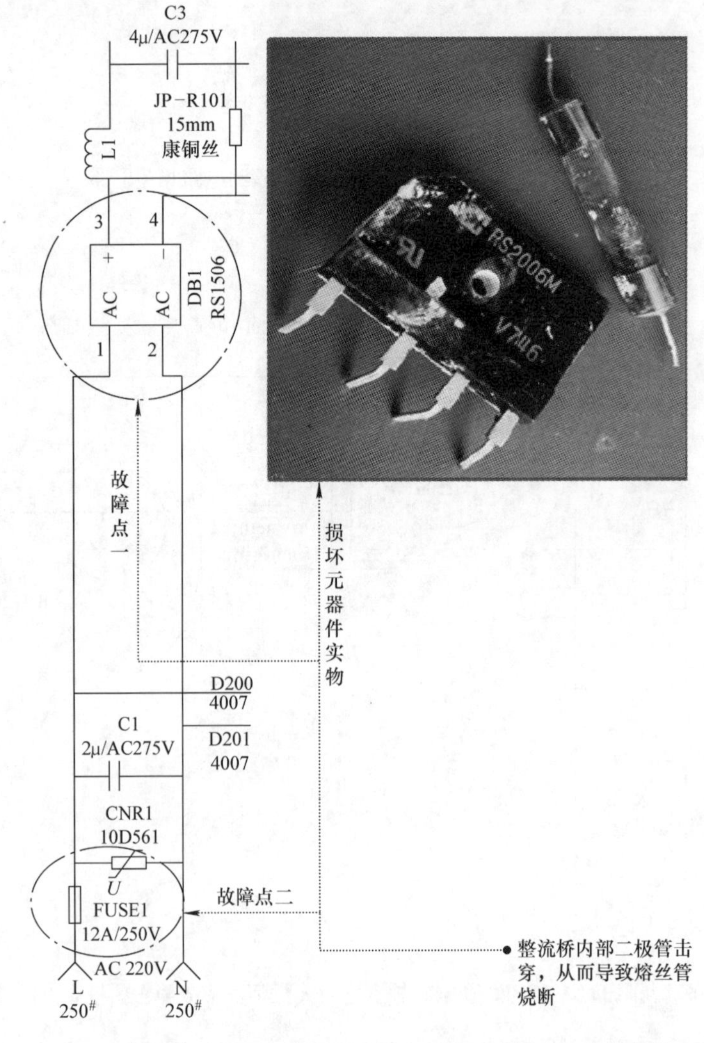

图 8-49 九阳 JYC－19BE5 型电磁炉高压电源整流桥和熔丝管相关电路

※知识链接※　九阳 JYC－19BE5 型电磁炉故障代码见表 8-10，供检修时参考。

表 8-10　九阳 JYC－19BE5 型电磁炉故障代码

故障代码	故障含义	故障部位
E0	电磁炉内部故障	主回路、高压电阻、同步振荡
E1	不检锅	主回路、驱动电路、高压电路、同步振荡、保护电路（浪涌、关机信号回路）
E2	IGBT 温度过高	CPU、显示板、测温回路
E3	电源电压过高	电压检测电路
E4	电源电压过低	
E5	炉面温度传感器开路	CPU、显示板、测温回路
E6	炉面温度传感器短路	
E7	线盘干烧	
E8	按键故障	显示板、按键

四十一、九阳 JYC－21FS20 型电磁炉熔丝管是好的，但通电无反应

图文解说： 此类故障应重点检查小板线路，具体主要检测开关电源模块 THX203 和绕线电阻 R503 是否正常，相关电路如图 8-50 所示。确认后更换电源模块 THX203 和绕线电阻 R503 即可排除故障。

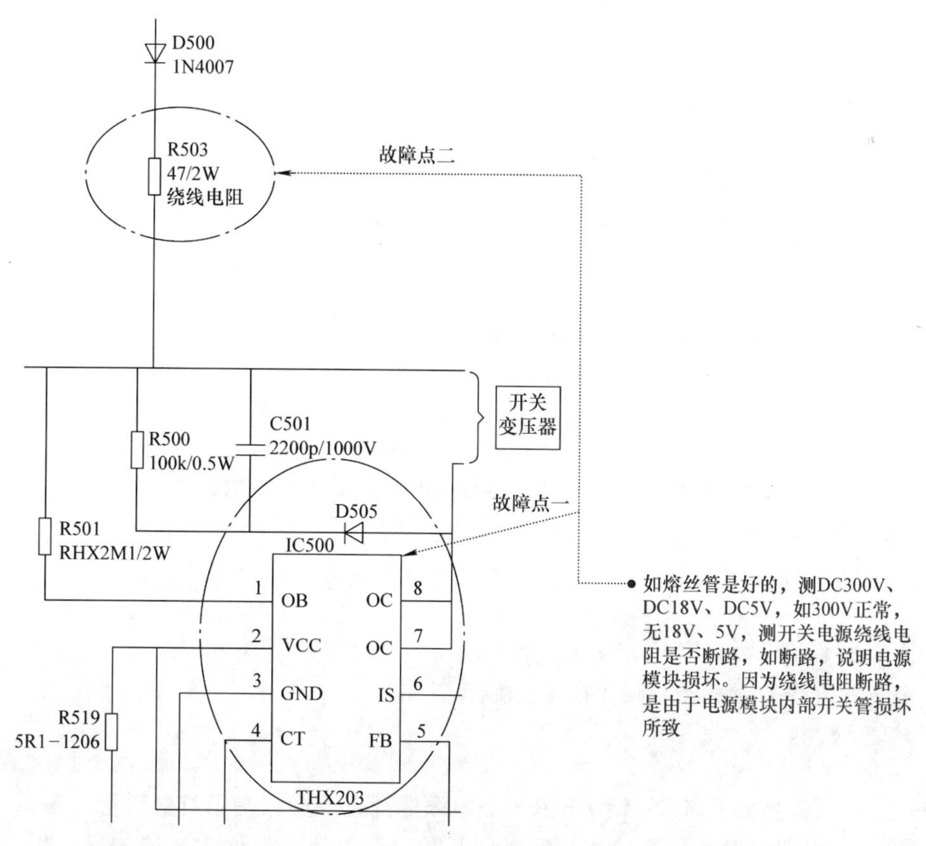

图 8-50　九阳 JYC－21FS20 型电磁炉小板线路开关电源模板相关电路

※知识链接※　开关电源模块 THX203 参数资料如图 8-51 所示，供检修时参考。

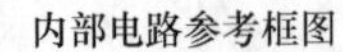

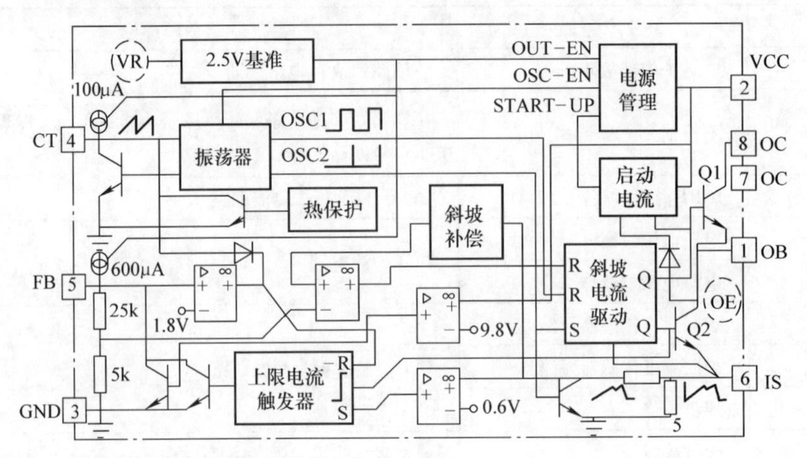

引脚功能描述

引脚	符号	引脚定义描述
1	OB	功率管基极，启动电流输入，外接启动电阻
2	VCC	供电脚
3	GND	接地脚
4	CT	振荡电容脚，外接定时电容
5	FB	反馈脚
6	IS	开关电流取样与限制设定，外接电流取样电阻
7,8	OC	输出脚，接开关变压器

图 8-51　开关电源模块 THX203 参数资料

四十二、九阳 JYC－21BS5 型电磁炉开机加热 10min 后自动停机

图文解说：此类故障应重点检查室内线路是否正常，具体主要检测漏电保护器触点是否烧蚀氧化，相关示意图如图 8-52 所示。确认后更换漏电保护器即可排除故障。

※知识链接※　电磁炉的功耗大，对电路电压、电流要求较高。若出现无故自动停机故障，断开浪涌保护电路检测后若故障依旧，不要疏忽对用户线路电能表、漏电保护器、插座等进行排查。

四十三、九阳 JYC－21CS21 型电磁炉插电源插孔无反应，指示灯数码管均不亮

图文解说：此类故障应重点检查显示板和开关电源电路，具体主要检测显示板 74LS164

芯片14脚5V电压是否正常，如无5V电压，则检测是否开关变压器T500一次侧短路，造成二次电压升高所致，相关资料如图8-53所示。确认后更换同型号开关变压器即可排除故障。

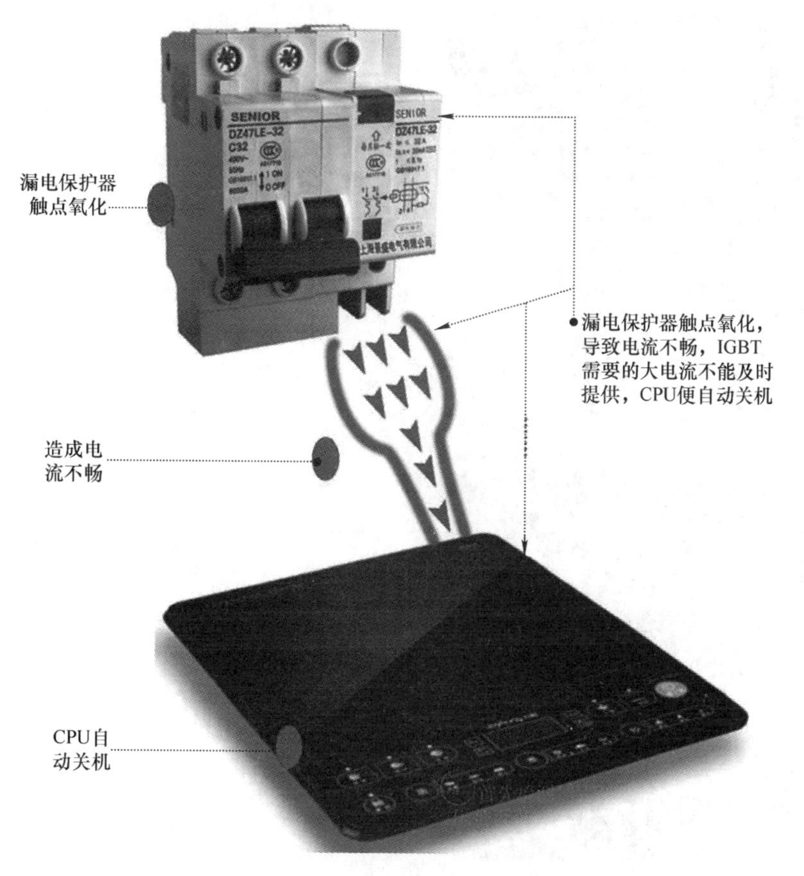

图8-52　九阳JYC－21BS5型电磁炉电流不畅造成自动停机示意图

※知识链接※

1）该机开关电源电路工作原理是：通电后，D200、D201与整流桥堆组合，整流输出310V左右的电压，经二极管D500，经绕线电阻器R503（47Ω），经电解电容器C500整流滤波后送入高频变压器一次，经开关模块ACT30B控制开关管Q502起振，在开关变压器一次侧产生20kHz左右高频高压脉冲，耦合到开关变压器的二次侧，输出所需要的变压电压后，经快速恢复二极管D503、D504整流，经电容滤波，得到VCC（18V）直流电压源。该电压再经78L05三端稳压输出工作所需5V直流电压源。

2）电磁炉开关电源中的开关变压器损坏率较高，由于不是通用件，维修起来相当麻烦。在手边无此变压器配件的情况下，可根据电路工作原理与涉及功能，采用变通维修的方法，即用少量元器件组成的简单串联稳压电路替代原开关电源电路，选用二次侧双12V的变压器，关键应注意变压器的功率不能过小，且体积应当能够放入电磁炉内。

四十四、九阳JYC－21CS21型电磁炉通电无反应

图文解说： 此类故障应重点检查开关电源电路，具体主要检测整流二极管D200、D201

是否正常，相关电路如图 8-54 所示。确认后采用 1N4007 二极管更换即可排除故障。

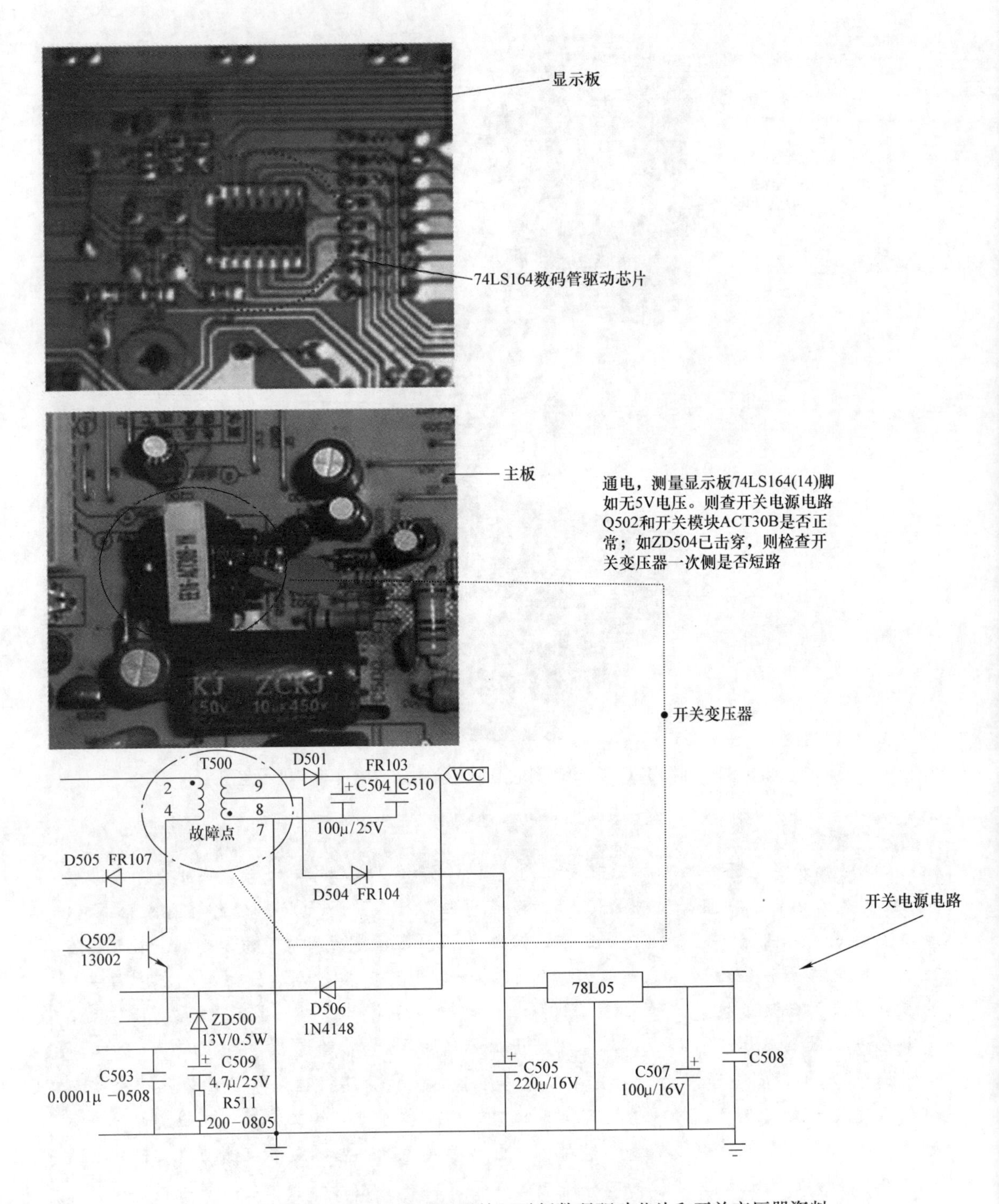

图 8-53 九阳 JYC-21CS21 型电磁炉显示板数码驱动芯片和开关变压器资料

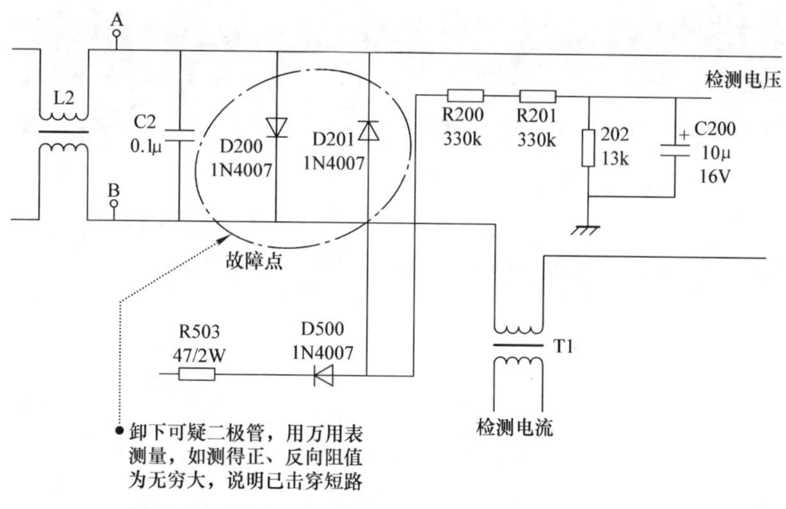

图 8-54　九阳 JYC－21CS21 型电磁炉开关电源电路

※知识链接※　由于开关电源处在高电压状态下，造成此部分电路故障率较高，损坏元器件较多。例如，整流二极管 D500、D503、D504，高频变压器等损坏也会造成此类故障。

四十五、海尔 CH2010/01 型电磁炉开机灯板无显示

图文解说： 此类故障应重点检查直流电源电路，具体主要检测二极管 D11（UF4007）是否击穿，相关电路如图 8-55 所示。确认后更换 D11 即可排除故障。

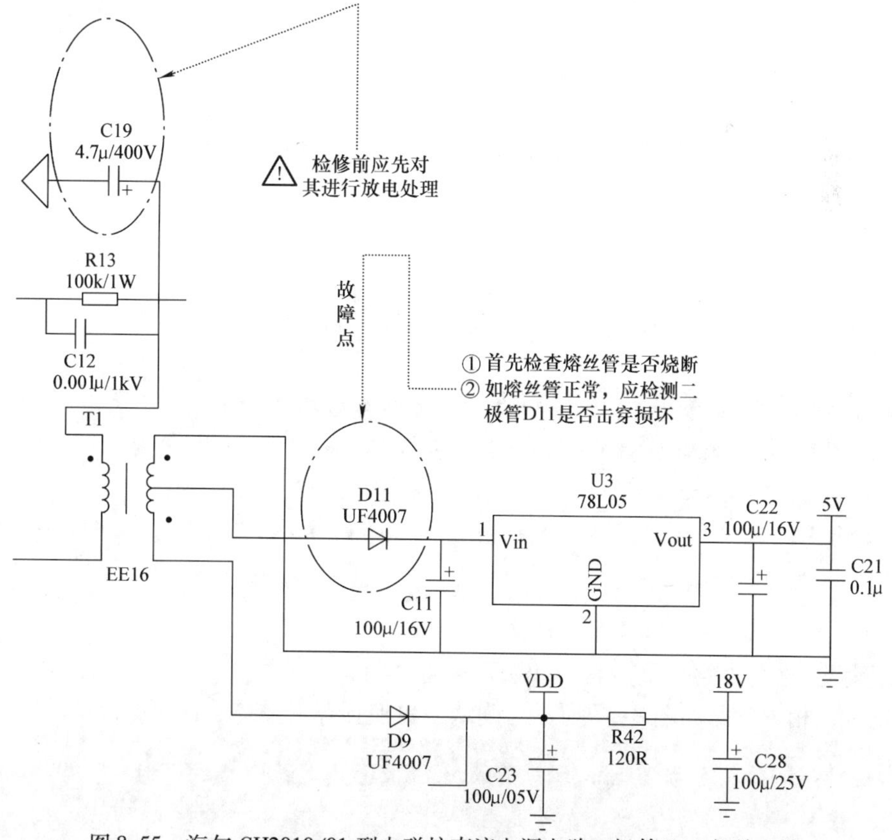

图 8-55　海尔 CH2010/01 型电磁炉直流电源电路二极管 D11 相关电路

※知识链接※ 如熔丝没有损坏，开机后不工作，再次触摸电路板时需先对开关电源的滤波电容器C19做放电处理；如试机时没接线盘，也要对高压电容器C4和C5（图中没绘出）做放电处理，反之有触电的危险。

四十六、海尔CH2003型电磁炉开机无显示

图文解说：此类故障应重点检查电源电路，具体主要检测稳压管Q902（78L05）是否损坏，相关电路如图8-56所示。确认后更换78L05即可排除故障。

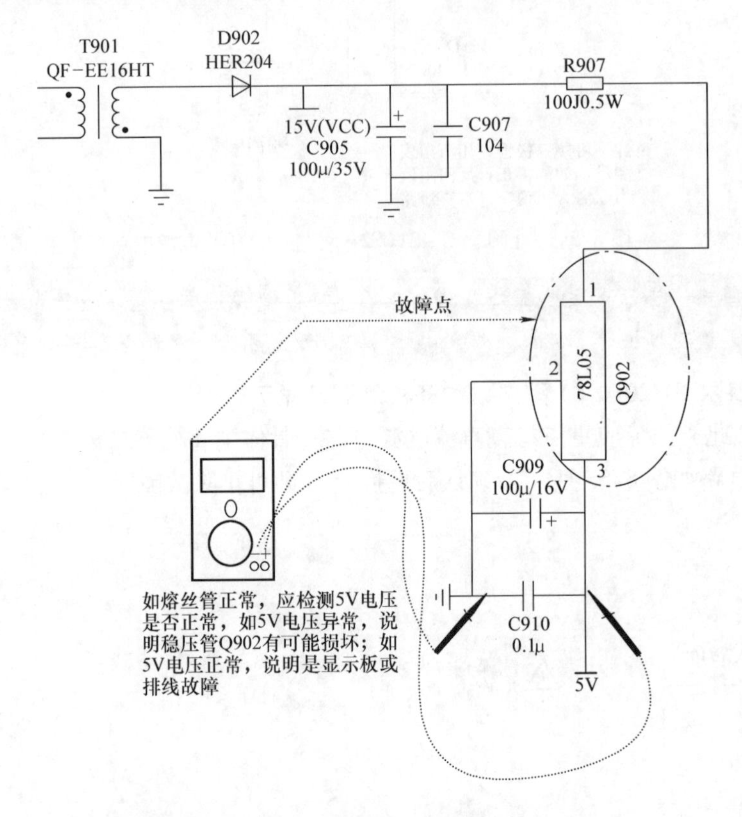

图8-56 海尔CH2003型电磁炉电源电路

※知识链接※ 正常情况下，该机电源电路参考电压值如下：

1）测量Q902相接电容器两端正常电压应为5V和15V电压（对地）。

2）测量C901（图中未绘出）两端对地电压应为310V。

3）测量电源模块IC902（图中未绘出）第1脚电压应为0.05V，第5脚对地电压应为10V，第8脚对地电压应为310V。

四十七、海尔C21-H2201型电磁炉不工作

图文解说：此类故障应重点检查IGBT驱动电路，具体主要检测晶体管Q1、Q2、Q3、Q4是否正常，相关电路如图8-57所示。确认后更换损坏的晶体管即可排除故障。

※知识链接※ 晶体管S8550D可采用S8550、C8550、ST8550D等代换。晶体管S8050D可采用S8050D331、S9013等代换。

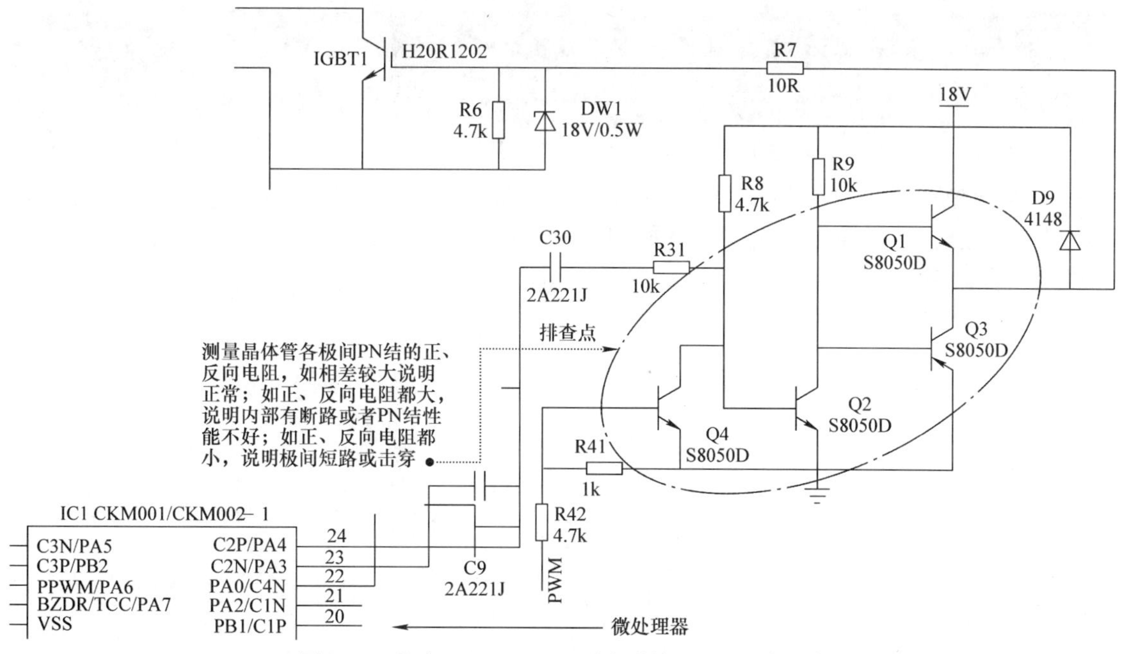

图 8-57 海尔 C21 - H2201 型电磁炉 IGBT 驱动电路

四十八、海尔 CH21 - H2201 型电磁炉整机无电

图文解说：此类故障应重点检查直流电源部分，具体主要检测整流管 D1、D2，电源 IC VIPER12，DW2 是否正常，相关电路如图 8-58 所示。确认后更换损坏的元器件即可排除故障。

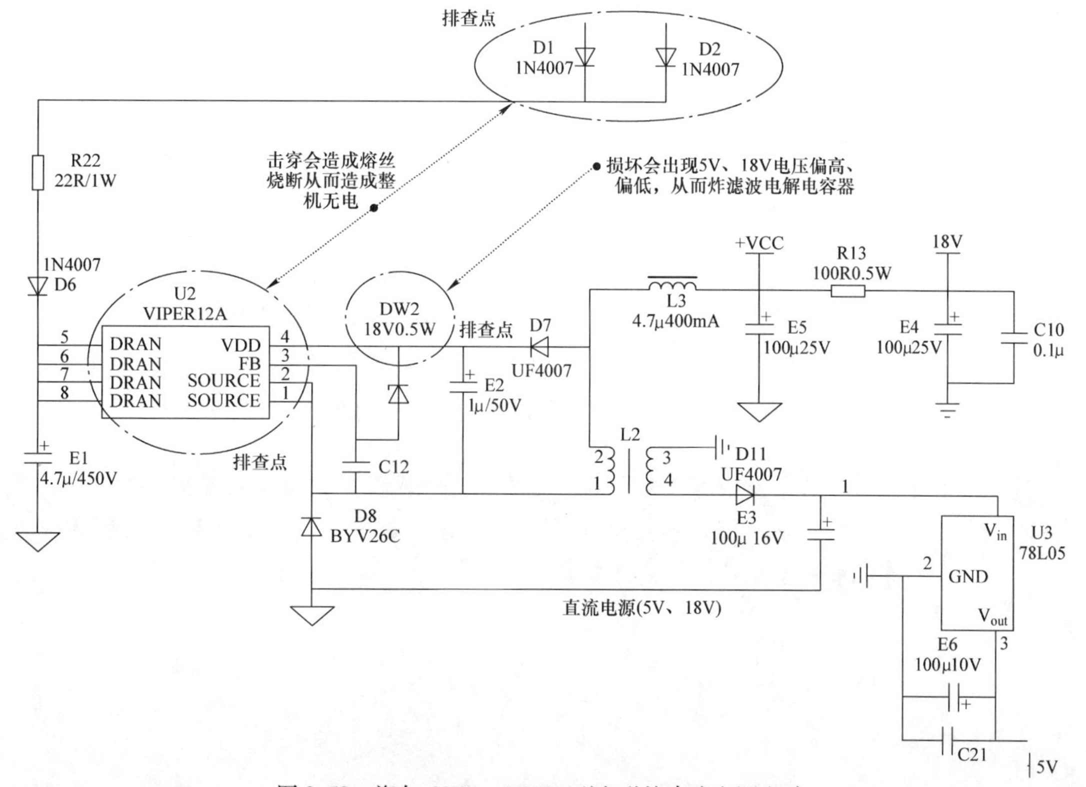

图 8-58 海尔 CH21 - H2201 型电磁炉直流电源电路

※知识链接※ 该机直流电源部分元器件损坏故障表现通常为没有5V、18V，或5V、18V偏高、偏低。

四十九、海尔C21－H3301型电磁炉开机灯板无显示

图文解说：此类故障应重点检查开关电源电路，具体主要检测1N4007、UF4007二极管，18V稳压管是否损坏，相关电路如图8-59所示。确认后更换损坏的元器件即可排除故障。

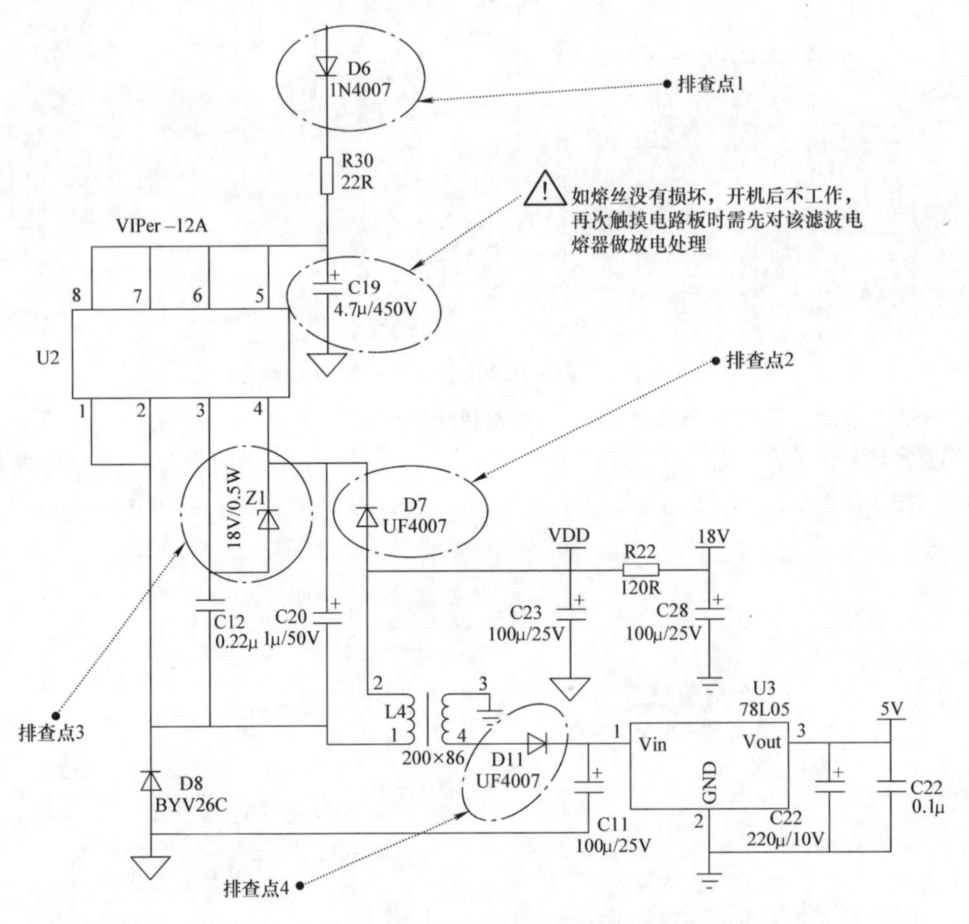

图8-59 海尔C21－H3301型电磁炉开关电源电路

※知识链接※ 如熔丝没有损坏，开机后不工作，再次触摸电路板时需先对开关电源的滤波电容器C19做放电处理；如果试机时没接线盘，也要对高压电容器C4和C5做放电处理，以免造成触电事故。

问诊9　电磁炉不检锅（检锅异常）检修专题

所谓不检锅故障，就是电磁炉有正常的锅具，但是不能加热，蜂鸣器报警，显示“无锅”故障代码，稍后自动停机。电磁炉主要有电流方式和高压脉冲计数两种检锅方式，不管采用哪种检锅方式，检修该类故障的关键是要先了解故障电磁炉检锅流程，然后逐步分析查找故障部位。

※Q1　检修电磁炉不检锅（检锅异常）的方法和技能有哪些?

1. 检修采用电流方式检锅的电磁炉不检锅（检锅异常）方法

电磁炉采用电流方式检锅，即“电流判锅”，其工作原理如下：

1）通电启动加热程序后，微处理器通过某个引脚发出几微秒的检锅脉冲到振荡电路。

2）振荡电路产生激励脉冲加到门控管门极，门控管导通，主谐振回路就会有电流通过。使接在交流输入端的电流互感器产生电压，此电压信号送到微处理器 I/O 口。

3）微处理器根据电流互感器二次电压的高低来判断是否有锅。

4）当有锅具时，电流比较大，电流互感器二次侧生成的电压相应增高，微处理器即可通过“电流判锅”。

当采用电流方式检锅的电磁炉出现不检锅故障时，可按以下操作方法修复：

1）检测加到门控管门极的检锅脉冲幅度是否足够。常用的检测方式是用示波器观察脉冲波形，一般每隔 1 ~5s 会看到连续的几个窄脉冲，幅度为 0. 5 ~2. 5V（随机型不同而有所变化）。如果该脉冲丢失或者幅度过小，则应对驱动电路、振荡电路、PWM 脉宽调控电路和微处理器检锅脉冲输出引脚逐一排查。重点排查贴片电容器是否失容或漏电，贴片电阻器的阻值是否变大或者断路，导致检锅脉冲不能正常传递，从而出现不检锅故障。

2）检测互感器二次输出的检锅电压是否正常。该电压同样需要用示波器进行测量，正常幅度约为 0. 2V，脉冲间隔与检锅脉冲一致，也为每隔 1 ~5s 会看到连续几个窄脉冲。如测得检锅电压不正常，则应重点检查互感器是否存在匝间短路或漏电，二次侧整流二极管是否存在性能不良（部分机型常因此造成不检锅，二极管损坏用万用表不易测出，需直接代换），二次侧可调电阻是否接触不良或者漏电，二次侧滤波电容器是否漏电或失容。

3）检测 300V 滤波电容容量是否正常。

2. 检修采用高压脉冲计数方式检锅的电磁炉不检锅（检锅异常）方法

电磁炉采用高压脉冲计数方式检锅同样是由微处理器发出检锅脉冲，其工作原理如下：

1）首先控制振荡电路输出振荡信号，经驱动电路将检锅信号送到门控管的门极。

当有锅具时，加热线盘与主谐振电容器两端的能量会很快释放掉，单位时间内振荡脉冲个数较少。当无锅具时，加热线盘与主谐振电容器两端的能量释放较慢，单位时间内振荡脉冲的个数相对较多。

2）振荡脉冲通过电阻器降压限流后送到微处理器的 I/O 口，微处理器对其进行计数，与设定值相比较，如果脉冲个数较多，则判断为无锅。

3）一般脉冲计数方式还和门控管集电极电压检测相结合，才能准确作出有无锅判断。门控管集电极电压同样经过电阻器降压限流以后送到微处理器的 I/O 口，微处理器将其与设定值进行比较，如果偏差较大，可判断为无锅。

当采用高压脉冲计数方式检锅的电磁炉出现不检锅（检锅异常）故障时，可按以下操作方法修复：

1）检测主谐振电容器的电容量是否正常。检测该电容器时，如果没有专用测量仪器，可通过代换法进行判断，但需要注意的是，代换的电容器必须为 MPK 电容器，并且电容量必须和原电容量一致，这才能保证谐振频率符合要求，常用的主谐振电容器的电容量有 0.27μF、0.30μF、0.33μF 等。

2）检测高压降压限流电阻器阻值是否正常。该类电阻器正常阻值一般在 100kΩ 以上，阻值精确性不易测量，也推荐采用代换法加以判断。维修时最好采用功率稍大但不影响安装的电阻器。

※知识链接※　高压降压限流电阻阻值变大或损坏造成不检锅、屡烧门控管是多发故障，维修时应予以高度重视。

3）检测微处理器时钟振荡电路是否正常。由于微处理器所有指令的执行都是建立在基准时钟的基础上，因此当时钟振荡电路产生误差，虽然不影响其他电路的工作，但是很可能影响高压脉冲计数电路的准确性，导致计数错误，从而造成出现不检锅故障。

※Q2　检修电磁炉不检锅（检锅异常）的常见故障部位和注意事项有哪些？

1. 检修 LC 振荡电路不检锅（检锅异常）的常见故障部位和注意事项

检修 LC 振荡电路不检锅（检锅异常）的常见故障部位和注意事项如图 9-1 所示。该电

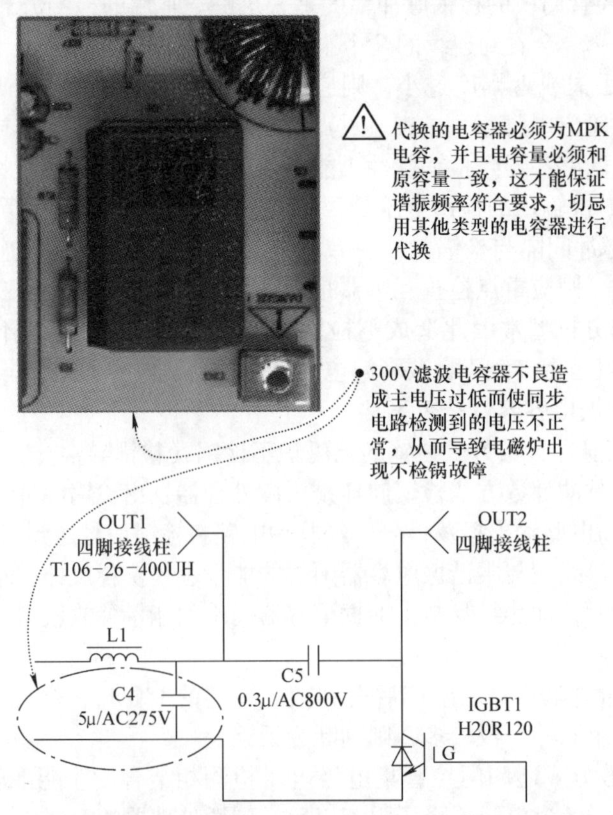

图 9-1　检修 LC 振荡电路不检锅（检锅异常）的常见故障部位和注意事项

路中的300V滤波电容器不良导致主电压过低而使同步电路检测到的电压不正常，从而造成电磁炉出现不检锅故障。

2. 检修同步电路不检锅（检锅异常）的常见故障部位和注意事项

检修同步电路不检锅（检锅异常）的常见故障部位和注意事项如图9-2所示。该电路中的大功率电阻器变质或开路导致检测电路不正常，从而造成电磁炉出现“不检锅”故障。

由于电磁炉工作在高温、高压以及较恶劣的环境中，电阻器变值引发的故障几率较高，例如，同步电路的大电阻器阻值改变导致该单元参数改变，使之工作在临界状态，从而造成电磁炉不检锅故障。因此，检修故障时应先把电路板或控制面板上的残留松香、尘埃、油烟或水分清除干净，以排除脏物对电路引起的短路或漏电故障

大功率电阻器变质或开路会导致检测电路不正常，从而造成电磁炉出现不检锅故障

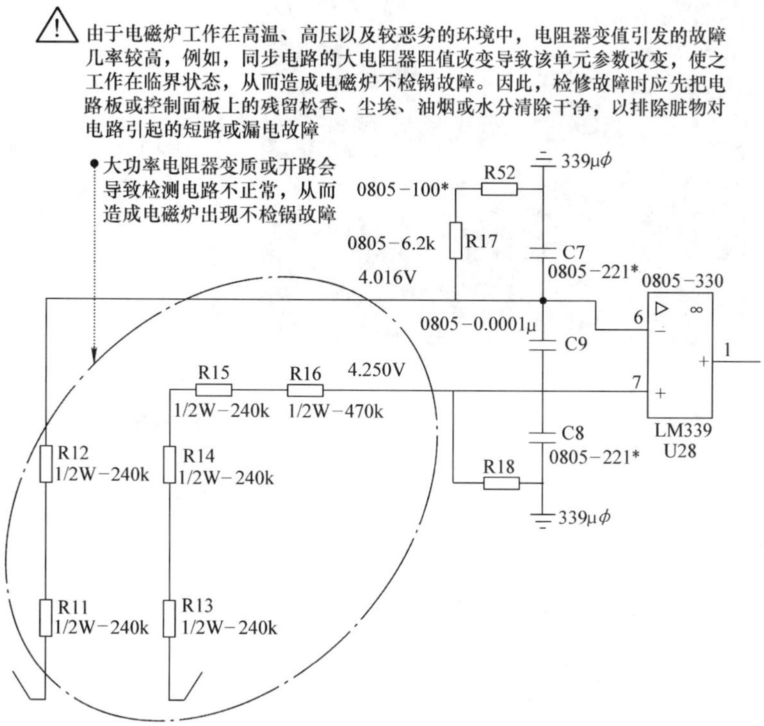

图9-2　检修同步电路不检锅（检锅异常）的常见故障部位和注意事项

3. 检修电流检测电路不检锅（检锅异常）的常见故障部位和注意事项

检修电流检测电路不检锅（检锅异常）的常见故障部位和注意事项如图9-3所示。该电路中的电流互感器二次侧断路损坏会导致电磁炉出现不检锅故障。

4. 检修PWM脉冲控制电路不检锅（检锅异常）的常见部位和注意事项

检修PWM脉冲控制电路不检锅（检锅异常）的常见部位和注意事项如图9-4所示。该电路MCU无输出PWM脉冲信号、比较器引脚同相、反相输入输出电压异常均会导致PWM脉冲信号受到影响，从而造成电磁炉出现不检锅故障。

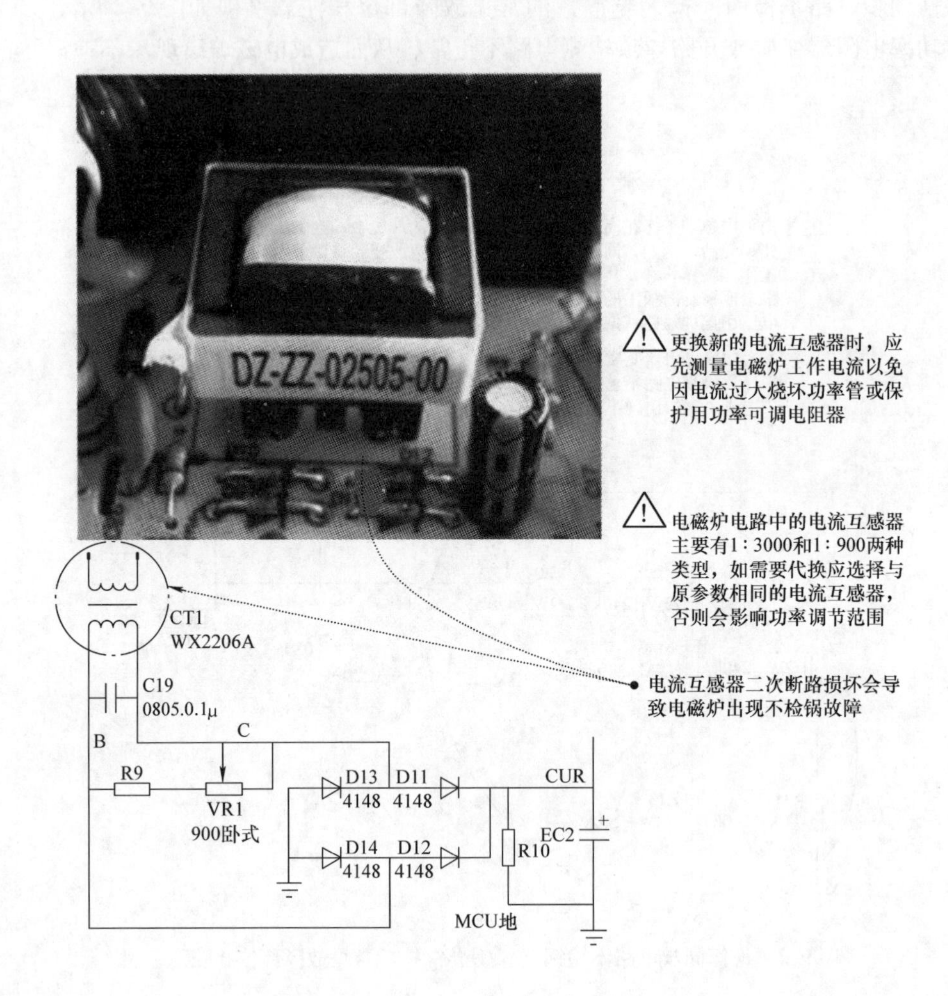

图 9-3　检修电流检测电路不检锅（检锅异常）的常见故障部位和注意事项

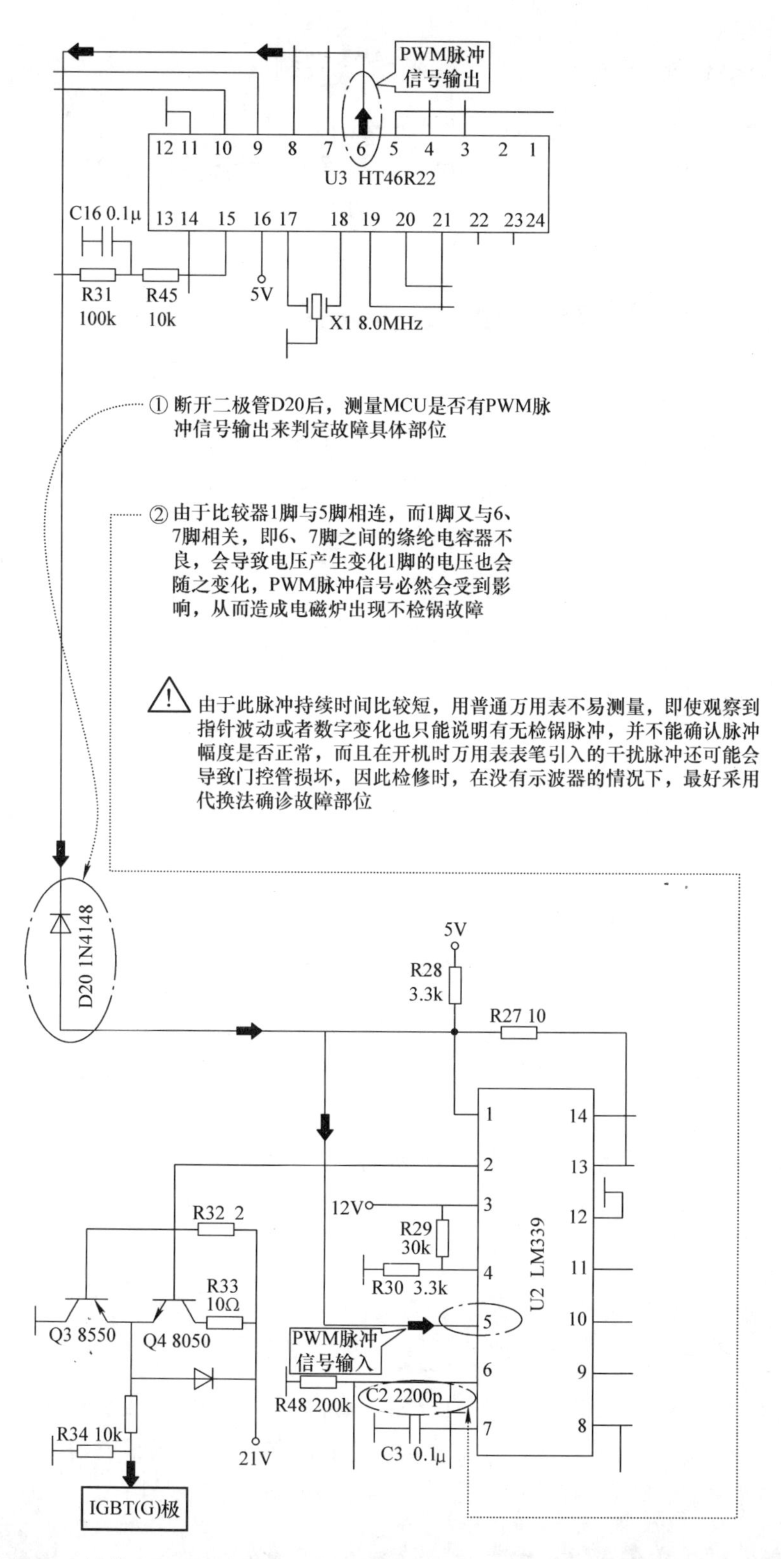

图9-4 检修PWM脉冲控制电路不检锅（检锅异常）的常见部位和注意事项

※Q3 电磁炉不检锅（检锅异常）故障检修实例

一、格力 GC－2045 型电磁炉（4 系列）开机不检锅

图文解说：此类故障应重点检查检锅电路，具体主要检测晶体管 Q402 是否损坏，相关电路如图 9-5 所示。确认后更换 Q402 即可排除故障。

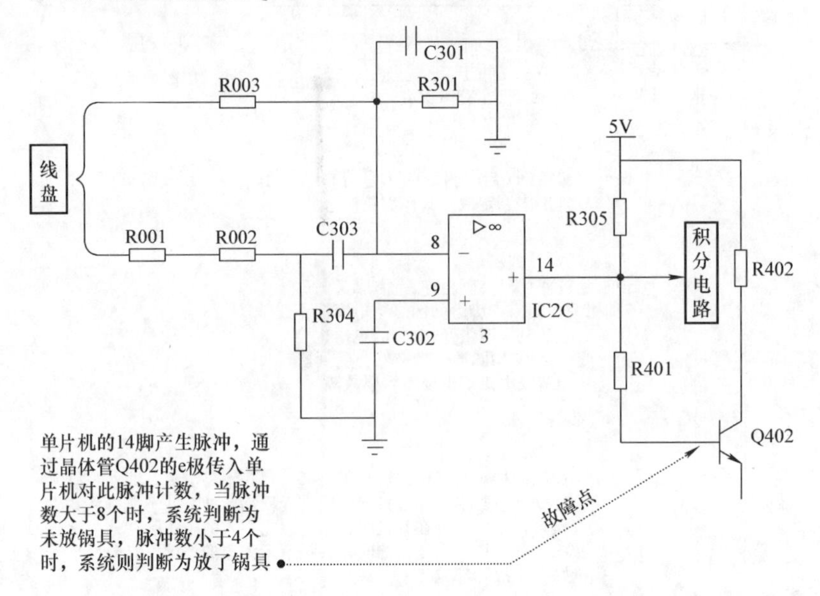

图 9-5 格力 GC－2045 型电磁炉（4 系列）检锅电路

※知识链接※ 格力 4 系列电磁炉包括 GC－2042、GC－2043、GC－2045、GC－2046 型的主板可通用，对主板电路故障的检修方法也相同，但灯板电路原理不相同。

二、九阳 JYC－21ES10 型电磁炉能听到不停检锅的声音但是不加热，也不显示故障代码，但将锅拿下就显示故障代码“E1”，如使锅距离炉盘 1～2cm 又能加热，待放到炉盘上又不加热了

图文解说：此类故障应重点检查VAC检测电路，具体主要检测电压检测电阻器 R201，整流管 D200、D201 是否损坏，相关电路如图 9-6 所示。确认后更换损坏的元器件即可排除故障。

※知识链接※ VAC 检测电路其中有一个功能是，配合电流检测电路，判别是否放入适合的锅具，根据检测该电压变化，使 CPU 作出相应的动作指令。

三、万利达 MC18－C10 型电磁炉有的锅可以加热，有的锅不可以加热

图文解说：此类故障应重点检查电流检测电路，具体主要检测整流桥 D10～D13 是否损坏，相关电路如图 9-7 所示。确认后更换损坏的二极管即可排除故障。

※知识链接※ 当电阻器 R11 变质，VR1 接触不良，电容器 C6、C12 漏电，电流互感器 T1 不良也会出现类似故障。

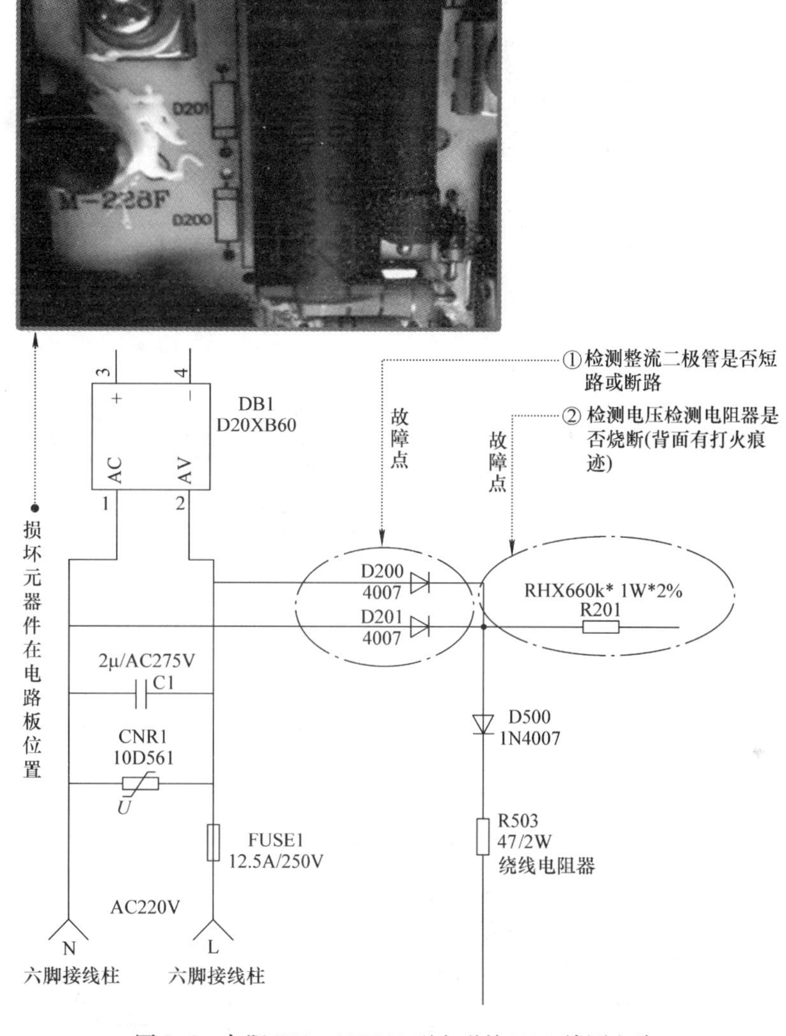

图9-6　九阳 JYC－21ES10 型电磁炉 VAC 检测电路

四、万利达 MC18－C10 型电磁炉检不到锅并报警

图文解说: 此类故障应重点检查过载检测电路，具体主要检测 D18 是否漏电，相关电路如图9-8 所示。确认后更换 D18 即可排除故障。

> ※知识链接※　当电阻器 R6、R41、R42 阻值变大或开路，晶体管 Q4 击穿也会出现类似故障。

五、万利达 MC18－C10 型电磁炉移锅或关机后仍有功率输出

图文解说: 此类故障应重点检查电流检测电路，具体主要检测电阻器 R15 是否损坏，相关电路如图9-9 所示。确认后即可排除故障。

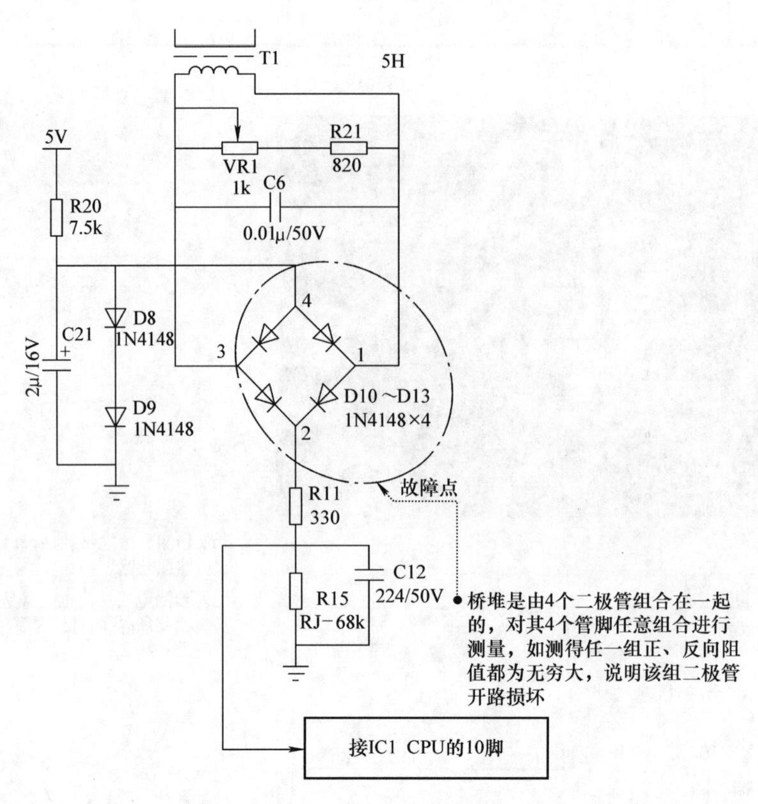

图 9-7 万利达 MC18－C10 型电磁炉整流电路桥堆相关电路

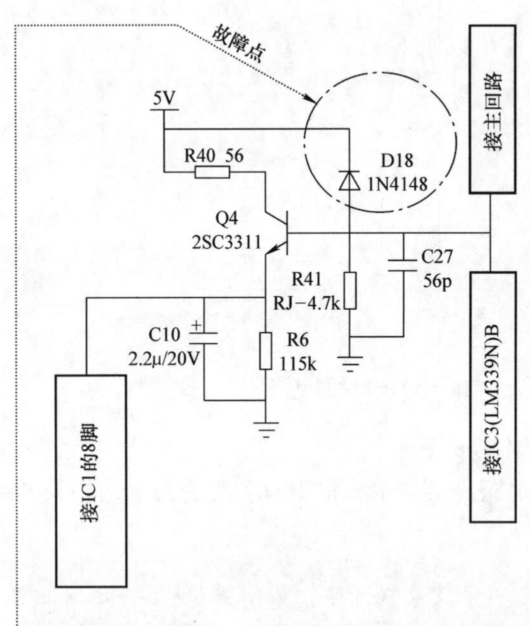

图 9-8 万利达 MC18－C10 型电磁炉过载检测电路

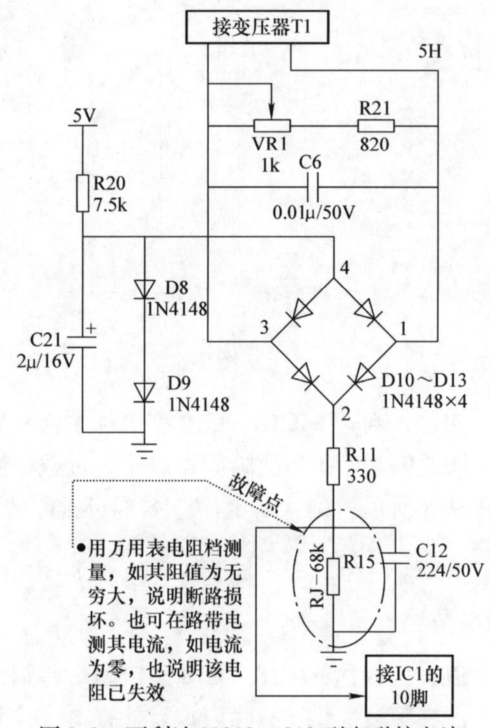

图 9-9 万利达 MC18－C10 型电磁炉电流检测电路中电阻器 R15 相关电路

※知识链接※　当电阻器R11、R20、R21、VR1，电容器C6、C12、C21，二极管D8～D13损坏也会出现类似故障。

六、九阳JYC－21CS21电磁炉按键接触不良，不能开机，按键换新后，开机风扇转，有复位声，面板按键都有反应，只是不停地检锅

图文解说： 此类故障应重点检查检锅电路，具体主要检测电流互感引脚连线是否霉断，相关资料如图9-10所示。确认后重新焊接好电流互感变压器引脚连线即可排除故障。

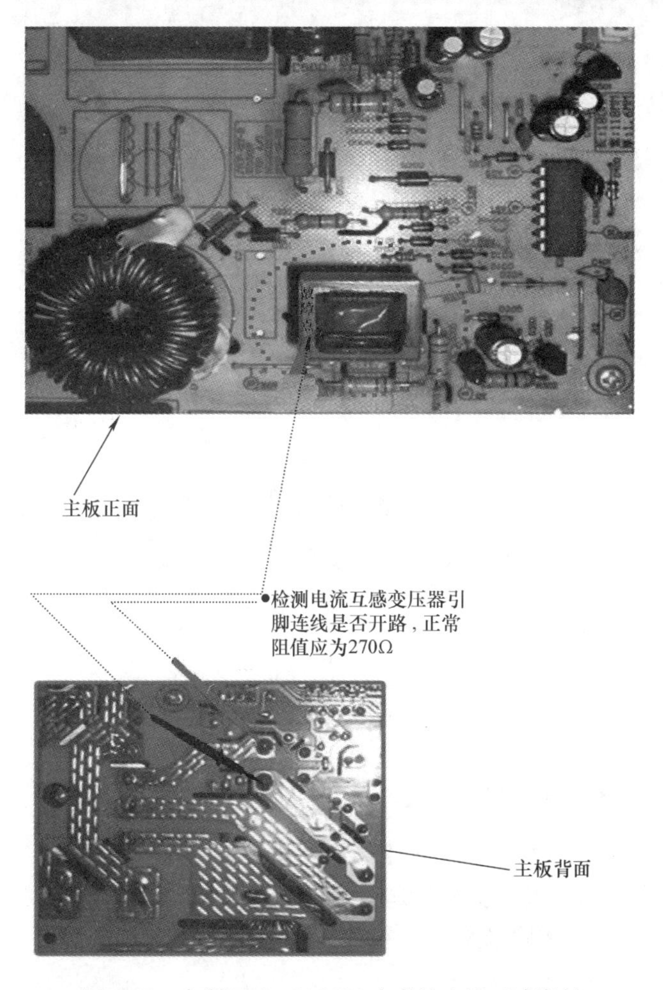

图9-10　九阳JYC－21CS21电磁炉电流互感资料

※知识链接※　电流互感与高频变压器原理基本一样，如需要代换时应先测量工作电流，测量方法是，用电流表10A档串接在220V插座中，正常应为1800W、7A左右。如电流过大易烧坏功率管或保护用功率可调电阻。电磁炉电路中的电流互感器主要有1:3000和1:900两种类型，代换应选择与原参数相同的电流互感器，反之会影响功率调节范围。

七、九阳 JYC－21CS21 电磁炉通电不检锅，并显示故障代码“E0”

图文解说： 此类故障应重点检查主板是否进水氧化造成电路断路，具体主要可通过检测三压（即 300V、18V、5V 电压）是否正常加以判断，三压检测点如图 9-11 所示。确认后采用酒精清洗主板即可排除故障。

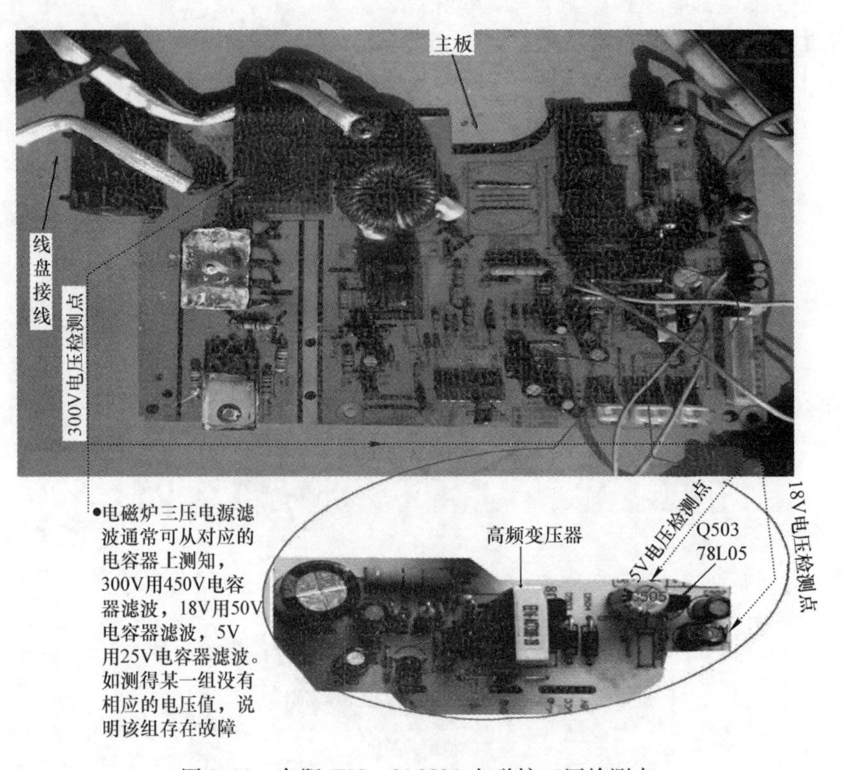

图 9-11　九阳 JYC－21CS21 电磁炉三压检测点

※知识链接※　若线盘的线头氧化形成电阻，也会出现类似故障。

八、美的 MC－SY1913 型电磁炉上电开机后出现检锅报警声

图文解说： 此类故障应重点检查驱动放大电路，具体主要检测二极管 D17 是否开路，相关电路如图 9-12 所示。确认后采用 1N4148 二极管更换即可排除故障。

※知识链接※　当 D19 失效或开路，以及电容器 C25（图中没有列出）漏电时，也会出现检不到锅、有报警声的现象。

九、海尔 CH2010/01 型电磁炉开机后不检锅

图文解说： 此类故障应重点检查同步控制电路，具体主要检测同步大功率电阻器 R3、R4、R5、R19、R32、R37 是否正常，相关电路如图 9-13 所示。确认后采用 200kΩ、0.5W 电阻器更换损坏的电阻器，即可排除故障。

※知识链接※　该故障可按以下流程（见图 9-14）进行检修：

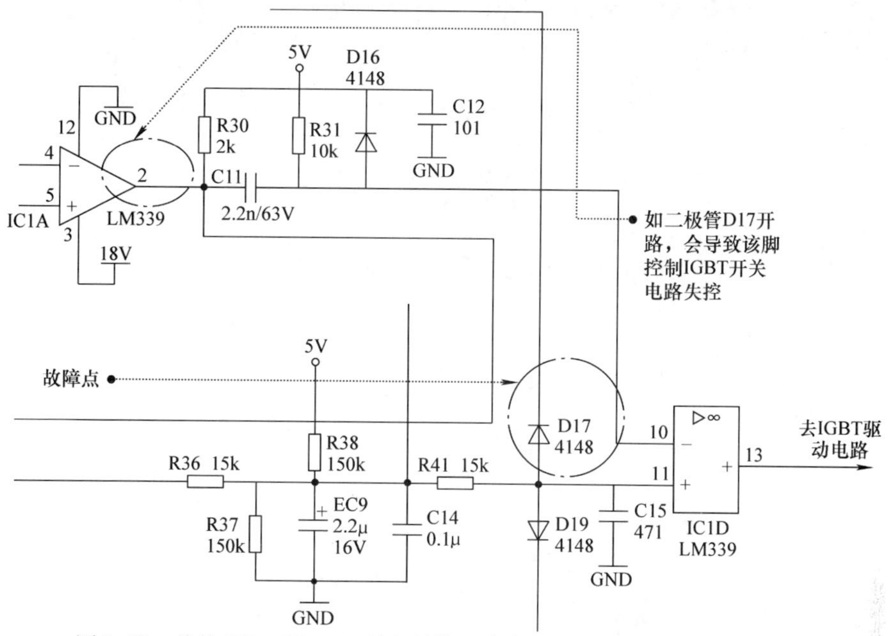

图9-12　美的MC-SY1913型电磁炉驱动放大电路二极管D17相关电路

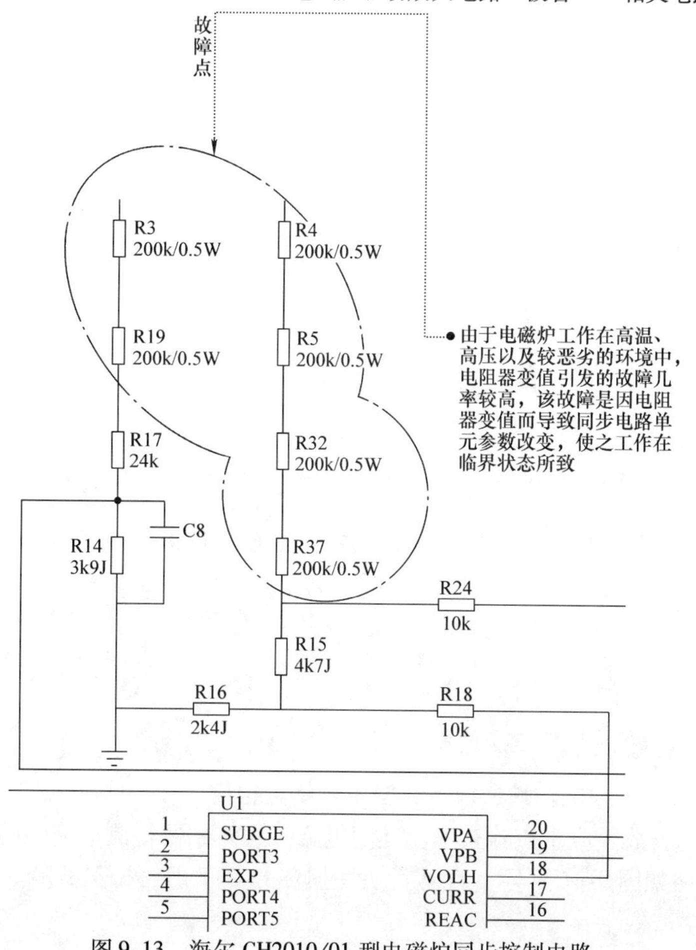

图9-13　海尔CH2010/01型电磁炉同步控制电路

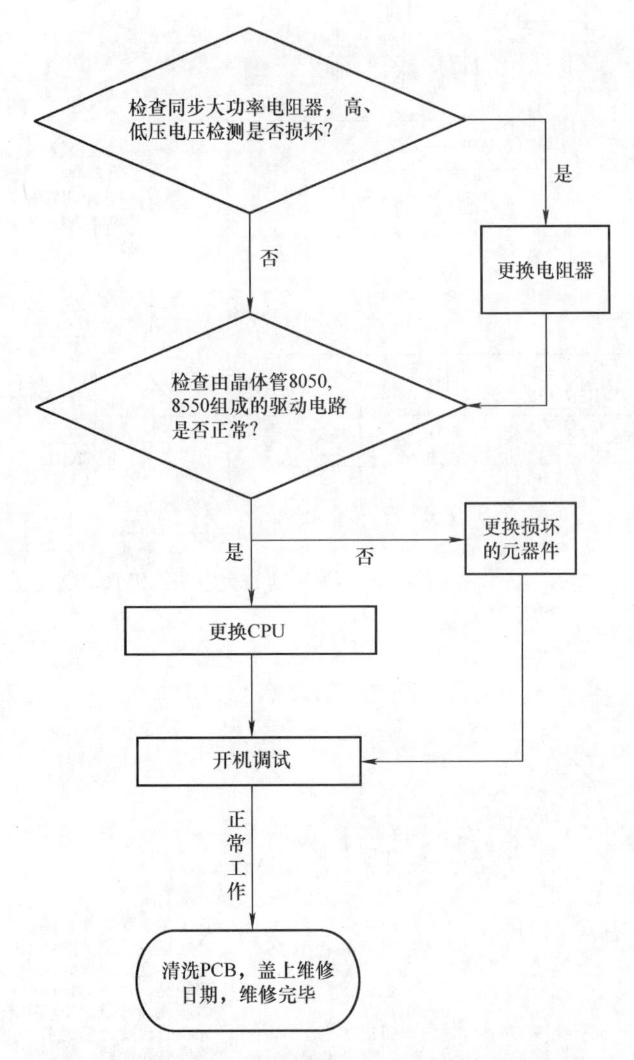

图 9-14　海尔 CH2010/01 型电磁炉不检锅故障检修流程

十、海尔 C21－H3101 型电磁炉开机后检锅不成功，灯板数码管显示 4 条“—”并闪烁

图文解说：此类故障应重点检测 IGBT 驱动电路，具体主要检查晶体管 Q1（S8050）是否正常，相关电路如图 9-15 所示。确认后更换损坏的晶体管即可排除故障。

※知识链接※　该机 IGBT 驱动电路由 Q1、Q2、Q3、Q4，电阻器 R6、R7、R8、R9 和二极管 D13 构成。Q1、Q3 组成互补式对管驱动，能实现 IGBT 的快速导通和截止。

十一、美的 SY191 型电磁炉通电后，检不到锅并报警

图文解说：此类故障应重点检查电流检测电路。具体主要检测电流互感器 CT1 二次侧是否开路，相关电路如图 9-16 所示。确认后更换损坏的 CT1 即可排除故障。

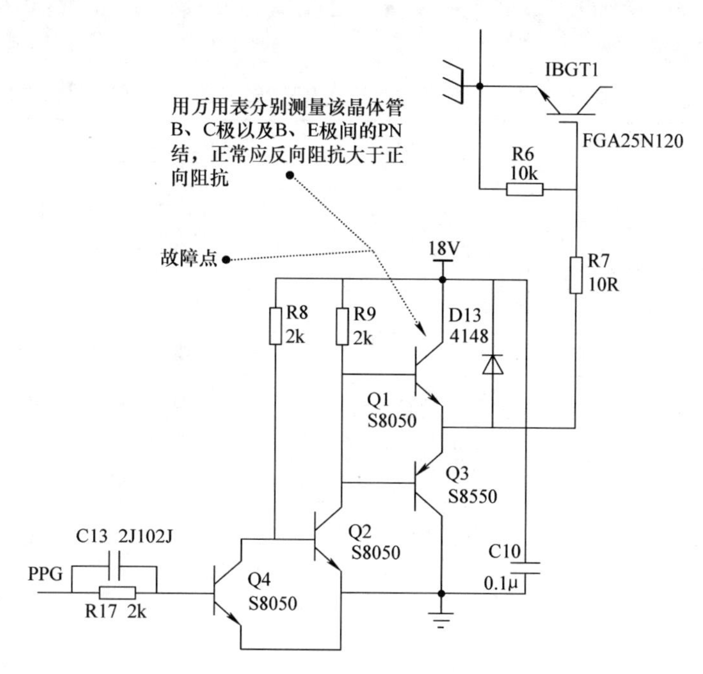

图9-15 海尔C21－H3101型电磁炉IGBT驱动电路

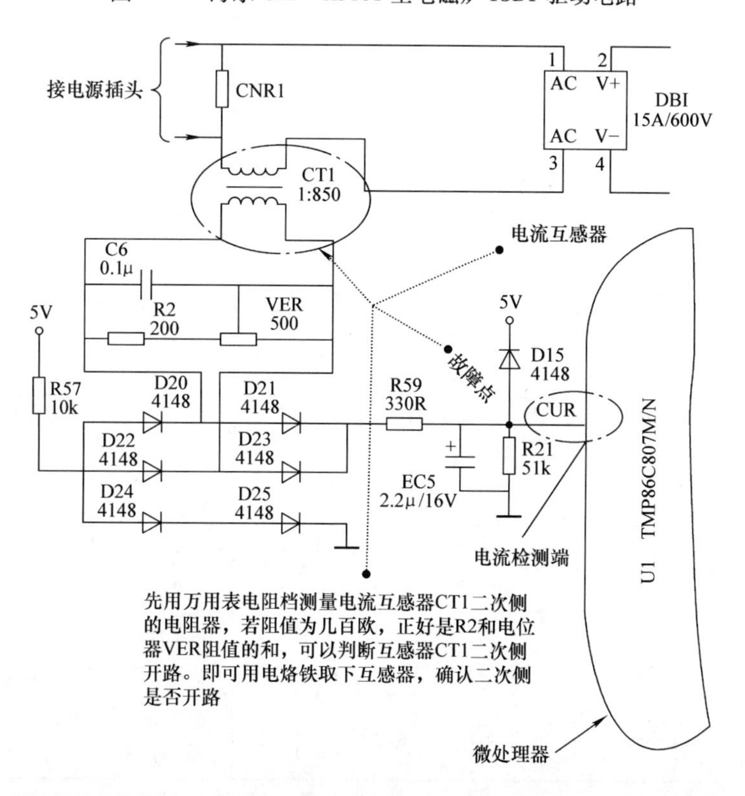

图9-16 美的SY191型电磁炉电流检测电路电流互感器CT1相关电路

※知识链接※ 美的SY191型电磁炉微处理器TMP86C807M/N相关维修数据见表9-1，供检修时参考。

表9-1 美的SY191型电磁炉微处理器TMP86C807M/N相关维修数据

引脚序号	引脚定义	引脚功能	备注
1	GND	地	
2	OSC1	外接8MHz	CPU工作条件之一
3	OSC2		
4	GND	出厂时接地	
5	5V	5V电源	CPU工作条件之一
6	KEY2	键盘扫描信号输入2	与9~15脚电压组合，确定有无用户指令输入
7	KEY3	键盘扫描信号输入3	
8	RESET	复位	应大于或等于4.6V，且滞后5V几微秒
9	KEY1	键盘扫描信号输入1	
10	C1	键盘扫描信号输出	轮流输出高电波，对键盘进行扫描
11	C2		
12	C3		
13	C4		
14	C5		
15	C6		
16	空	空	
17	BUZ-EN	蜂鸣器控制输出2	
18	PAN	试探信号反馈脉冲输入	即功率管C极脉冲检测，是检锅主要依据之一
19	CLK	显示器时钟信号输出	通过译码器控制显示器的工作
20	DATA	显示器控制信号输出	
21	BUZ	蜂鸣器控制输出1	
22	PWM	功率调节输出	受控27、28脚检测值
23	FAN	风扇控制输出	功率管温度过高时，待机也为高电压运输值
24	IGBTEN	功率管控制/试探信号输出	开机时，输出试探脉冲，以检测锅具
25	TMAIN	主（炉面）温度检测	加热时随炉面升高面升高
26	TIGBT	功率管温度检测	加热随功率管温度升高而升高
27	CUR	电流检测	检锅，22脚PWM最宽脉冲确定依据
28	VOL	电网电压检测输入	电网电压欠电压保护，22脚PWM最宽脉冲确定依据

问诊 10　电磁炉爆机检修专题

爆机（或称爆管）是指电磁炉开机后熔丝管 FUSE 熔断，IGBT 和整流桥击穿，或故障范围更广的一种故障表现。电磁炉爆机比较常见，检修此类故障时应根据故障发生的原因查找故障部位。

※Q1　检修电磁炉爆机的方法和技能有哪些？

1. 电磁炉爆机故障主要原因及检修方法

通常电磁炉爆机故障主要分上电即爆机、开机瞬间或加热一段时间再爆机、屡烧功率管 3 种情况。

（1）上电即“爆机”的检修

给电磁炉加电后即“爆机”，可按以下方法检修：

1）首先检查驱动对管的上管或下管是否击穿或开路损坏。驱动对管损坏会导致驱动输出端产生高电平，从而造成上电即爆机故障。

2）检测电压比较器是否不良或损坏。电压比较器不良会造成驱动输出端产生高电平，从而造成上电即爆机故障。

3）检测上电延时电路是否存在元器件损坏。部分机型有延时保护，该电路失效也会造成上电时输出高电平，从而造成上电即爆机故障。

（2）开机瞬间或加热一段时间再爆机的检修

电磁炉开机瞬间或加热一段时间再爆机，可按以下方法检修：

1）首先检测 5V、18V、300V 三电压是否正常。若三电压偏离正常值过多或滤波电容器不良，会导致电磁炉出现爆机故障。

2）检查谐振电容器是否正常。该电容器漏电或电容量减少，会导致电磁炉出现爆机故障。

3）检查线盘是否不良。电磁炉磁条断裂，或磁条老化引起的电感量减少，会造成发生爆机故障。

4）检查同步、高压保护、浪涌保护电路的取样电阻器、电容器是否正常。这些电路中的电阻器发生变值或电容器漏电，均会导致电磁炉出现爆机故障。

5）检查 IGBT 驱动电路是否正常。该电路中的驱动管 β 值偏低、射极到 IGBT 的 G 极间串接的电阻器变值，以及与 IGBT 的 G 极对地并接的二极管不良等，均会造成 IGBT 欠激励而损坏。

6）如果上述电路均正常，电路板严重脏污、进水、漏电，以及 CPU 晶体振荡器不良或程序紊乱也会造成电磁炉出现爆机故障。

（3）屡烧功率管的检修

电磁炉的功率管工作在大电流、高反压和工作温度高的条件下，当某一项条件不符合要求均会使功率管击穿损坏。检修屡烧功率管故障可按以下步骤进行检修：

1）首先将330V滤波电容器、LC振荡电路中的谐振电容器取下，用数字式万用表测量其电容量是否和标称值符合，或电容器外部是否变形，若异常，更换即可。

2）若整流桥未击穿短路，取下整流桥，测量内部整流二极管的正、反向阻值是否变大或变小。

3）检查驱动电路中的晶体管是否击穿或内部电极开路，功率管控制极所接静态泄放电阻器是否开路。

4）测量同步检测电阻器是否变值或开路，振荡电路中的充电电阻器是否阻值变大。

5）将功率管热敏检测电阻器取下，同时用电烙铁加热测量热敏电阻器性能是否良好。

6）加电，在待机状态下测量18V、5V电压是否正常；若偏低或不稳定，应检查低压整流电路和稳压电路元器件是否存在故障。

7）若低压输出18V、5V电压正常，则测量同步检测比较器各脚电压是否正常。

8）若输入检测端某一脚电压不正常，则检查相应脚的外接元器件，若输出端电压不正常，表明比较器损坏。

9）在待机状态下，测量电流检测输出取样电压是否正常。

10）若电流检测输出取样电压正常，则测量浪涌保护电路中的检测取样电压和基准参考电压是否正常。

11）若取样电压和基准参考电压正常，则测量功率管过电压保护电路中的取样电压和基准参考电压是否正常。

12）若以上电路元器件均正常，则代换CPU试机，一般能排除故障。

2. 电磁炉爆机故障的检修思路

电磁炉出现爆机故障比较常见，造成该故障的原因、涉及的电路很多，可按以下步骤进行检修：

1）首先检查功率晶体管（含高频谐振电容器）是否老化或性能不佳。

2）检查功率调节电路（含PWM信号失常）是否存在故障。

3）检查过电流（或者浪涌）保护电路是否存在故障。

4）检查同步电路是否存在故障。

5）检查18V（或15V或12V等）直流电压是否正常。

6）检查驱动电压信号输出级电路是否存在故障。

7）检查IGBT的使能电路相关元器件是否损坏。

※Q2 检修电磁炉爆机的常见故障部位和注意事项有哪些？

1. 检修电源供电电路爆机的常见故障部位和注意事项

检修电源供电电路爆机的常见故障部位和注意事项如图10-1所示。该电路中的18V稳压二极管失效损坏，会导致电磁炉出现屡烧功率管故障。

2. 检修LC振荡电路爆机的常见故障部位和注意事项

检修LC振荡电路爆机的常见故障部位和注意事项如图10-2所示。该电路元器件受损时，均会导致电磁炉上电即烧功率管、上电开机检锅即烧功率管，或振荡频率偏高迫使功率管导通时间过长，而引发功率管击穿损坏。

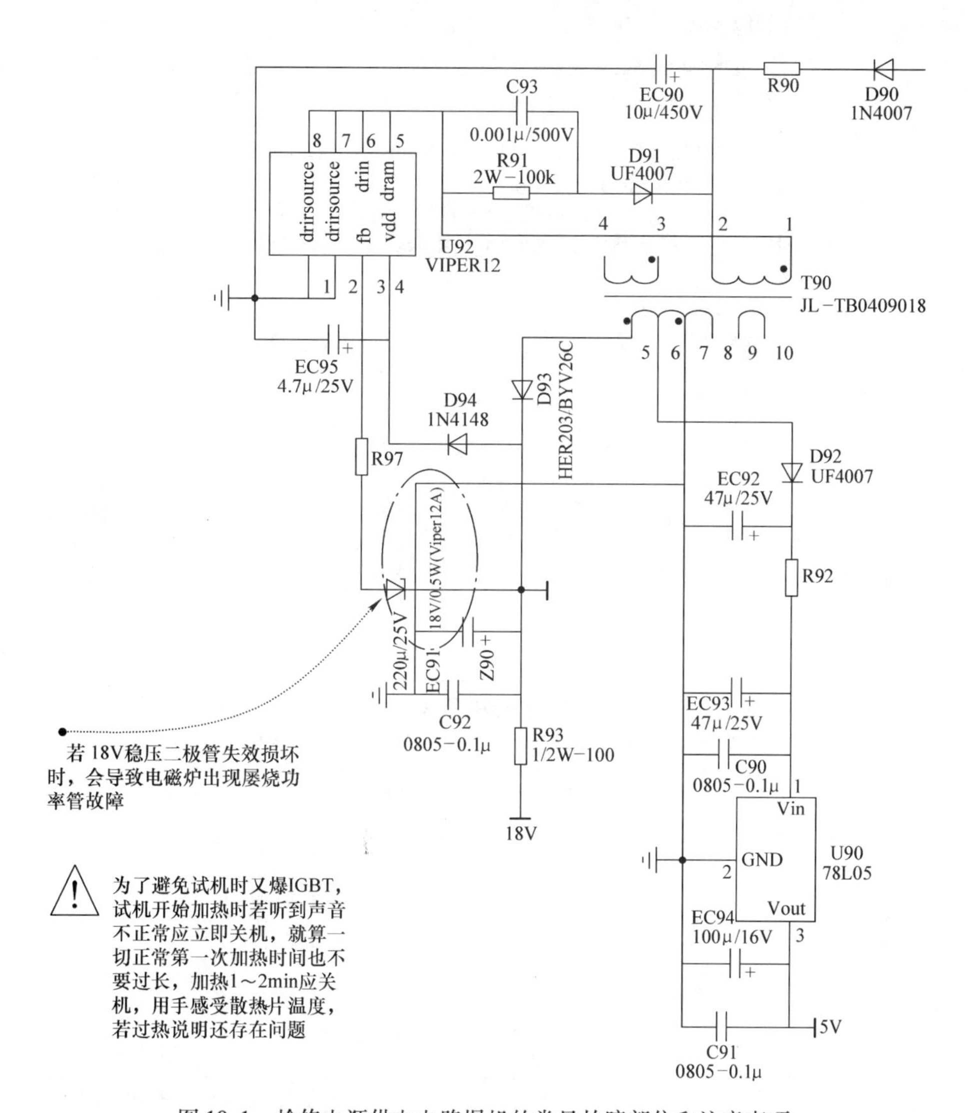

图 10-1 检修电源供电电路爆机的常见故障部位和注意事项

3. 检修高压保护电路爆机的常见故障部位和注意事项

检修高压保护电路爆机的常见故障部位和注意事项如图 10-3 所示。该电路取样电阻变值会导致电磁炉出现屡烧 IGBT 故障。

4. 检修浪涌保护电路爆机的常见故障部位和注意事项

检修浪涌保护电路爆机的常见故障部位和注意事项如图 10-4 所示。该电路取样电阻器变值或开路、隔离开关二极管开路或破裂、比较器受损，电磁炉可以加热工作，但会导致出现不定期爆烧 IGBT 故障。

5. 检修 IGBT 驱动电路爆机的常见故障部位和注意事项

检修 IGBT 驱动电路爆机的常见故障部位和注意事项如图 10-5 所示。该电路中的互补晶体管参数失常、击穿会导致 IGBT 击穿受损。

① 当滤波电容器C4与主板电路脱焊、断线、失效时，会导致电磁炉上电开机后出现爆烧IGBT故障

② 当共振电容器C5失效受损时，会导致电磁炉上电开机数秒内检锅时出现烧毁IGBT故障

③ 电磁炉在加热中若出现整机短路时，多为蟑螂、小虫等窜至IGBT散热片内，也会导致IGBT击穿受损

⚠ 更换IGBT与整流桥时，需均匀地涂抹导热硅脂，并经过详细检查，确认无误后再通电

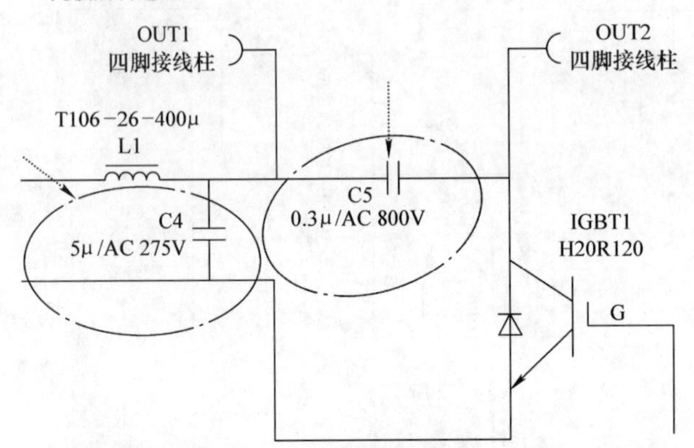

图 10-2 检修 LC 振荡电路爆机的常见故障部位和注意事项

⚠用数字式万用表检测 IGBT 时，由于此管极易受外界电磁场或静电的感应而带电，而少量的电荷就可在极间电容上形成相当高的电压将管子损坏，故在对其测量时应采取相应的防静电感应措施，最好在手腕上戴上静电腕带，使人体与大地保持等电位，然后插入引脚

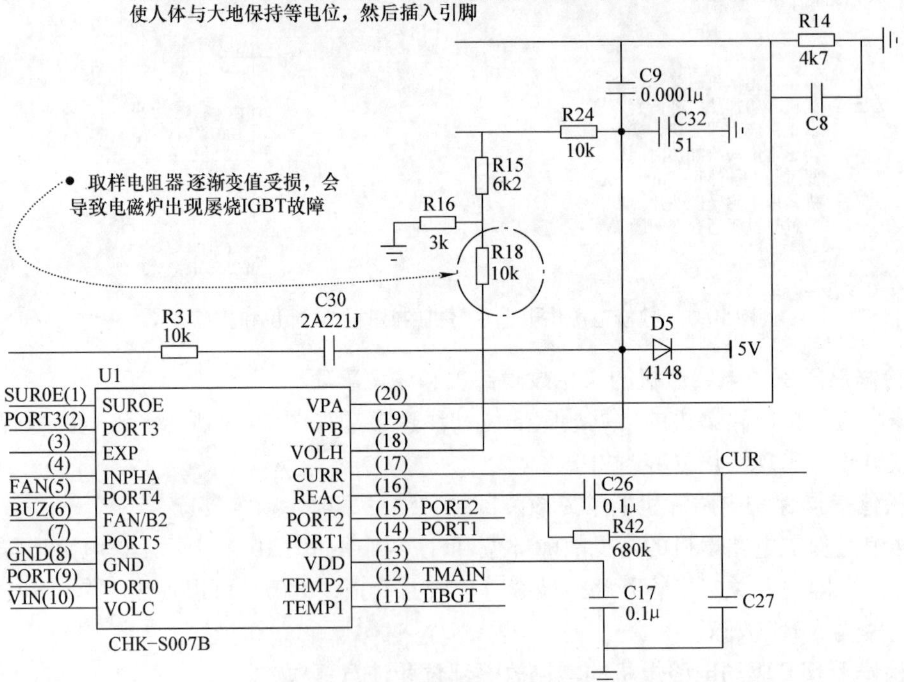

图 10-3 检修高压保护电路爆机的常见故障部位和注意事项

⚠ 对爆机故障的检修，在换上好的功率元器件后，还要检查涉及故障电路的元器件是否正常，然后通电检测各关键点及保护电路的静态值均为正常后，方可带锅运行(有时还可模拟保护电路电压以检查保护电路的正常情况)，进行老化试验

- 取样电阻器R40变值或开路、隔离开关二极管D19开路或破裂、比较器LM339受损，电磁炉可以加热工作，但会导致出现不定期爆烧IGBT故障

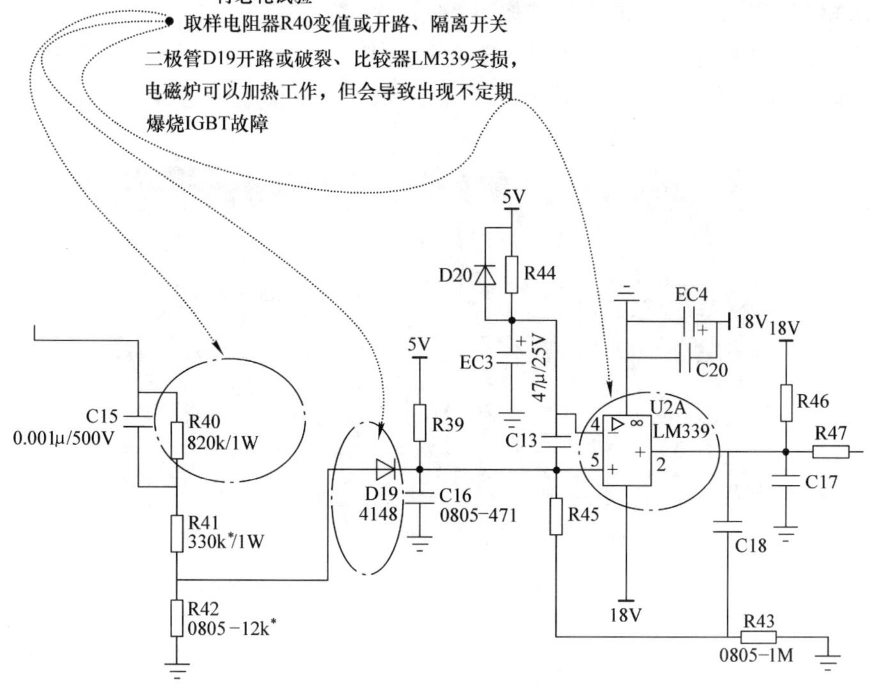

图 10-4　检修浪涌保护电路爆机的常见故障部位和注意事项

⚠ 所更换的大功率元器件与散热板之间应均匀地涂上散热硅脂，并且用螺栓紧固，不能有松动现象，否则使大功率元器件散热不良而缩短其寿命

- 当互补晶体管Q3、Q4参数失常，击穿会导致IGBT击穿受损

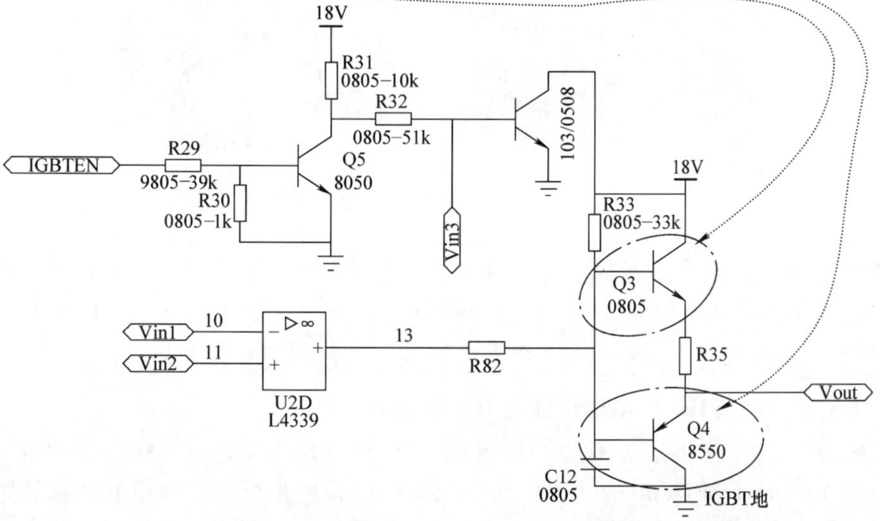

图 10-5　检修 IGBT 驱动电路爆机的常见故障部位和注意事项

※Q3　电磁炉爆机故障检修实例

一、乐邦 LBC－L21E 型电磁炉屡烧 IGBT

图文解说：此类故障应重点检查 IGBT 驱动电路，具体主要检测电阻器 R805（10kΩ）是否开路损坏，电路及相关资料如图 10-6 所示。确诊后更换电阻器 R805 和 IGBT 即可排除故障。

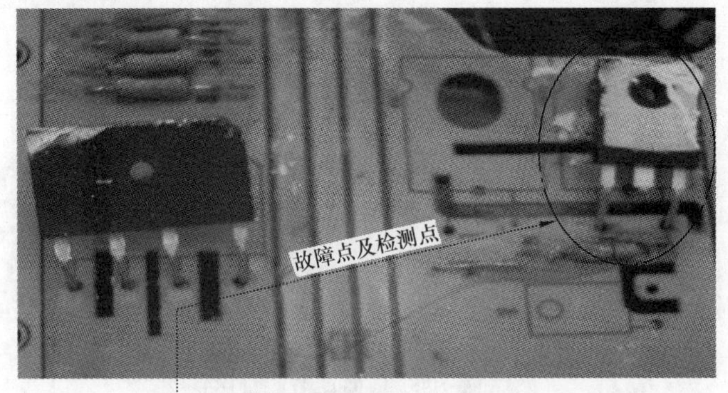

① 卸下线盘，通电检测IGBT控制端电压是否正常

② 如测得IGBT控制端电压为13V，应检测驱动电路电阻器R805是否开路

③ 更换电阻器R805，安装好线盘，然后串联100W灯泡，放上锅具，如灯光闪烁，说明故障排除

图 10-6　乐邦 LBC－L21E 型电磁炉 IGBT 驱动电路及相关资料

※知识链接※　特别需要注意的是，在安装全桥和 IGBT 时，要先涂抹硅脂再固定全桥和 IGBT，安装完散热片最后再焊全桥和 IGBT 引脚，这样才能确保散热片和元器件接触良好，不容易烧元器件。别小看这一点，这也是屡烧 IGBT 的原因之一。

二、富士宝 IH－P190 型电磁炉通电立即跳闸

图文解说：此类故障应重点检查高压电源和 IGBT 驱动电路，具体主要检测熔丝管 FUSE（10A、250V）、BD（GBJ2008）、IGBT 即 Q8（H20T120）是否正常，相关电路如图 10-7 所示。确认后更换损坏的元器件即可排除故障。

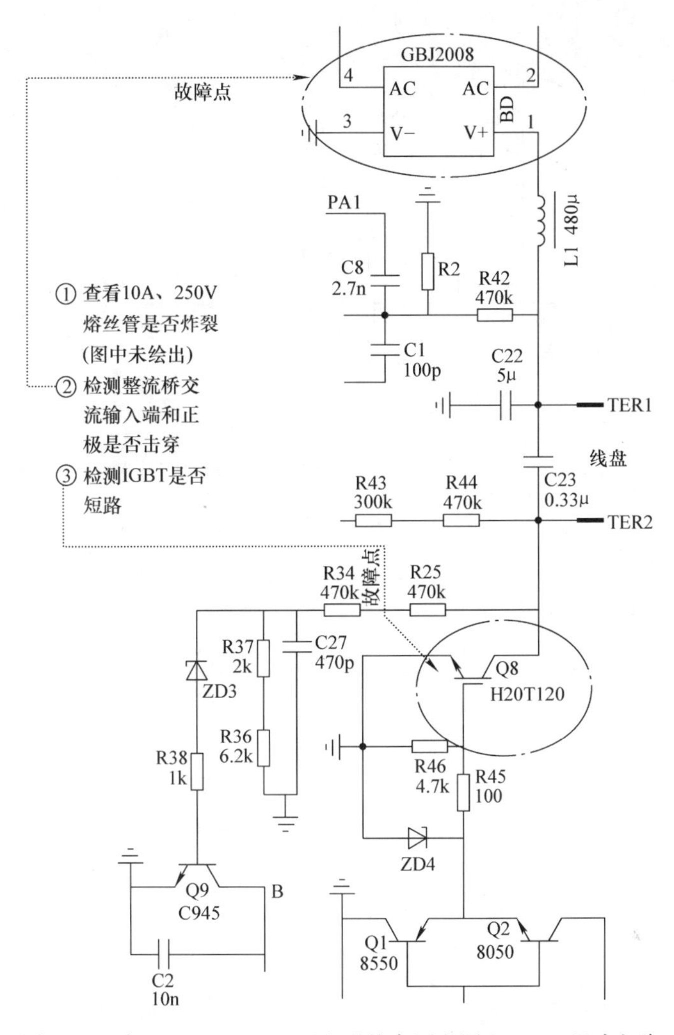

图10-7　富士宝IH－P190型电磁炉高压电源和IGBT驱动电路

※知识链接※　FUSE炸裂，说明机内有严重短路。应先在FUSE处跨接一只100W的灯泡，然后再进行下一步检修，千万不要急于更换10A熔丝管，以免损坏更多元器件，造成故障扩散。

三、九阳JYC－21ES10型电磁炉屡损熔丝管FUSE1、全桥DB1和IGBT

图文解说： 此类故障应重点检查高压电源部分，具体主要检测IGBT的电流检测电阻器R100（康铜丝）是否被误换，相关电路如图10-8所示。确认后用一段ϕ0.25mm的康铜丝对折两次后焊回电路，并更换新的12.5A熔丝管、全桥（D20XB60）、IGBT即可排除故障。

※知识链接※　该机主板号为JYC－21ZD－A。新型电磁炉大量使用贴片元器件，去掉了比较器LM339，有的还省略了功率调整电阻器，IGBT电流检测使用康铜丝为检测元器件，这就给维修提出了新要求。代换元器件必须符合电路的原理，最好采用同型号的元器件更换，以免人为地留下故障隐患。

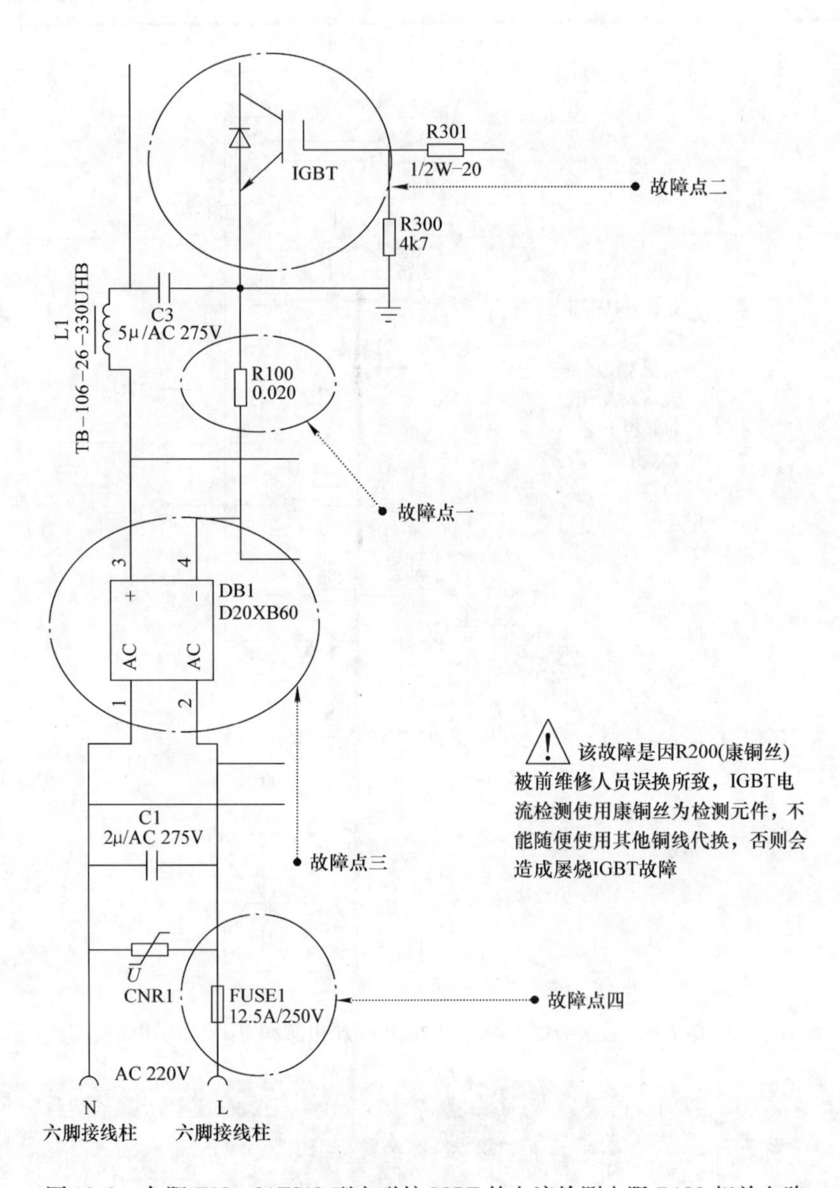

图 10-8　九阳 JYC－21ES10 型电磁炉 IGBT 的电流检测电阻 R100 相关电路

四、九阳 JYC－19BE5 型电磁炉屡损开关管

图文解说： 此类故障应重点检查高压电源和开关管部分，具体主要检测控制极对地所接的小贴片电阻器 R300（4.7kΩ）是否开焊，相关电路如图 10-9 所示。确认后对 R300 进行补焊，并更换 15A 熔丝管及开关管，即可排除故障。

※知识链接※

1）九阳 JYC－19BE5 型与 JYC－19BE1 型电磁炉的主板和显示板可通用，其故障的检修方法同样可相互参照。

2）九阳 JYC－19BE5 型与 JYC－19BE1 型电磁炉关键测试点电压数据见表 10-1，供检测时参考。

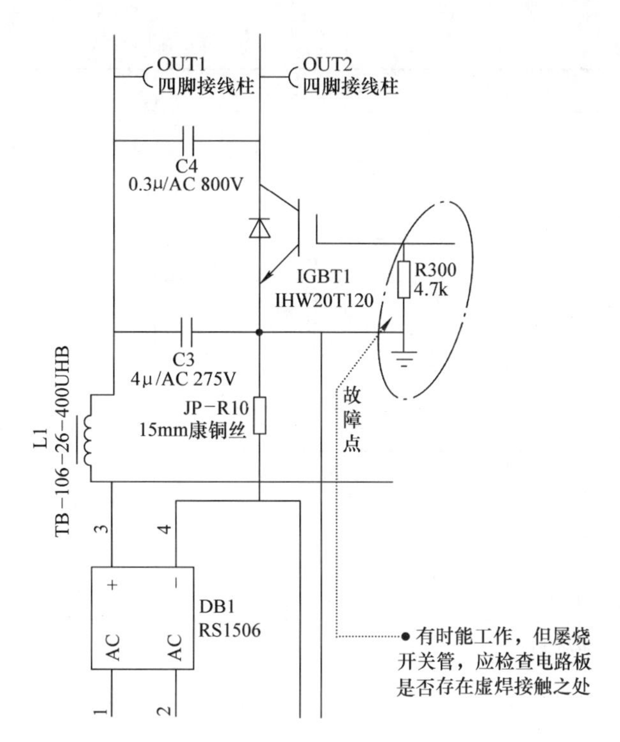

图 10-9 九阳 JYC－19BE5 型电磁炉开关管相关电路

表 10-1 九阳 JYC－19BE5 型与 JYC－19BE1 型电磁炉关键测试点电压数据

测试点	电压值/V	备注
LM339 的 1 脚	0	断开电磁线盘，市电电压 190～200V 条件下测试
LM339 的 2 脚	5	
LM339 的 3 脚	18.16	
LM339 的 4 脚	0.80	
LM339 的 5 脚	2.51	
LM339 的 6 脚	0	
LM339 的 7 脚	5	
LM339 的 8 脚	2.7	
LM339 的 9 脚	0.02	
LM339 的 10 脚	5.54	
LM339 的 11 脚	0	
LM339 的 12 脚	0	
LM339 的 13 脚	0.02	
LM339 的 14 脚	5	
LM358 的 1 脚	0	
LM358 的 2 脚		
LM358 的 3 脚		
LM358 的 4 脚		

（续）

测试点	电压值/V	备注
LM358 的 5 脚	0	
LM358 的 6 脚		
LM358 的 7 脚		
LM358 的 8 脚	18.16	
THX202 的 1 脚	0.08	
THX202 的 2 脚	0.99	
THX202 的 3 脚	0	
THX202 的 4 脚	1.24	
THX202 的 5 脚	10	
THX202 的 6 脚	0	
THX202 的 7 脚	265	
THX202 的 8 脚	26	
CPU（MC80F0204B/024D）的 1 脚	3.16	
CPU 的 2 脚	3.22	
CPU 的 3 脚	0.27	
CPU 的 4 脚	0	断开电磁线盘，市电电压 190 ~200V 条件下测试
CPU 的 5 脚	5.04	
CPU 的 6 脚	0.06	
CPU 的 7 脚	0	
CPU 的 8 脚	5	
CPU 的 9 脚	1 ~2.02	
CPU 的 10 脚	1.6 ~2	
CPU 的 11 脚	1.3 ~2.17	
CPU 的 12 脚		
CPU 的 13 脚	2.42	
CUP 的 14 脚	2.51	
CPU 的 15 脚	0	
CPU 的 16 脚		
CPU 的 17 脚	0.02	
CPU 的 18 脚	5	
CPU 的 19 脚	1.65 ~2.17	
CPU 的 20 脚	5	

五、九阳 JYC－21FS20 型电磁炉爆管烧 IGBT

图文解说：此类故障应重点检查主回路，具体主要检测高压电容器 C3（5μF、275V）、C4（0.3μF、800V）是否变值，相关电路如图 10-10 所示。确认后更换损坏的高压电容器即可排除故障。

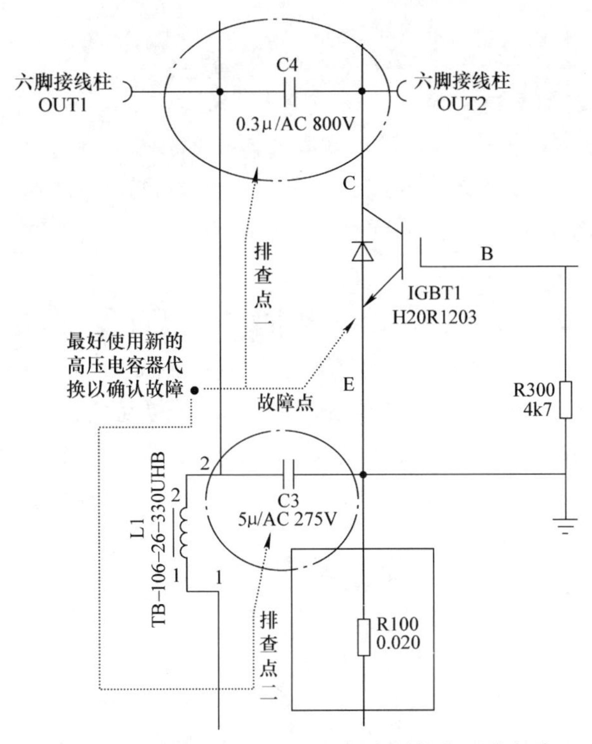

图 10-10　九阳 JYC－21FS20 型电磁炉主回路电路

※知识链接※　更换好损坏的高压电容器和 IGBT 后，最好先不接线盘，用 100W 或 200W 灯泡接到线盘处试机，如灯泡一亮一暗说明故障排除，如灯泡很暗或很亮说明电路还存在故障。

六、九阳 JYC－21CS21 型电磁炉爆机

图文解说：此类故障应重点检查上电延时保护电路，具体主要检测二极管 D205 是否击穿，相关电路如图 10-11 所示。确认后采用 1N4148 二极管代换即可排除故障。

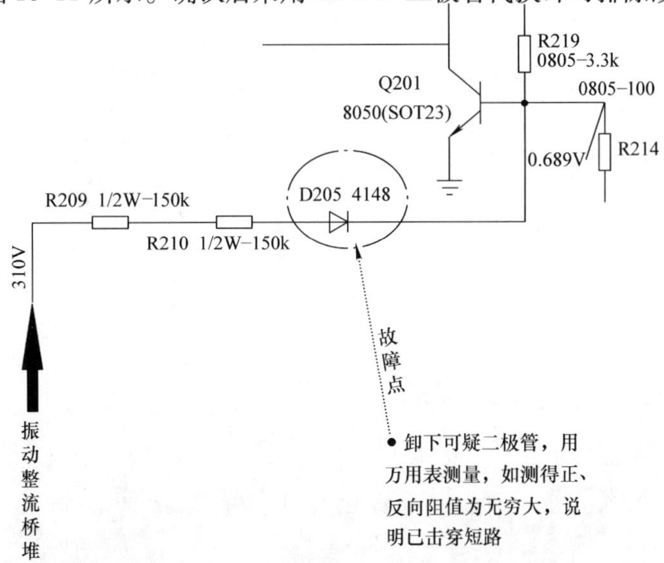

图 10-11　九阳 JYC－21CS21 型电磁炉上电延时保护电路

※知识链接※　该机上电延时保护电路的工作原理如下：

1）通电瞬间，振荡整流桥堆整流出310V左右电压，经电阻器R209、R210降压，二极管D205整流后，加到晶体管Q201的基极，使晶体管导通，拉低驱动信号，从而避免由于通电瞬间微处理器未稳定工作时，送出高电平信号，而驱动IGBT导通造成爆机。

2）通电后，电压趋于稳定，D205处于截止状态。

七、九阳JYC－21FS37型电磁炉爆机

图文解说：此类故障应重点检查高压电源电路、振荡电路、IGBT驱动电路，具体主要检测熔丝管FUSE1（2.5A、250V）是否熔断、桥式整流DB1是否损坏、IGBT是否损坏、ZD300稳压二极管是否击穿、贴片晶体管Q201的C、E极是否短路，相关电路如图10-12所示。确认后更换损坏的元器件即可排除故障。

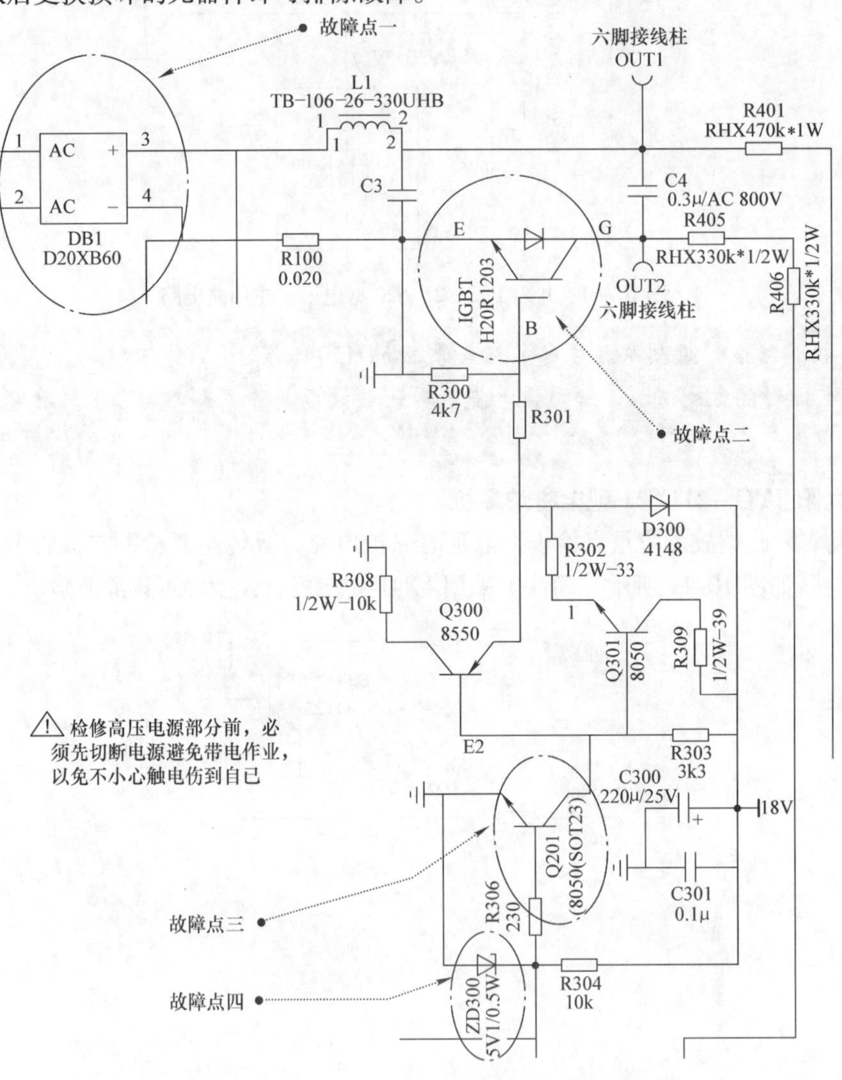

图10-12　九阳JYC－21FS37型电磁炉爆机损坏的元器件

※知识链接※ 贴片晶体管 Q201 可采用 S8050 代换。

八、海尔 C21－H2201 型电磁炉爆机

图文解说：此类故障应重点检查高压整流和振荡电路，具体主要检测 IGBT 是否击穿，桥堆 BG1 是否损坏，熔丝 FUSE1 是否熔断，驱动电路晶体管是否击穿，相关电路如图10-13所示。确认后更换损坏的元器件即可排除故障。

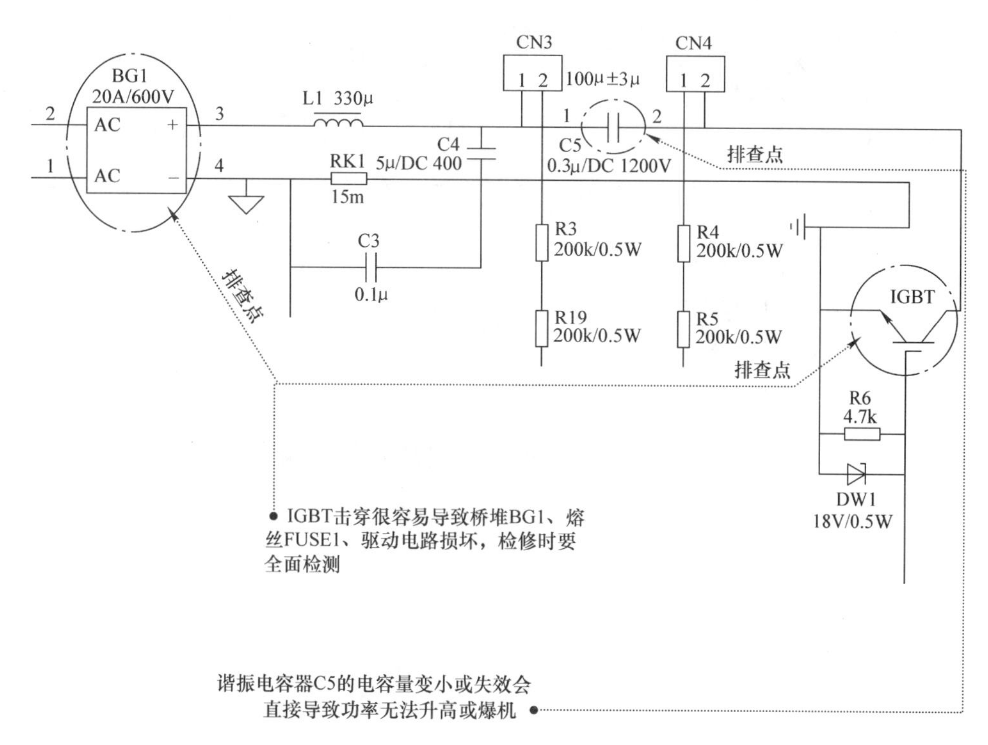

图 10-13 海尔 C21－H2201 型电磁炉高压整流和振荡电路

※知识链接※ 该机高压整流和振荡电路工作在高压状态下，IGBT 反向电压达到 1000V，测量时一定要使用高压探头。

九、海尔 C21－H3301 型电磁炉爆机

图文解说：此类故障应重点检查高压电源及振荡电路，具体主要检测电流熔丝管、BG1 整流桥、IGBT 是否正常，相关电路如图 10-14 所示。确认后更换损坏的元器件即可排除故障。

※知识链接※ 该机高压电源电路工作原理是：交流 220V 市电经 15A、220V 的电流熔丝管、高压电容器 C1 对市电进行滤波，经整流桥 BG1 整流得到含交流成分的直流电源，此直流电源再经 275μH 的扼流圈 L3 和 C4，就得到了波形较为平直的直流电源。

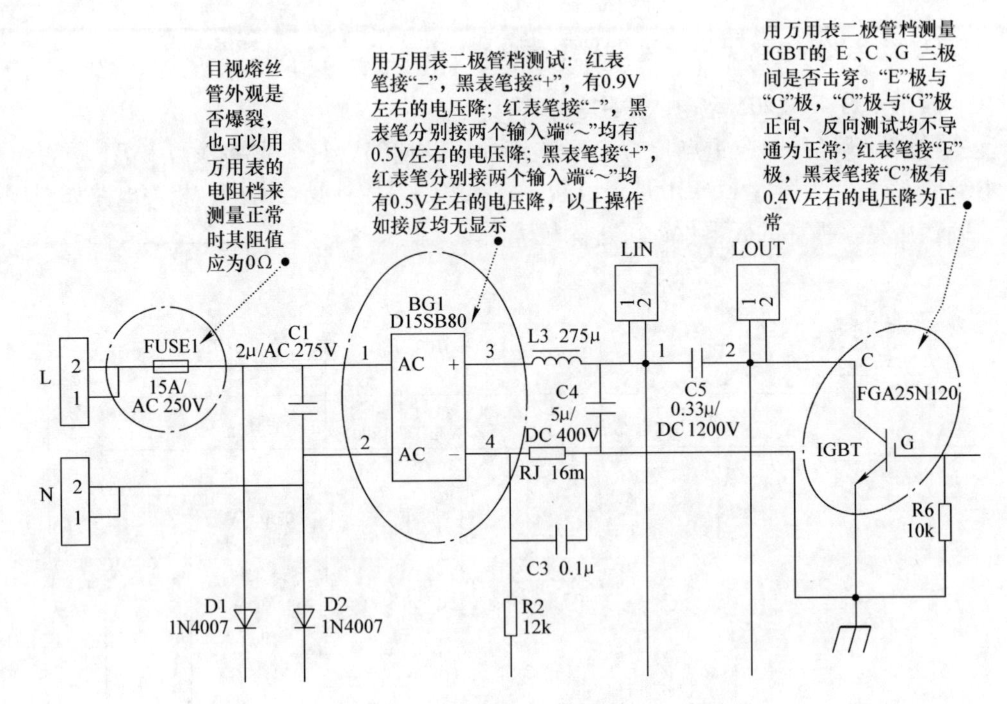

图 10-14 海尔 C21－H3301 型电磁炉高压电源及振荡电路

问诊11　电磁炉风扇及蜂鸣器故障检修专题

风扇是电磁炉散热的主要器件，一旦出现故障，电磁炉电路中的绝缘型双极晶体管（IGBT 管）和整流全桥等元器件就不能得到良好地散热，从而不能保证这些元器件安全、可靠地工作。电磁炉风扇停转的故障时有发生，原因主要为电动机烧毁或供电回路上的开关晶体管损坏等所致。

电磁炉蜂鸣器是用来与用户“交流”的器件，一旦出现故障，电磁炉制动面板按键或某保护电路出现异常时，就不能通过发出报警声提醒用户电磁炉所处的状态。引起蜂鸣器不响的原因主要有：蜂鸣器驱动电路、供电线路损坏；CPU 性能不良，导致无蜂鸣器驱动电压输出；蜂鸣器自身损坏。

※Q1　检修电磁炉风扇及蜂鸣器故障的方法和技能有哪些？

1. 检修风扇不转的方法

电磁炉风扇出现不转故障，可按以下步骤进行检修：

1）首先检查风扇插座是否插好。若插接松动，应将风扇插座插好。

2）检查风扇电动机是否损坏。若损坏，应更换新的同规格风扇。

3）检查风扇 18V 工作电源是否正常。在检查电路时根据具体电路作具体的分析，最直接的判断方法是：通过外接 18V 电源看风扇是否能转，若风扇工作，说明故障在电源。

4）检查风扇驱动电路是否正常。具体主要检查驱动晶体管是否损坏。

5）检测芯片控制端口是否有 5V 高电平输出。具体主要检查连接是否断开，或芯片是否损坏。

※知识链接※　电磁炉常见散热风扇电路有两类：一类是受控于炉内的 MCU，另一类则不受 MCU 所控制。

2. 检修蜂鸣器不响的方法

电磁炉蜂鸣器出现不响故障，可按以下步骤进行检修：

1）首先应检查蜂鸣器是否开焊或本身损坏，可用指针式万用表 R×1 档碰触蜂鸣器两个端子，正常应能发出轻微的“咔”声。

2）检测蜂鸣器前级控制电路是否正常，可以在通电或者操作按键时，用万用表监测蜂鸣器非接地端的电压变化，如果操作按键时该点有电压变化，则说明前级控制电路正常。

3）如果操作按键时该点没有电压变化，则故障一般为控制晶体管电路有问题。更换风扇控制晶体管一般可排除故障。

※知识链接※ 电磁炉中常用的蜂鸣器分电平驱动和方波驱动两种类型。电平驱动蜂鸣器两端加3~5V的直流电压后，就会有蜂鸣音，而方波驱动蜂鸣器只有在其两端加入方波信号以后才会发出声音。区别两种蜂鸣器的方法是，电平驱动型蜂鸣器用普通指针式万用表R×1挡碰触两个端子，就会发出声音，而方波驱动型则不会发声或者仅在表笔接触瞬间发出轻微的“咔”声。排除故障时如果两者代换，是不会有蜂鸣音的。

3. 检修指示灯不亮，蜂鸣器无响声，风扇也不运转的方法

此类故障应重点检查电源电压及主芯片相关电路，具体检修方法如图11-1所示，步骤如下：

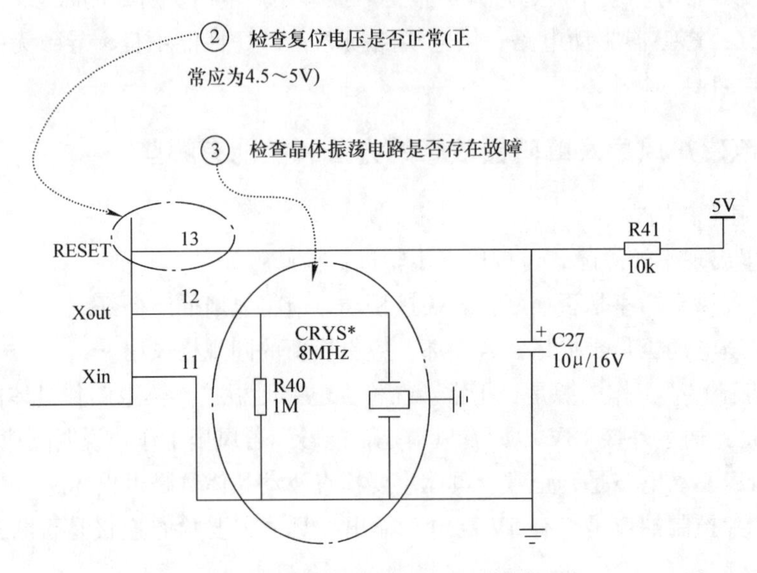

图11-1 检修电磁炉主控芯片相关电路

1）首先检查主芯片5V电压和复位电路是否正常，若复位电压异常，则排查与复位引脚相接的电阻器、电容器及5V电压相关电路是否存在故障。

2）检查晶体振荡器电路是否正常，具体排查晶体振荡器及电阻器是否损坏。

3）若上述部位均无异常，则故障有可能为主芯片，代换主芯片一般可排除故障。

※Q2 检修电磁炉风扇及蜂鸣器故障的常见部位和注意事项有哪些?

1. 检修电磁炉风扇的常见部位和注意事项

检修电磁炉风扇的常见部位和注意事项如图11-2所示。主控芯片不良或风扇控制电路出现故障，会导致风扇出现长转或不转故障。

2. 检修电磁炉蜂鸣器的常见部位和注意事项

检修电磁炉蜂鸣器的常见部位和注意事项如图11-3所示。主控芯片损坏或蜂鸣器驱动电路元器件损坏，会导致电磁炉出现无声故障。

⚠ 注意新风机线的安装位置与方式必须与原来的风机线一致，否则会挂住风机扇叶影响散热，安装风扇后用手轻推扇叶应能转动数圈，且无碰刮的声音

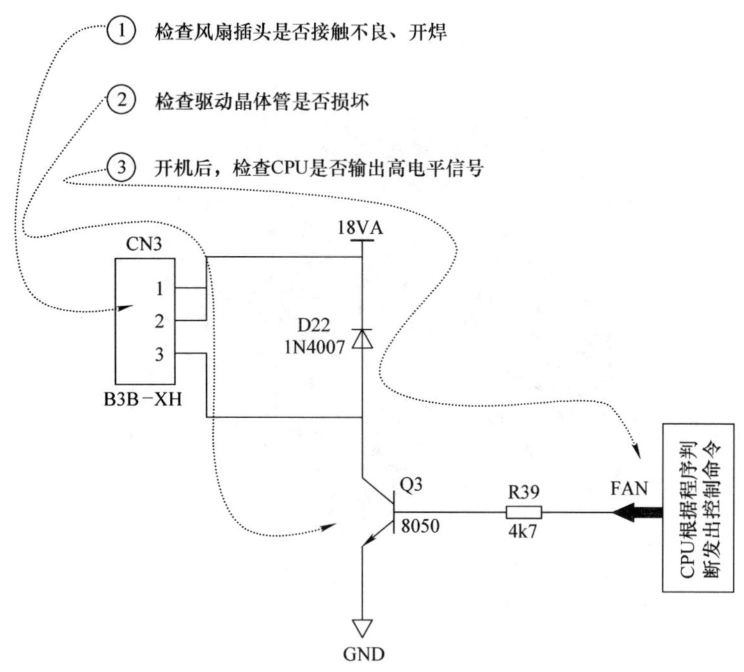

图 11-2　检修电磁炉风扇的常见部位和注意事项

⚠ 蜂鸣器损坏后要选用相同型号的器件进行更换，否则可能导致蜂鸣器不正常工作，从而使维修走入误区

- 上电，按下开关，并同时用万用表检测主芯片控制引脚电压是否有变化，若有变化，则说明故障为蜂鸣器驱动电路。具体排查C26、D24、R39、Q5及蜂鸣器本身其中之一是否损坏

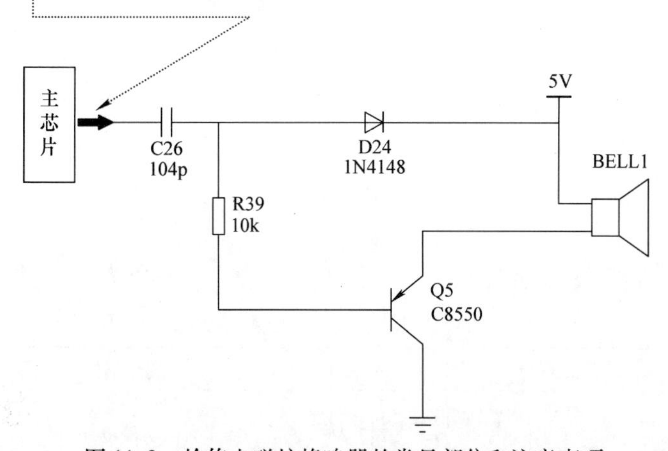

图 11-3　检修电磁炉蜂鸣器的常见部位和注意事项

※Q3 电磁炉风扇及蜂鸣器故障检修实例

一、九阳 JYC－21ES10 型电磁炉开机能正常工作，约 2min 后显示故障代码“E2”，且风扇不转

图文解说：此类故障应重点检查风扇和风扇驱动电路，具体主要检测风扇本身是否损坏，相关电路如图 11-4 所示。确认后更换同类型风扇即可排除故障。

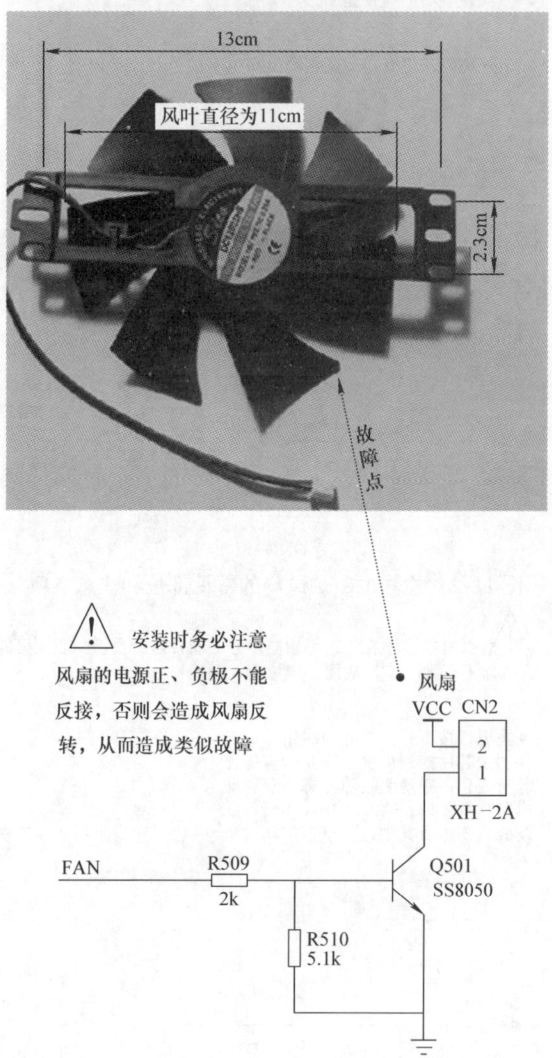

图 11-4 九阳 JYC－21ES10 型电磁炉风扇和风扇驱动电路

※知识链接※ 九阳 JYC－21ES10 型电磁炉故障代码见表 11-1，供检修时参考。

表 11-1 九阳 JYC－21ES10 型电磁炉故障代码

故障代码	故障现象	故障部位（原因）
无显示	插上插头时无“哔”声，所有指示灯和数码管不亮	插头脱落、插座无电、停电

（续）

故障代码	故障现象	故障部位（原因）
E0	使用中突然停止加热，机器连续发出短促的“哔”声	机器内部电路故障
E1	开机后机器连续发出短促的“哔”声	提锅、锅具材质和大小形状不合适、锅具未置于陶瓷面板中部
E2	使用中突然停止加热，机器连续发出短促的“哔”声	四周温度很高，进风口、排风口阻塞
E3/E4	使用中突然停止加热，机器连续发出短促的“哔”声	电网电压过高或过低
E5	开机后机器连续发出短促的“哔”声	内部温度传感器开路
E6	使用中突然停止加热，机器连续发出短促的“哔”声	锅具温度过高、锅具发生干烧
E7	使用中突然停止加热，机器连续发出短促的“哔”声	线盘温度过高
E8	按下按键后开不了机或机器不启动，机器连续发出短促的“哔”声	按键时间过长、内部潮湿或有脏物

二、万利达 MC18－C10 型电磁炉蜂鸣器不响

图文解说： 此类故障应重点检查蜂鸣器驱动电路，具体主要检测 Q1 是否断路，相关电路如图 11-5 所示。确认后更换 Q1 即可排除故障。

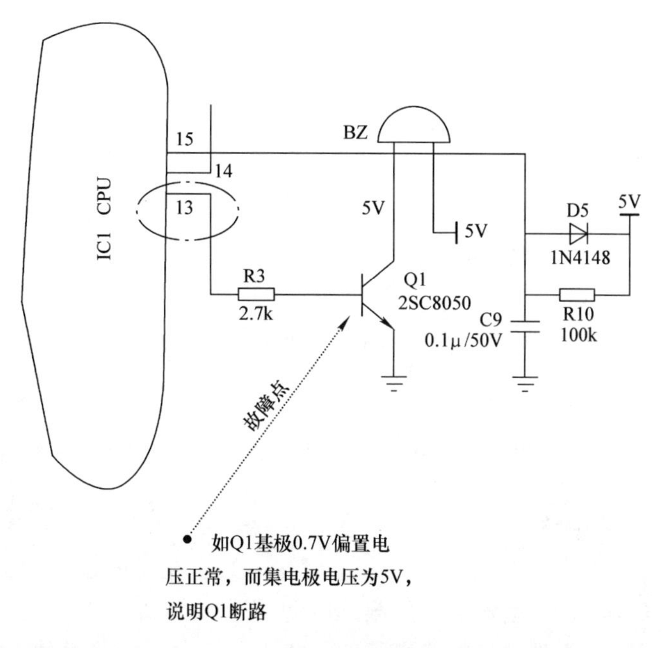

图 11-5　万利达 MC18－C10 型电磁炉蜂鸣器驱动电路中 Q1 相关电路

※知识链接※ 该机故障可按以下步骤检测：

1）首先用万用表测量IC1（CPU）13脚电压是否正常，如测得该脚电压正常，而Q1基极无0.7V偏置电压，应查R3是否变质或开路。

2）如Q1基极电压正常，而集电极电压为5V，说明Q1断路。

3）当蜂鸣器BZ内部损坏也会出现类似故障，检修方法是：按下控制面板按键的同时用万用表测得蜂鸣器两端电压有跳变时，说明驱动电路工作正常，是蜂鸣器损坏。更换蜂鸣器即可

三、万利达MC18－C10型电磁炉通电后风扇立即转动

图文解说： 此类故障应重点检查传感器电路，具体主要检测电容器C22是否漏电，相关电路如图11-6所示。确认后更换C22即可排除故障。

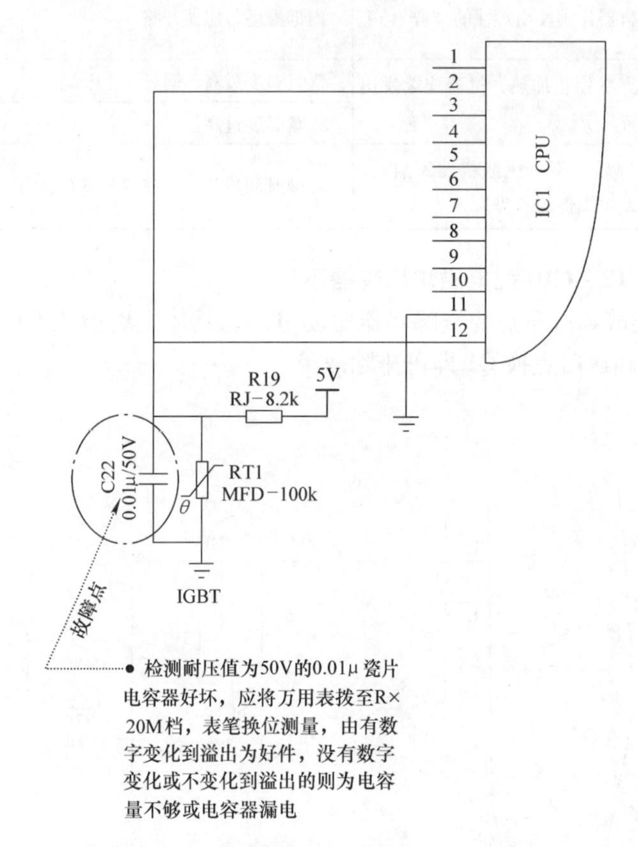

图11-6 万利达MC18－C10型电磁炉传感器电路中电容器C22相关电路

※知识链接※ 当热敏电阻器RT1阻值变小或短路，R19阻值变化也会出现类似故障。

四、万利达MC18－C10型电磁炉风扇不转动

图文解说： 此类故障应重点检查风扇驱动电路，具体主要检测插件CN2是否接触不良，相关电路如图11-7所示。确认后更换CN2即可排除故障。

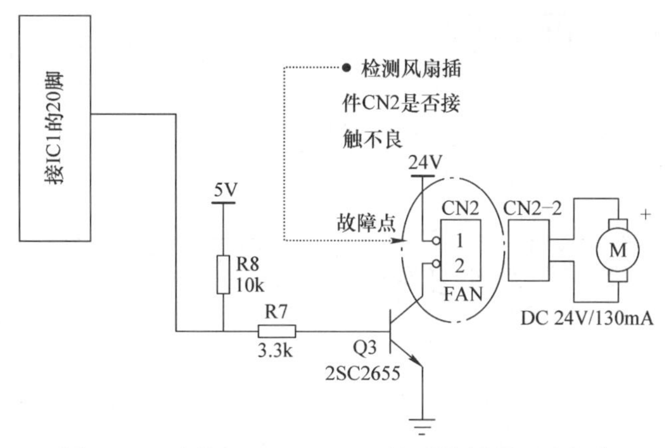

图 11-7　万利达 MC18 - C10 型电磁炉风扇驱动电路

※知识链接※　当风扇电动机损坏也会出现类似故障，可用手转动风扇，如有卡滞现象，说明电动机有机械损坏现象。用万用表测量电动机引线两端阻值是否为几千欧，反之说明电动机绕组短路或断路。

五、格力 GC - 2046 型电磁炉（4 系列）风扇不转

图文解说： 此类故障应重点检查风扇驱动电路，具体主要检测驱动晶体管 Q401 是否损坏，相关电路如图 11-8 所示。确认后更换 Q401 即可排除故障。

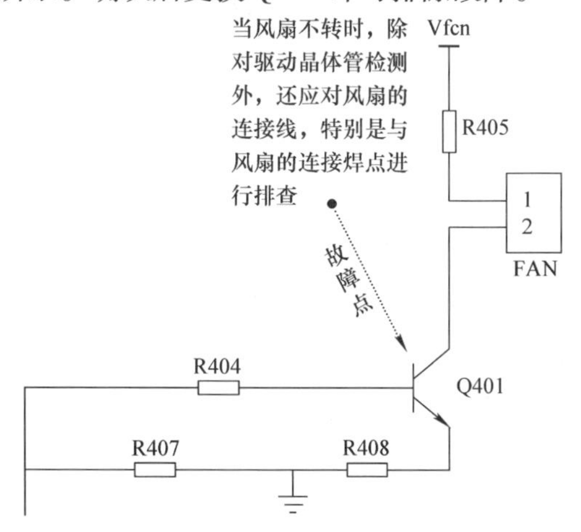

图 11-8　格力 GC - 2046 型电磁炉（4 系列）风扇驱动电路

※知识链接※

1）该机散热风扇驱动电路主要是由晶体管 Q401，电阻器 R404、R405 组成。开机时微处理器输出高、低电平控制晶体管的导通和截止，当输出为高电平时晶体管 Q401 导通，散热风扇就会运转。

2）该机散热风扇不转的检修流程如图 11-9 所示，供检修时参考。

六、九阳 JYC - 21CS21 型电磁炉风扇不转

图文解说： 此类故障应重点检查风扇驱动电路，具体主要检测晶体管 Q501（8050D/EBC）是否正常，相关电路如图 11-10 所示。确认后采用晶体管 D667PCB 代换即可排除故障。

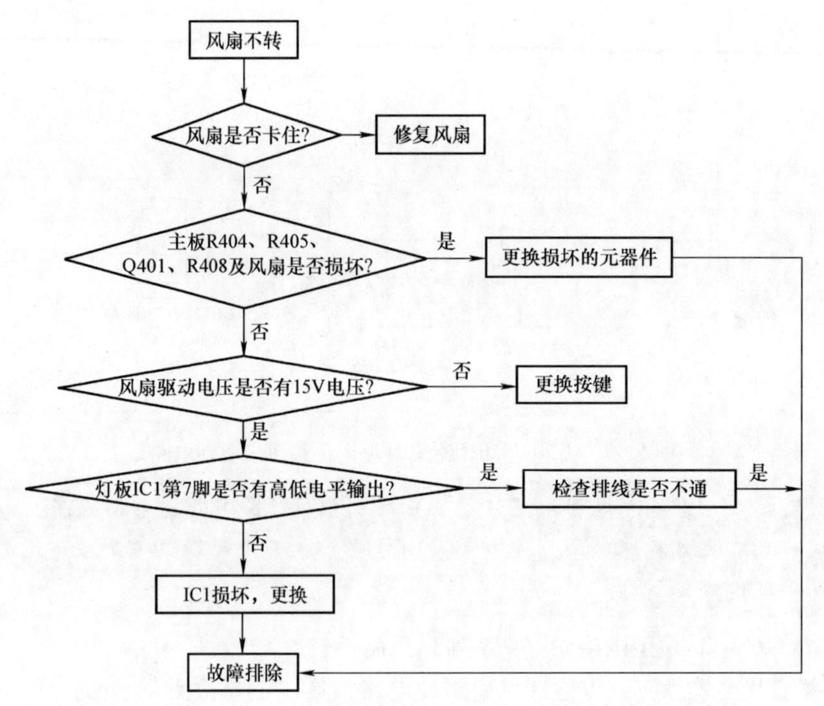

图 11-9　格力 GC－2046 型电磁炉（4 系列）散热风扇不转检修流程

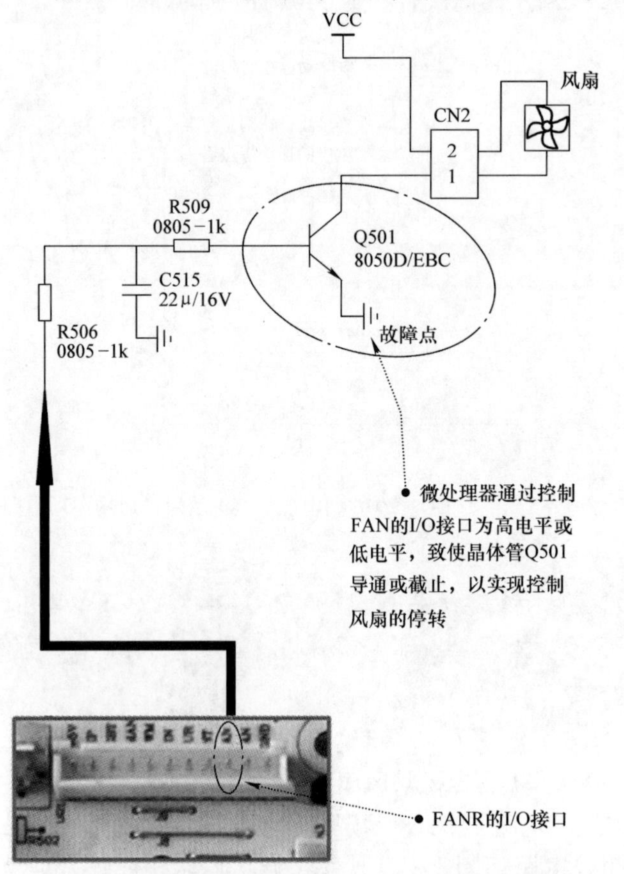

图 11-10　九阳 JYC－21CS21 型电磁炉风扇驱动电路

※知识链接※　该机风扇驱动电路工作原理如下：

1）当开机后，微处理器接到按键指令，执行加热程序，将 FAN 的 I/O 口至高电平，通过 R506 对 C515 充电，经 R509 加到 Q501 基极，使 Q501 饱和导通，风扇形成通电回路，风扇开始转动。

2）当关机后，微处理器倒计时延时 30～120s 后，至 FAN 的 I/O 为低电平，Q501 截止，风扇停转。

七、海尔 C21－H3301 型电磁炉风扇不转

图文解说：此类故障应重点检测风扇控制和驱动电路，具体主要检查 FAN 接插件连接是否接触良好，相关电路如图 11-11 所示。确认后重新插好 FAN 接插件即可排除故障。

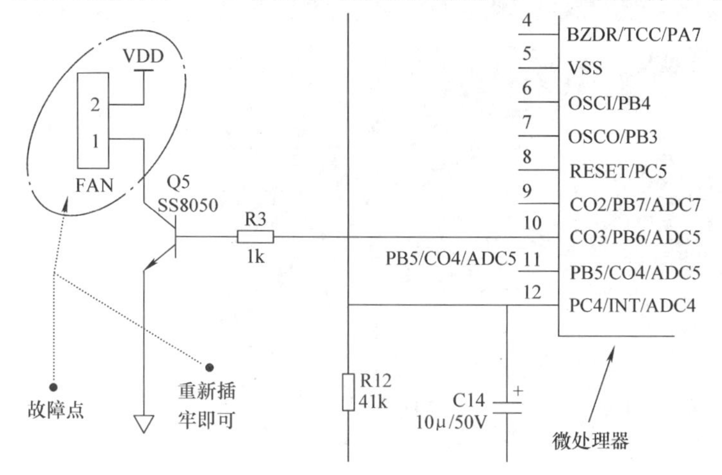

图 11-11　海尔 C21－H3301 型电磁炉风扇驱动电路

※知识链接※　该机风机控制和驱动电路使用 18V 电压，由 Q5、R20 组成。当微处理器第 10 脚输出电压为高时，Q5 导通，风机工作，当微处理器第 10 脚输出电压为低时，Q5 截止。风机停止工作。

八、富士宝 IH－S195A 型电磁炉工作时发出异响

图文解说：此类故障应重点检查风扇是否正常，具体主要检测风扇电动机是否润滑不良所致。确认后撬开风扇的密封垫，加注少量润滑油（见图 11-12）即可排除故障。

※知识链接※　电磁炉工作中风扇发出异响，主要因以下几种原因造成：

1）散热风扇叶片太脏。应打开底座进行清洁处理，包括进、出风口处。

2）风扇电动机润滑不良。应加注润滑油。

3）风扇叶片变形或破损。应更换新的同规格风扇。

图 11-12　给富士宝 IH－S195A 型电磁炉风扇电动机加注润滑油

附　　录

附录 A　电磁炉主芯片参考应用电路

一、GMS87C1408 参考应用电路（见图 A-1）

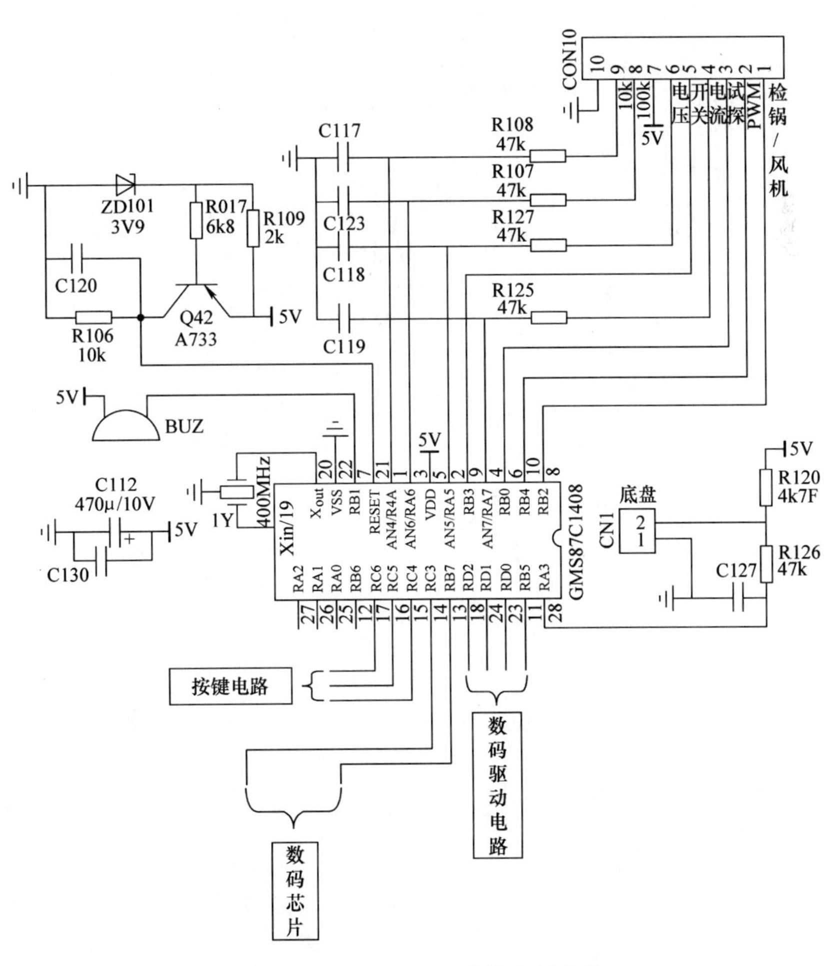

图 A-1　GMS87C1408 参考应用电路

二、HT46R46 参考应用电路（见图 A-2）

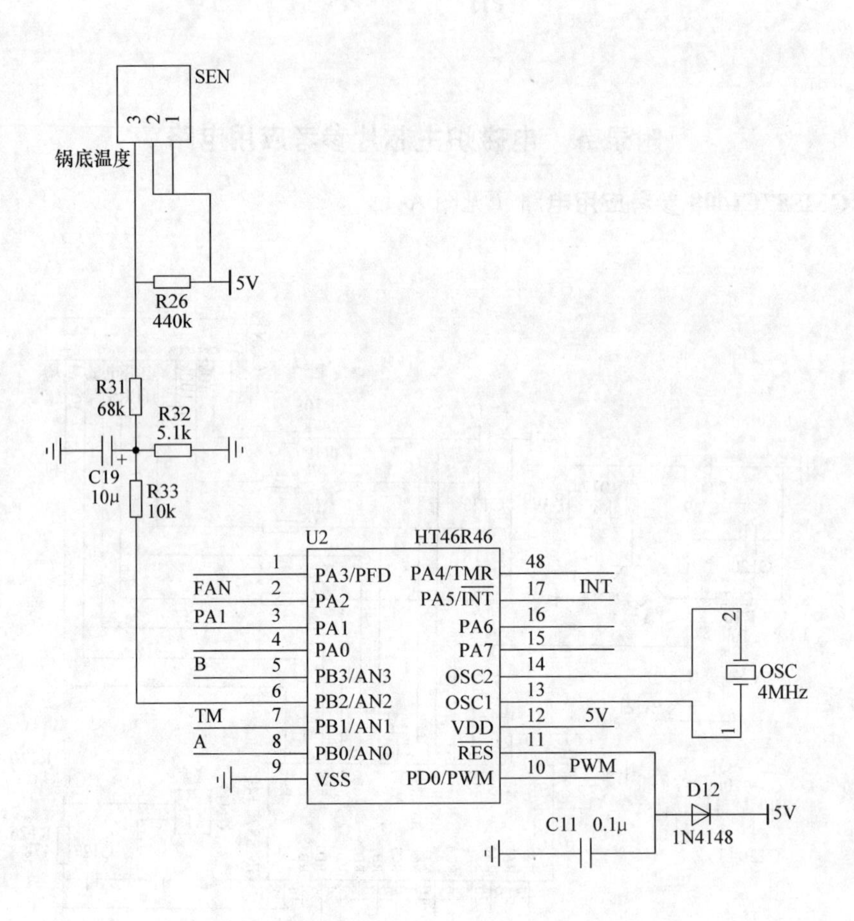

图 A-2 HT46R46 参考应用电路

三、CKM001/CKM002 -1 参考应用电路（见图 A-3）

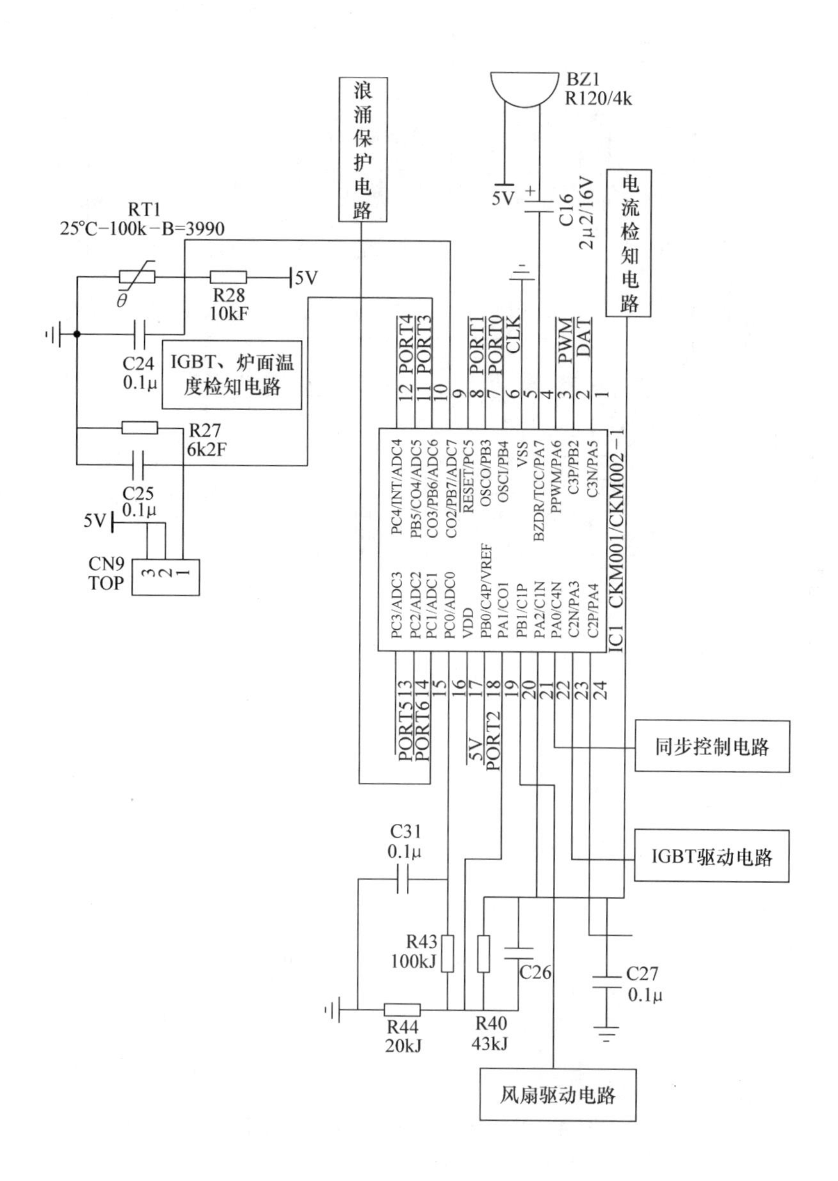

图 A-3　CKM001/CKM002 -1 参考应用电路

四、CHK－S007B 参考应用电路（见图 A-4）

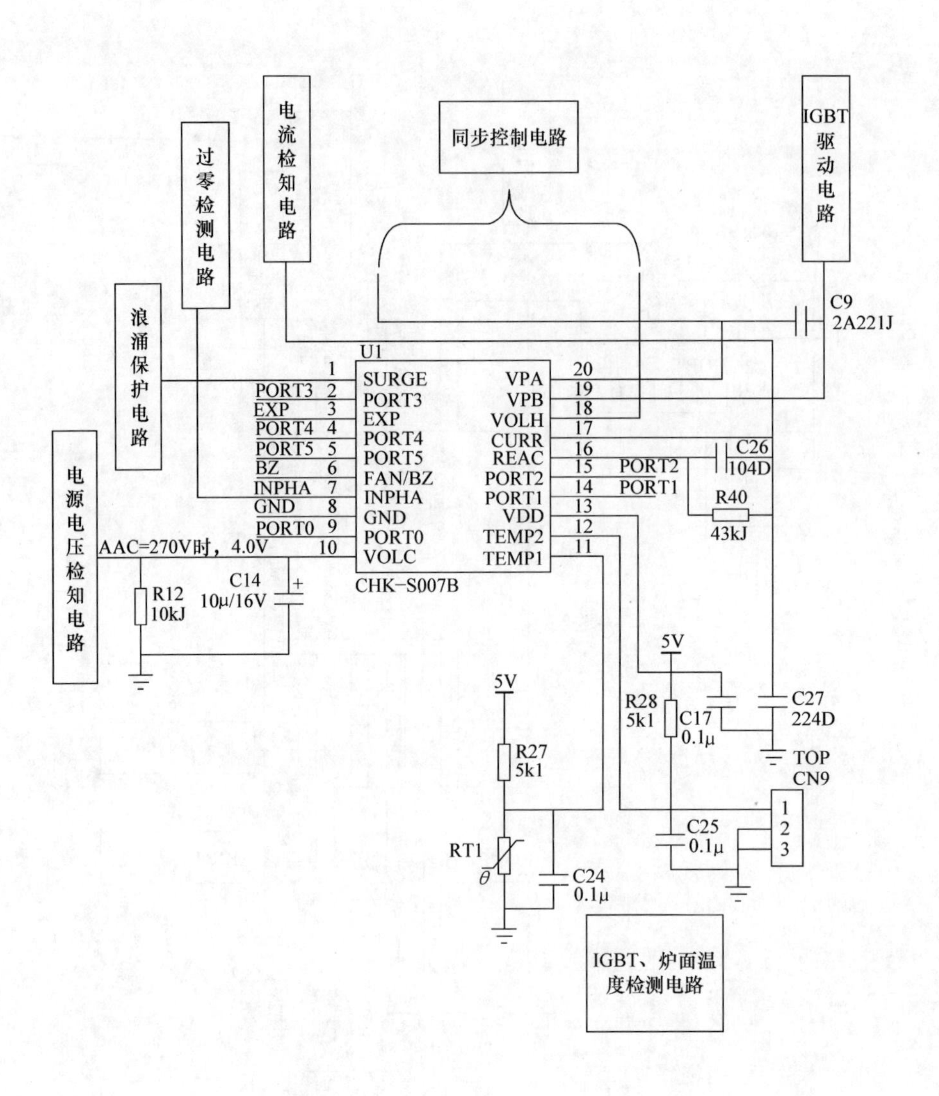

图 A-4　CHK－S007B 参考应用电路

五、S3F945BZZ0 – DK94 参考应用电路（见图 A-5）

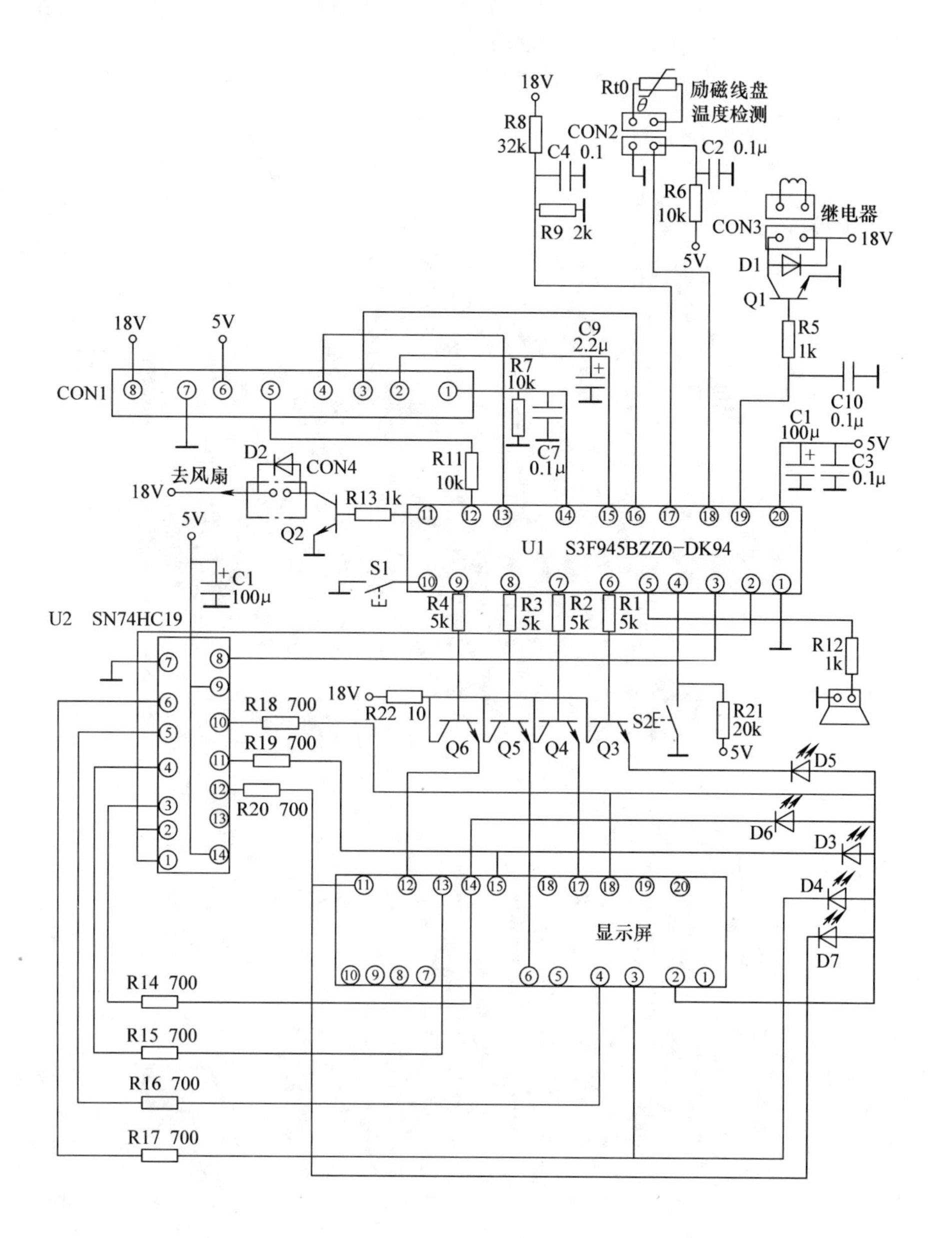

图 A-5　S3F945BZZ0 – DK94 参考应用电路

附录 B 按图索故障

一、电磁炉主板按图索故障（见图 B-1）

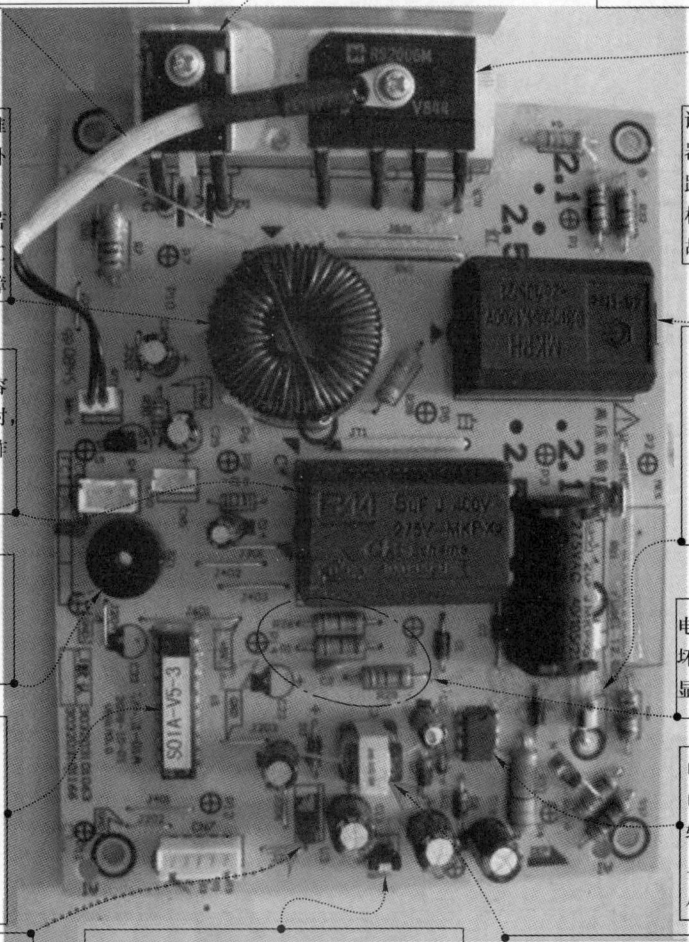

IGBT热敏电阻器 电磁炉电路核心测温元件，阻值随温度而变化，用于电磁炉加热锅具温度的检测和传递。若损坏会出现关机保护，断续加热，并显示故障代码等故障

IGBT 电磁炉的“心脏”，相当于一个高频开关。若损坏会出现不开机等故障

桥堆 一般电源单相桥式整流用(交流转变为直流)。若损坏会出现开机烧IGBT及熔丝管等故障

扼流圈 串接于整流桥堆正极和线盘之间，滤除外界杂波和抑制IGBT、线盘工作时产生的干扰。若损坏会影响到其他电器工作或出现不能加热等故障

谐振电容器 该电容器的电容量降低或开路性损坏，会出现炸机、不报警不加热等故障

高压滤波电容器 该电容器对地电压偏低或断路时，会出现不报警不加热或炸机等故障

熔丝管 当电源发生短路性故障时，电压上升，电流加大，此时熔丝管熔断，避免故障范围扩大化。若损坏会出现整机不通电等故障

蜂鸣器 用来与用户“交流”的器件，若损坏会出现电磁炉无声故障

电压取样电阻器 若损坏会出现自动关机，并显示故障代码

主芯片 主要作用为控制火力、显示输出界面、温度控制、高压保护、浪涌保护、过电流保护等电磁炉所有控制。若损坏将造成上述电路出现故障

电源芯片 用于控制电源高压向低压稳定输出。若损坏会出现上电无反应、无显示、风扇不转等故障

稳压管 电压调整IC，内置电流限制保护、热保护功能。若损坏会出现上电无反应、操作无反应、无显示等故障

可调电阻器 调整因为结构误差引起的功率偏差，通过调节此电阻器来改变电流检测的基准，达到调节电磁炉输出功率大小的目的。若损坏会出现不检锅、不加热等故障

开关电源变压器 是一种脉冲变压器，其作用是进行功率传送，为电磁炉整机提供所需的电源电压，以实现输入与输出的可靠电隔离。若损坏会出现上电无反应、无显示、风扇不转等故障

图 B-1 电磁炉主板按图索故障

二、电磁炉电脑板按图索故障（见图 B-2）

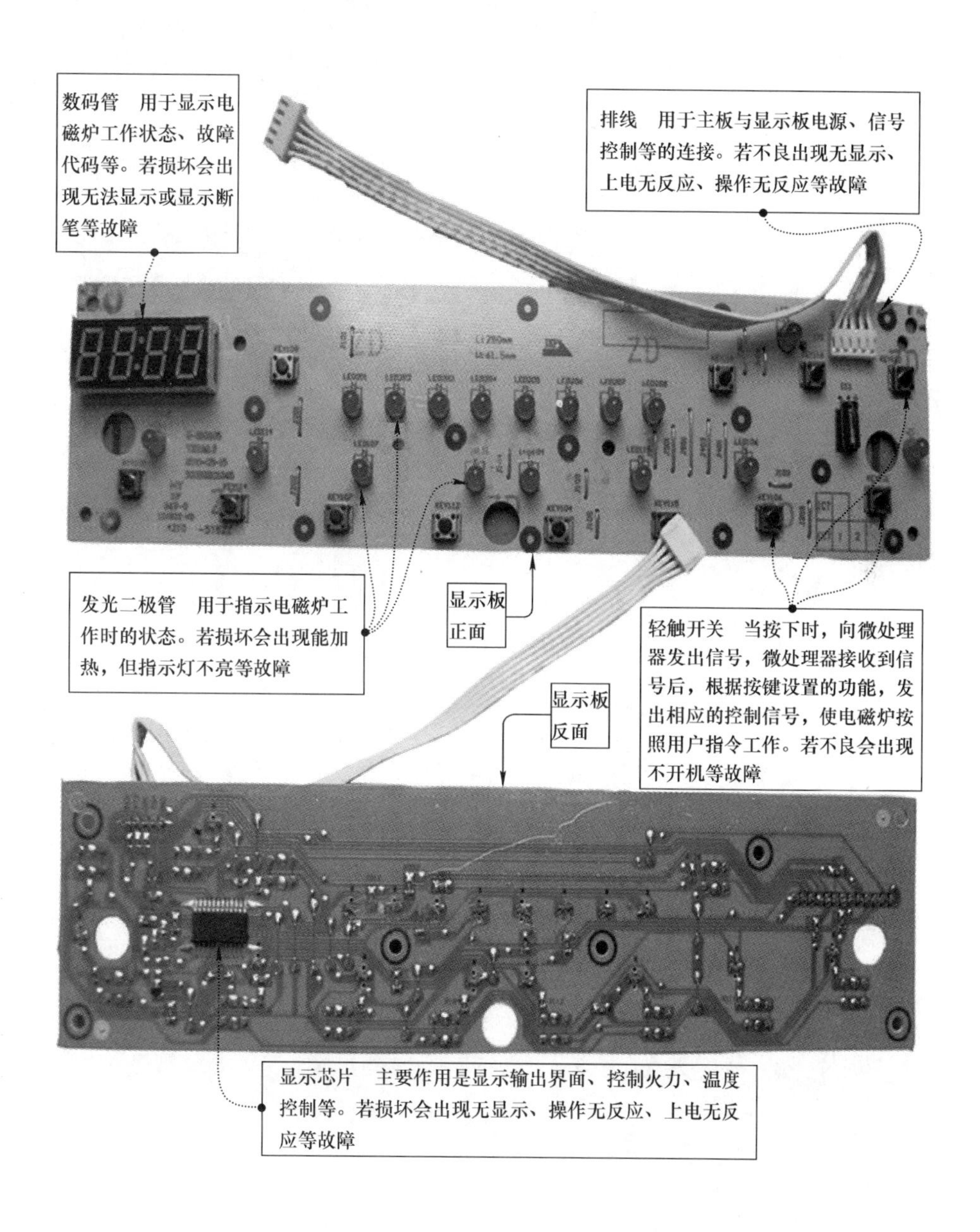

图 B-2　电磁炉电脑板按图索故障